TECHNIK, WIRTSCHAFT und POLITIK 3

Schriftenreihe des Fraunhofer-Instituts
für Systemtechnik und Innovationsforschung (ISI)

Hariolf Grupp (Hrsg.)

Technologie am Beginn des 21. Jahrhunderts

Zweite Auflage

Mit 49 Abbildungen

Physica-Verlag
Ein Unternehmen des Springer-Verlags

Dr. Hariolf Grupp
Fraunhofer-Institut für Systemtechnik
und Innovationsforschung (ISI)
Breslauer Str. 48
D-76139 Karlsruhe

ISBN-13: 978-3-7908-0862-9 e-ISBN-13: 978-3-642-46976-3
DOI: 10.1007/978-3-642-46976-3

Die Deutsche Bibliothek - CIP-Einheitsaufnahme
Technologie am Beginn des 21. Jahrhunderts Hariolf Grupp (Hrsg.). -
2. Aufl. - Heidelberg: Physica-Verl., 1995
(Technik, Wirtschaft und Politik; 3)

NE: Grupp, Hariolf [Hrsg.]; GT

88/2202-5 4 3 2 1 0 - Gedruckt auf säurefreiem Papier

Vorwort zur 2. Auflage

Als sich im Spätherbst 1991 die Vertreter einiger Institute im damaligen Bundesministerium für Forschung und Technologie (heute: Bundesministerium für Bildung, Wissenschaft, Forschung und Technologie) versammelten, um ein Konzept für eine Studie über Zukunftsgebiete neuer Technologien in der Bundesrepublik Deutschland zu entwickeln, war nicht abzusehen, was einmal daraus werden sollte. Es bestand zwar Einvernehmen, daß die Ergebnisse ausländischer Studien, vor allem aus den USA und Japan, nicht ungeprüft für die Bundesrepublik übernommen werden können. Was aber dem entgegenzusetzen sei bzw. besser gemacht werden könnte, war noch nicht deutlich.

Das Wagnis wurde begonnen und das Bundesministerium beauftragte eine Arbeitsgemeinschaft mit der Durchführung einer entsprechenden Zukunftsstudie, die (damals!) etwa zehn Jahre vorausdenken sollte: Die Technologie am Beginn des 21. Jahrhunderts sollte skizziert werden.

Mir fiel die schwierige aber auch reizvolle Aufgabe zu, das Projekt zu leiten und die Arbeiten einer großen Gruppe von Wissenschaftlern aus meinem eigenen Institut, dem Fraunhofer-Institut für Systemtechnik und Innovationsforschung (ISI) in Karlsruhe, sowie von sechs Projektträgern des Ministeriums und der DECHEMA zu koordinieren. Nach etwa einjährigen Arbeiten an verschiedenen Orten und mit Verständigungsschwierigkeiten zwischen den Disziplinen, zahlreichen Klausursitzungen und einem erheblichen Verbrauch von Faksimile-Papier ist schließlich ein achtbares Ergebnis herausgekommen. Es wurde im April 1993 auf einer großen Tagung in Bonn der Fachöffentlichkeit vorgestellt. Die Ergebnisse unserer mittelfristigen Technikvorausschau haben auch wegen der neuentwickelten Methoden Beachtung gefunden und sind in die praktische Politik des Ministeriums eingeflossen; sie wurden als Band 3 der Schriftenreihe "Technik, Wirtschaft und Politik" im Sommer 1993 der interessierten Öffentlichkeit zugänglich gemacht und sind von jedem im Buchhandel zu beziehen. Eine Kurzfassung wurde in das Englische übersetzt und hat auch im Ausland große Verbreitung gefunden. Soweit, so gut.

Was die Verfasser und das Ministerium nicht ahnen konnten, waren die große Resonanz in einer breiteren Öffentlichkeit, eine Fülle von umfangreichen und wohlwollenden Presseberichten und eine große Nachfrage nach dem Buch, die bei Büchern mit technisch komplizierten Sachverhalten normalerweise eher nicht besteht. Bereits bis November 1993 hatten sich auf meinem Schreibtisch mehr als 40 Seiten mit Auszügen aus Presseberichten angehäuft; der Physica-Verlag mußte einen Nachdruck veranlassen. Noch immer glaubten wir aber an ein kurzfristiges Feuerwerk. Auch diese Annahme war falsch: Die konstante

Nachfrage nach verläßlichen Informationen über die mutmaßliche Entwicklung der Technik bis zum Jahr 2000 hielt auch im folgenden Jahr an. Das Thema scheint weiterhin aktuell zu sein.

Ich freue mich daher sehr, die zweite, unveränderte Auflage vorlegen zu können. Mittlerweile haben wir von der Zehnjahresstrecke, die es damals vorauszudenken galt, fast die Hälfte durchschritten. Es wäre naheliegend gewesen, den Band inhaltlich zu überarbeiten und neueste Erkenntnisse einzubeziehen. Wir haben dieser Versuchung widerstanden und von einem Flickwerk am ursprünglichen Text Abstand genommen. Die Verfasser halten ihre 1992 nach bestem Wissen und Gewissen erarbeitete Vorausschau in ihren Kernaussagen aufrecht und geben den Leserinnen und Lesern die Möglichkeit, die Qualität der Aussagen über die Zukunft an der Realität zu überprüfen.

Die Studie identifiziert Entwicklungslinien in ganz unterschiedlichen Reifungsphasen: Es werden technische Lösungen beschrieben, die im Jahr 2000 bereits die Märkte durchdringen werden, aber auch solche, die heute noch im Stadium der Grundlagenforschung sind, den großen Entwicklungssprung vor sich haben und ihr volles wirtschaftliches Potential erst nach der Jahrtausendwende entfalten können. Ursprünglich war es ein Selektionskriterium, diejenigen "kritischen" Technologiebereiche auszuwählen, die unmittelbar um die oder gleich nach der Jahrhundertwende gesellschaftlich oder ökonomisch relevant werden. Diese ursprüngliche Annahme hat sich als naiv herausgestellt, ist aber gleichwohl weit verbreitet. Ein solches Abschneidekriterium wird man nie operationalisieren können. Die Leitvorstellung, am Silvesterabend 1999, an der Jahrhundert- und der Jahrtausendwende, einen Blick auf die neue Technologie werfen zu können, muß enttäuscht werden. Das zeitliche Kriterium zerfließt. Wir fanden mit dieser Studie heraus, daß die Technik bis zum Jahr 2000 zwar insgesamt gesellschaftlich und wirtschaftlich relevant wird, sich aber keine zeitliche Einordnung nach der Schwarz-Weiß-Schablone vornehmen läßt.

Einige Themenbereiche kommen in den nächsten Jahren "nicht voran". Dies ist kein negatives Relevanzkriterium, denn viele Gebiete entwickelten sich in den letzten Jahren und wohl auch in Zukunft sprunghaft und haben nicht in jeder Phase ihrer Entwicklung bedeutende Fortschritte zu verzeichnen. Sie sind deshalb aber nicht unwichtig. Andere haben in den nächsten Jahren einen großen Entwicklungssprung vor sich. Der Hinweis auf viele technische Bereiche, deren Einschätzung sich in zeitlicher Hinsicht in den nächsten Jahren besonders stark ändern dürfte, stellt aber ein Signal dar, daß Gestaltungsbedarf gerade in den vor uns liegenden Jahren besteht. Immer dann, wenn sich sprunghafte Entwicklungen ergeben, stellt sich die Frage nach einer genaueren Technikbeobachtung. Der Silvesterabend des Jahres 1999 ist jedenfalls - technologisch betrachtet - ein Nicht-Ereignis.

Wie mir Fachjournalisten im persönlichen Gespräch sagten, sehen sie einen wichtigen Grund für das unerwartet große Interesse an diesem Buch. In Deutschland gibt es eine Technikdebatte, manche bezeichnen sie als Technikfeindlichkeit, die sehr stark dogmatische Züge hat. Man ist entweder ganz dafür oder ganz dagegen und dies jeweils aus hohen moralischen Gründen. Man denke an Atomenergie, Gentechnik, Verkehr und Straßenbau, Müllverbrennung, Chemiestandorte usw. Da die Folgen der Technik nur sehr schwer einzuschätzen sind und bis heute viele komplizierte Kausalketten nicht durchschaut werden, sind rigorose Standpunkte verständlich. Die Journalisten sagen, die detaillierte Auseinandersetzung mit neuer Technik in diesem Band wird in dieser Diskussion als Hilfe empfunden, sich die möglichen Entwicklungen besser vorstellen zu können. Jede Techniklinie wird beschrieben, ihre wichtigsten Anwendungen werden dargestellt und ihre denkbaren Lösungsbeiträge etwa für die Umweltentlastung oder die Gesundheit werden skizziert. Damit wird vielen Leserinnen und Lesern die Unterscheidung in gewünschte und weniger gewünschte Technik erleichtert und werden pauschale Urteile aufgelöst.

Ich möchte an dieser Stelle noch einmal denjenigen Personen danken, die das Zustandekommen dieser Studie ermöglicht haben. Dies sind im ehemaligen Bundesministerium für Forschung und Technologie die Herren Dr. Gries, Dr. Dr. Uhl, Dr. Salz und Dr. Stöffler. Die Verantwortlichen und die Mitwirkenden bei den beteiligten Institutionen sind im Impressum erwähnt. Ihnen allen gilt mein besonderer Dank. Darin eingeschlossen sind insbesondere die wissenschaftlichen Mitarbeiterinnen und Mitarbeiter am ISI, von denen ich nur Sibylle Breiner namentlich erwähnen will, die neben der inhaltlichen Mitarbeit die Organisation des Projekts in festen Händen hielt, und insbesondere unsere unermüdlichen Sekretärinnen, allen voran Frau Geibel und Frau Silbereis. Dem Physica-Verlag sei für sein Engagement, eine zweite Auflage herauszubringen, gedankt.

Dr. Hariolf Grupp,
Abteilungsleiter am
Fraunhofer-Institut für Systemtechnik
und Innovationsforschung (ISI)

Karlsruhe, im Januar 1995

INHALTSVERZEICHNIS

Seite

Seite

Impressum

Diese Studie wurde im Auftrag des Bundesministeriums für Forschung und Technologie (BMFT) von einer Arbeitsgemeinschaft erstellt. Das BMFT war an der Abfassung der Aufgabenstellung und der wesentlichen Randbedingungen beteiligt. Das BMFT hat das Ergebnis nicht beeinflußt; die Auftragnehmer tragen allein die Verantwortung. Seitens des BMFT wurde das Projekt vom Referat "Grundsatzfragen der Informationstechnik" in Verbindung mit dem Referat "Grundsatzfragen der Forschungs- und Technologiepolitik; Planung" betreut.

Die Projektgruppe besteht aus dem

FhG-ISI (Fraunhofer-Institut für Systemtechnik und Innovationsforschung, Karlsruhe, Ansprechpartner: Dr. H. Grupp) als Systemführer und Hauptauftragnehmer

in Verbindung mit (alphabetisch)

BEO (Projektträger Biologie, Energie, Ökologie, Jülich, Ansprechpartner: Dr. Hache, Dr. Wehner)

DECHEMA e. V. (Deutsche Gesellschaft für chemisches Apparatewesen, chemische Technik und Biotechnologie, Frankfurt, Ansprechpartner: Dr. Wagemann)

PFT (Projektträger Fertigungstechnik und Qualitätssicherung, Karlsruhe, Ansprechpartner: Dr.-Ing. Mikosch)

PLR (Projektträger Material- und Rohstofforschung, Jülich, Ansprechpartner: Dr.-Ing. Prasse)

PT-IT (Projektträger Informationstechnik, Köln und Berlin, Ansprechpartner: Dr. Bösch, Prof. Dr.-Ing. Werrmann, Dr.-Ing. Wolf)

VDI/VDE-IT (Technologiezentrum Informationstechnik, Berlin, Ansprechpartner: Dr. Stransfeld)

VDI-TZ (VDI-Technologiezentrum Physikalische Technologien, Düsseldorf, Ansprechpartner: Dr. Zweck).

Mitarbeiter

Bachmann	Dipl.-Phys.	Meier-Engelen	Dipl.-Ing.
Behrens	Dipl.-Soz.	Meyer-Krahmer	Dr.-habil.
Biesner	Dr.	Mikosch	Dr.-Ing.
Bothe	Dr.	Moor, von der	Dipl.-Phys.
Brasche	Dr.	Neumann	Dr.
Breiner	Dipl.-Oec.	Otte	Dr.-Ing.
Bremer	Dr.	Peter	Dr.
Dietrich	Dr.	Peters	Dr.
Dietz	Dr.	Peiffer	Dr.
Döhl-Oelze	Dr.	Prasse	Dr.-Ing.
Eickenbusch	Dr.	Rathjen	Dr.-Ing.
Faul	Dipl.-Ing.	Reese	Dr.
Fröhlingsdorf	Dr.	Reichel	Prof. Dr.
Glück	Dr.	Reiß	Dr.
Groß	Dipl.-Ing.	Ruebesam	Dipl.-Ing.
Grothe	Dr.	Schlemmer	Dr.
Grupp	Dr.	Schmoch	Dr.
Günther	Dr.	Schröer	Dr.
Haag	Dipl.-Ing.	Schuppe	Dr.
Hache	Dr.	Seitz	Dr.
Harmsen	Dr.	Siakkou	Dr.
Harth	Dipl.-Ing.	Stransfeld	Dr.
Hennrich	Dipl.-Ing.	Sturm	Dr.
Herminghaus	Dr.	Thönneßen	Dr.
Herzog	Dipl.-Phys.	Tünger	Dr.
Heyn	Dr.	Valldorf	Dr.
Hinze	Dipl.-Wiss. Org.	Wagemann	Dr.
Kellner	Dipl.-Math.	Warmer	Dr.
Kirstein	Dipl.-Ing.	Wehner	Dr.
Köhler	Dipl.-Ing.	Werrmann	Prof. Dr.-Ing.
Kuhlmann	Dr.	Wilbert	Dr.
Kurze		Wolf	Dr.
Langefeld	Dr.	Wolf	Dr.-Ing.
Maly	Dr.	Zweck	Dr.
Mann	Dr.		

1 Grundsätzliche Erwägungen zur Technikbeobachtung und -vorausschau und Auftrag

Vom schnellen technischen Wandel sind die (manchmal radikalen) Veränderungen der Eigenschaften eines Produkts, eines Produktionsverfahrens bzw. die Einführung neuer Produkte und Verfahren, aber auch Dienstleistungen oder Organisationsformen (z. B. "Managementtechnik") betroffen. Will man eine vorausschauende Bewertung möglicher Veränderungen solcher technischen Systeme vornehmen, so spielen nicht nur technisch-naturwissenschaftliche Bewertungskriterien, sondern auch ökonomische, ökologische, soziale, rechtliche oder ethische Kriterien eine Rolle (Stichwort: gesellschaftliche Rahmenbedingungen). Nicht jede mögliche technische Lösung setzt sich am Markt bzw. in der Gesellschaft durch. Technologische Vorausschau wird wesentlich von den Selektionsmechanismen beeinflußt, welche unter allen denkbaren technisch-naturwissenschaftlichen Lösungen diejenigen herausfiltern, die mutmaßlich eine große Rolle spielen werden. Dies läuft auf die komplexe Beurteilung von *Qualität* hinaus: Die Verbesserung der Eigenschaften des technischen Systems muß durch dessen Qualitätsverbesserung beschrieben werden, sollen Merkmale wie "neu", "besser" etc. empirischen Gehalt bekommen.

Werden nicht nur technisch-naturwissenschaftliche Kriterien angelegt und wird die Vielfalt der möglichen Qualitätsveränderungen im technischen Fortschritt akzeptiert, so tritt meist das Problem von gegenläufigen Einschätzungen und von Zielkonflikten auf. Besteht zum Beispiel wirklich ein großes Zukunftspotential für eine bestimmte technische Entwicklungslinie, wenn zwar die technische oder betriebswirtschaftliche Effizienz gesteigert, aber gesamtwirtschaftliche, soziale oder ökologische Ziele verletzt werden? Die technischen Wissenschaften, die Naturwissenschaften, die Wirtschaftswissenschaften und andere betroffene Disziplinen können jeweils allein hierauf keine Antwort geben. Multi-Kriterienbeurteilungen von mehrschichtigen Qualitätsveränderungen in der technischen Entwicklung können nur *interdisziplinär* beschrieben werden.

Technikbeobachtung muß also neben dem Lösungsangebot auch die mutmaßlichen Konsequenzen neuer oder verbesserter technischer Systeme konzeptionell vorausdenken und beurteilen, also auch eine *Technikbewertung* beinhalten. Das Vorausdenken von noch nicht stattgefundenen Ereignissen zwingt zu der ausdrücklichen Anerkennung der Annahme, daß Wahlmöglichkeiten bestehen, durch welche die Zukunft mitbeeinflußt werden kann. Wichtige Fragen sind es, ob solche Wahlmöglichkeiten nur im Rahmen des internationalen Konkurrenzdrucks wahrgenommen werden können (gemäß dem Vorurteil: "Was Amerika und Japan machen, muß auch Deutschland tun"; siehe auch das 2. Kapitel) oder inwieweit spezifische nationale Besonderheiten (z. B. Gesundheitssystem, Rechtssystem, Altersstruktur,

Bevölkerungsdicnte, Verfügbarkeit von ökologischen Reserven und Rohstoffen) zumindest im regionalen Kontext des EG-Binnenmarkts bestimmend bleiben.

Gerade im Bereich von Forschung, Entwicklung und Innovation spielen regionale, soziale und politische Prozesse eine so große Rolle, daß es ***unrealistisch*** wäre, ***deterministische Voraussagen*** anstreben zu wollen. Voraussagen im Sinne absoluter Aussagen über die Zukunft der technischen Entwicklung sind nicht erreichbar. Dasselbe gilt für Prognosen im engen Sinne, d. h. für Wahrscheinlichkeitsaussagen mit einem relativ hohen Verläßlichkeitsgrad. Der Begriff ***"Vorausschau"*** erscheint am besten geeignet, um die mit diesem Bericht dargelegte Aufgabe zu charakterisieren.

Die Begriffe "Technik" und "Technologie" werden im unscharfen Gebrauch der Praxis oft gleichbedeutend benutzt, so auch in diesem Bericht. Im Englischen steht für das Begriffspaar beidemale "Technology", so daß die Rückübersetzung ins Deutsche nicht immer präzise unterscheiden kann. Gemäß den einschlägigen Richtlinien wird im Deutschen der Begriff "Technik" für vom Menschen erzeugte Gegenstände, ihre Herstellung und ihre Benutzung verwendet. "Technologie" hingegen ist die "Wissenschaft von der Technik" oder die "Wissenschaft von den technologischen Produktionsprozessen" und als solche, wie "Wissen" selbst, ohne Mehrzahlform.

Die Vorausschau auf die mutmaßliche Entwicklung der Technik wird in einem ***Prozeß*** erarbeitet (siehe das 3. Kapitel), der letztendlich zu einem besseren Verständnis der inneren Antriebskräfte führt, welche die Technologie am Beginn des 21. Jahrhunderts (gemäß der Gliederung des 4. Kapitels) bestimmen oder beeinflussen (dazu siehe das 5. Kapitel). Für die ***Technologiepolitik*** ist die Kenntnis der Einflußfaktoren ebenso wichtig wie das mögliche Ergebnis der Technikbeobachtung, denn es sind diese Einflußfaktoren, die bei der gesetzgeberischen Formulierung der Rahmenbedingungen (Kapitel 6) sowie durch technologiepolitische Maßnahmen verändert werden können.

Gemäß Auftrag des BMFT ist es Aufgabe dieser Studie "Technologie am Beginn des 21. Jahrhunderts", die ***Basiselemente*** für eine umfassende FuE-Strategie des BMFT zu erarbeiten. Diese Strategie wird vom BMFT mit Blick auf die Bewältigung der Fragen der Zukunft gleichzeitig zur Studie in einer Diskussion mit Öffentlichkeit, Wirtschaft und Wissenschaft konkretisiert. Dabei sollen gemäß Vorgabe des BMFT die im Impressum genannten Einrichtungen (vorwiegend Projektträger des BMFT) zusammenwirken. Als Ergebnis der Untersuchung erwartet der BMFT eine Darstellung kritischer Technologiebereiche, die sowohl Wettbewerbsaspekte als auch gesellschaftliche und ökologische Brennpunkte berücksichtigt. Die Bearbeitung soll von der interdisziplinär zusammengesetzten Projektgruppe mit Hilfe einer einheitlichen Methode erfolgen, die vom ISI zu erarbeiten ist. Die beteiligten Projektträger übernehmen in ihrem Kenntnisbereich den fachlichen Hauptteil der Technikbewertung. Die ersten Ergebnisse sollen Anfang 1993 vorliegen. Die Gesamtdarstellung ist nicht primär auf die Bedürfnisse der Fachwelt hin zu orientieren, sondern so zu gestalten, daß mit der Studie der technologiepolitische Strategiebildungsprozeß im BMFT gemeinsam mit Partnern aus Wissenschaft, Wirtschaft und Öffentlichkeit geführt werden kann.

2 Was kann man von ausländischen Studien lernen?

In den letzten Jahren ist in führenden Industrieländern, vor allem in den Vereinigten Staaten und in Japan, aber auch in Europa und in anderen OECD-Ländern, eine Reihe von Studien zur Einschätzung der sogenannten kritischen Technologiebereiche für die mittelfristige Zukunft erstellt worden (siehe Tabelle 1). Dabei wurden jeweils mehr oder weniger umfassende Technologielisten erstellt. Dies erfolgte mit der generellen Zielsetzung, Forschungsaktivitäten und -ressourcen auf diejenigen Technologiebereiche zu konzentrieren, denen ein entscheidender Einfluß auf die zukünftige Wettbewerbsfähigkeit der jeweiligen Volkswirtschaft zugesprochen wird. Die Durchsicht von sechzehn der namhaftesten Studien hat gezeigt, daß diese nach Umfang, Detaillierungsgrad, Bearbeitungsmethodik und politischer Relevanz sehr heterogen sind. Die Frage, welche staatlichen oder privatwirtschaftlichen Handlungsmöglichkeiten bestehen, um die Aneignung und Beherrschung der jeweils als kritisch bezeichneten Technologie zu ermöglichen und zu gewährleisten, wird in ihnen nur ganz selten angesprochen. Derartige Fragen werden eher in technologiepolitischen Studien behandelt, die ihrerseits jedoch technologisch nicht detailliert sind. Eine Untersuchung, die sowohl technisch detailliert wäre und gleichzeitig im Bereich der technologiepolitischen Wertungen über Andeutungen hinausginge, ist *nicht* aufgefunden worden.

Besonders störend für einen *Quervergleich* der vorliegenden Studien ist dabei, daß die Definition dessen, was "kritisch" sein soll, je nach Studie sehr stark variiert und in vielen Fällen überhaupt nicht präzise definiert ist. Eine Rekonstruktion der Auslesemechanismen ist daher nur in wenigen Fällen möglich.

Die Ziele der einzelnen Studien hängen sehr stark vom jeweiligen Verfasser ab. Unter den acht amerikanischen Untersuchungen lassen sich solche für einzelne Industriebereiche (siehe Tabelle 1, Nr. 1, 3, 5, 13; die wehrtechnische Industrie wird hierbei als Sektor ohne große gesamtwirtschaftliche Ausstrahlung gewertet) von Studien unterscheiden, deren Ziel die Erhaltung und Verbesserung der zukünftigen gesamtwirtschaftlichen Wettbewerbsposition der USA im Vergleich zu Japan und Europa ist (siehe Tabelle 1, Nr. 4, 6, 8). So konzentrierte sich z. B. der Werkstattbericht "Microtech 2000", der vom nationalen Beratungskomitee für Halbleiter vorgelegt wurde, lediglich auf die technologische Wettbewerbsfähigkeit der amerikanischen Halbleiterindustrie. Die Studie des US-Handelsministeriums "Aufstrebende Technologien: Ein Gutachten zu den technischen und ökonomischen Möglichkeiten" stellt hingegen den gesamtwirtschaftlichen Vergleich der USA mit Japan und Europa bezüglich neuer Technolgie in den Vordergrund.

Zwei der fünf japanischen Studien (siehe Tabelle 1, Nr. 2, 11) stellen ein sogenanntes "Weißbuch" dar, das Ausführungen zu innovativen technischen Bereichen macht, die für die wirtschaftliche Entwicklung im 21. Jahrhundert Bedeutung haben. Die Studie der Economic Planning Agency (EPA); Tabelle 1, Nr. 12) zielt darauf ab, ein Bild sowohl des japanischen als auch des Weltmarktes im Jahre 2010 zu zeichnen. Neben der Darstellung von Produktvisionen mit der Einschätzung, in welchem Jahr ein Praxiseinsatz zu erwarten ist, werden für die meisten Produktbereiche die zukünftige Marktgröße (in Yen) abgeschätzt sowie die gegenwärtige Stellung Japans auf dem Weltmarkt beurteilt. Diese Studie steht inhaltlich in engem Zusammenhang mit einer umfangreichen Delphi-Befragung zum voraussichtlichen Einsatzzeitpunkt moderner Technologie, die alle fünf Jahre von der Science and Technology Agency durchgeführt wird (siehe Tabelle 1, Nr. 4).

In Europa werden derart übergreifende Ansätze nicht so oft verfolgt, vielmehr beschäftigen sich die zuständigen Ministerien, Beratungsgremien, Förderorganisationen und entsprechende Institutionen in der Regel mit ihrem eigenen Kompetenzbereich. Selbst das für übergreifende Fragestellungen ins Leben gerufene Beratungskomitee für Wissenschaft und Technik (ACOST) der britischen Staatskanzlei (Cabinet Office), das eigens im Jahr 1989 ein Komitee für "emporkommende Technologie" (Emerging Technologies - ET) eingerichtet hatte, publizierte in der Folge fachspezifische Reports. Der erste bezog sich auf die Biotechnologie. Ebenfalls untersucht wurden die Optoelektronik, die Fertigungstechnologie, neuronale Netzwerke und fortgeschrittene Materialien (1992). Auch ein gemeinschaftliches Biotechnologie-Beratungsgremium und die Abteilung Information und Fertigungstechnik im Industrieministerium (DTI) ließen Zukunftsstudien in ihrem Zuständigkeitsbereich erstellen (diejenige über die Zukunft der Informationstechnik ist noch nicht abgeschlossen). Wegen ihres fachspezifischen Charakters wurden diese Studien in Tabelle 1 nicht aufgenommen.

Einer umfassenden Technikbewertung unterzog sich das niederländische Wirtschaftsministerium (Ministerie van Economische Zaken - MEZ) von 1988 bis 1991. Die Aktivität wurde vorsichtig "Technologievorausschau-Experiment" genannt und begann nach einer Vorphase damit, unter 15 neu aufkommenden Technologien mit einem breiten Anwendungsbereich schließlich vier für eine vertiefte Untersuchung auszuwählen (Mechatronik, d. h. das Zusammenwachsen von Mechanik und Elektronik, Klebetechnologie, Chipkarten und elektronische Beschriftung; Tabelle 1, Ziffer 10). Diese vier Themenbereiche wurden dann in einer fachspezifischen Weise weiterbearbeitet. Trotz der letztlich disziplinären Betrachtung stellt die holländische Übung ein interessantes Beispiel für einen zunächst breiten Ansatz dar, wie er in Europa noch selten ist. Die holländische Vorgehensweise ist bis dato die konsequenteste Technologievorausschau, die in Europa im technologiepolitisch rele-

Tabelle 1: Liste wichtiger ausländischer Studien

Nr	Titel	Verfasser	Land	erschienen
1)	Schlüsseltechnologie für die neunziger Jahre: Ein Überblick	Aerospace Industries Association (AIA)	USA	Ende 1987
2)	Trends und Zukunftsaufgaben in der Industrietechnologie	Ministerium für internationalen Handel und Industrie (MITI)	Japan	Sept. 1988
3)	Plan kritischer Technologie	US-Verteidigungsministerium (DOD)	USA	März 1990
4)	Aufstrebende Technologie: Ein Gutachten zu den technischen und ökonomischen Möglichkeiten	US-Handelsministerium (DOC)	USA	Frühj. 1990
5)	Perspektiven: Erfolgsfaktoren für kritische Technologie	Computer Systems Policy Project (CSPP)	USA	Juli 1990
6)	Zu neuen Ufern: Technologische Prioritäten für Amerikas Zukunft	Council of Competitiveness (COC)	USA	1990
7)	Bericht des Forschungskomitees für neue Technologie zur Informationsverarbeitung	Ministerium für internationalen Handel und Industrie (MITI)	Japan	März 1991
8)	Bericht des Nationalen Ausschußes für Kritische Technologie	Nationaler Ausschuß für Kritische Technologie (NCTP)	USA	März 1991
9)	Werkstattbericht "Micro Tech 2000"	National Advisory Committee on Semiconductors (NACS)	USA	August 1991
10)	Technologievorausschau-Experiment	Wirtschaftsministerium (MEZ)	NL	1991
11)	Weißbuch zu Wissenschaft und Technologie 1990	Science and Technology Agency (STA)	Japan	1991
12)	Technologie und Produkte im Jahr 2010	Economic Planning Agency (EPA)	Japan	April 1992
13)	STAR 21: Strategische Technologie für das Heer des 21. Jahrhunderts	National Research Council (NRC)	USA	1992
14)	Zukunftstechnologie in Japan	Science and Technology Agency (STA)	Japan	alle 5 Jahre, zuletzt 1992
15)	Zukunftstechnologie in Deutschland	BMFT	D	1992/93
16)	Zukünftige Forschung und Entwicklung im industriellen Bereich	MITI	Japan	Juli 1992
17)	Delphi-Vorstudie	Department of Trade and Industry (DTI)	GB	1992/93

vanten Bereich in den letzten Jahren durchgeführt wurde. Ähnlich umfassende Untersuchungen wurden auch in Australien (1990) und Neuseeland (1992) unternommen. Bezüglich ihrer technologiepolitischen Bedeutung lassen sich die zuletzt genannten Studien noch schwer einschätzen.

Eine interessante Entwicklung deutet sich in der *längerfristigen Technologievorausschau* an: Als Methodik kommt für einen längeren Zeitraum (etwa 30 Jahre) nur noch die systematische Umfrage unter Fachleuten in Betracht, also, soweit konsensbildende Momente vorgesehen sind, die sogenannten Delphi-Verfahren. Als Modell steht die regelmäßig wiederholte japanische Delphi-Untersuchung zur Zukunftstechnologie Pate (Tabelle 1, Ziffer 14). Sie wurde zuletzt 1992 in Japan durchgeführt; die Veröffentlichung der Ergebnisse steht zum Jahreswechsel 1992/1993 zunächst in japanisch, dann in englisch an. In Deutschland hat sich der BMFT diesem Untersuchungstyp angeschlossen und läßt zur Zeit nach gleicher Gliederung deutsche Fachleute urteilen. Hier sind Ergebnisse vor der Sommerpause 1993 zu erwarten (Tabelle 1, Ziffer 15). Es deutet sich zusätzlich an, daß auch Großbritannien sich der Delphi-Technik bedient. Zur Zeit wird eine Durchführbarkeitsstudie mit einem sehr kleinen Fragenkreis unternommen, bevor möglicherweise Anfang 1993 eine größere Aktivität folgt. Das besondere an der britischen Untersuchung ist, daß zwei Delphi-Fragenkataloge entworfen wurden, wobei einer sich in traditioneller Weise (Modell: Japan 1987) auf Einschätzungen zur zukünftigen Entwicklung bezieht, während der andere Kriterien der zu erwartenden Nachfrage durch Zukunftsmärkte abfragt (Tabelle 1, Ziffer 17).

Die meisten ausländischen Studien, die eine technikübergreifende Vorausschau bieten, beruhen kaum auf eigenständigen, nur für diesen Zweck unternommenen Forschungsarbeiten. Auch sind in der Regel keine speziellen Datensammlungen zu technikübergreifenden Fragen entwickelt worden. Vielmehr handelt es sich zumeist um das Abfragen des Wissens, das in Fachkreisen ohnehin vorhanden war. Die Qualität und Bereitschaft zur Mitarbeit der jeweiligen Ausschüsse definiert mehr oder weniger die *Qualität der ausländischen Berichte*. In einigen Fällen ist die begleitende Stabsarbeit sehr knapp ausgefallen. In anderen Fällen konnte man sich auf eine umfangreiche Zuarbeit z. B. aus einem Vertragsforschungsinstitut (im Falle des nationalen Ausschusses für kritische Technologie der USA) oder aus internen Quellen (im Falle des US-Handelsministeriums und der japanischen EPA) stützen. Meist jedoch wurde die Zuarbeit auf die Mitarbeiter der jeweiligen Ausschußmitglieder delegiert. Die Delphi-Untersuchungen stellen insoweit eine Ausnahme dar, als hier mit erheblichen Kosten jeweils eine umfangreiche, teilanonyme Befragung durchgeführt wurde, deren Objektivität als hoch einzuschätzen ist; allerdings führt die Beantwortung von vorgegebenen Fragen zwar zu umfangreichem statistischen Datenmaterial, aber in der Regel nicht zu ganzheitlichen Darstellungen. Solche sind - wie im deutschen Fall - durch intelligente Nacharbeit möglich, aber beipielsweise im japanischen Ansatz gar nicht vorgesehen.

Wegen der *Unvergleichbarkeit der angelegten Kriterien* und weil der Eindruck vorherrscht, daß teilweise ein Kriterienraster zwar entwickelt, aber nicht angewendet wurde, ist es möglich, daß kommerziell wichtige technologische Bereiche der Zukunft außer acht blieben und daß einige der als kritisch bezeichneten technologischen Bereiche sich als nicht so kritisch herausstellen werden. Es soll aber nicht behauptet werden, daß die durchgesehenen Studien nicht sorgfältig und seriös durchgeführt worden wären; vielmehr soll nur darauf hingewiesen werden, daß die Nichtnachvollziehbarkeit der angelegten Kriterien keine Einschätzung von außen zuläßt, mit welchem Nachdruck und mit welcher Methode die Untersuchungen jeweils auf Vollständigkeit geprüft wurden. Es mag als paradox erscheinen, daß trotz der schwachen und uneinheitlichen Methodik viele der Studien durchaus ähnliche Ergebnisse erbringen und vergleichbare technologiepolitische Ziele verfolgen. Andererseits könnten aber gerade die methodischen Unzulänglichkeiten wirklich belastbare Neubewertungen zugunsten von plausiblen Standardargumenten benachteiligt haben.

Welche *Themenbereiche* wurden in den ausländischen Studien in Betracht gezogen? Eine Gegenüberstellung verschieden abgegrenzter Technologielisten ist immer fragwürdig, soll jedoch anhand eines sehr groben Rasters, der eine Zuordnung der Einzeltechnologie ermöglicht, für zwölf der betrachteten Studien versucht werden. Die übrigen Studien (Tabelle 1, Nr. 7, 10, 11, 16) werden aufgrund der fehlenden Technologieliste nicht in diese Auswertung einbezogen. Die in den einzelnen Studien behandelten technologischen Bereiche lassen sich in acht Kategorien einteilen, wobei die ersten vier im wesentlichen technologischen und die letzten vier Kategorien anwendungsspezifisch abgegrenzt sind (siehe Tabelle 2). Dieser Bruch im Raster ist unvermeidbar, da einige der beschriebenen Studienreihen technologisch abgrenzen, während andere ihre Themen bereits auf potentielle Anwendungsgebiete zuschneiden. Generell kann gesagt werden, daß die verglichenen Studien weit überwiegend in den Bereich der ersten vier Kategorien (Werkstoffe, Fertigung & Produktion, Information & Elektronik, Biotechnologie & Medizin) fallen, während anwendungsorientierte Technologielisten (Verkehr incl. Raumfahrt, Energie & Umwelt, Wehr- & Sicherheitstechnik, Bau- & Städteplanung) seltener vorkommen (siehe Tabelle 2).

In allen vorgelegten Studien gibt es interessante Aspekte, die auch für die vorliegende Untersuchung in Deutschland von Bedeutung sind. Schon von daher sind die ausländischen Studien trotz aller Abstriche als sehr positiv einzuschätzen, zumal sie auch auf die Wichtigkeit solcher Untersuchungen hinweisen und belegen, daß Europa in dieser Hinsicht noch ein

Tabelle 2: Verteilung der groben Themenbereiche in den wichtigsten ausländischen Vergleichsstudien

Kategorie	Studie (Laufende Nr. siehe Tabelle 1)											
	1	2	3	4	5	6	8	9	12	13	14/15	16
Werkstoffe	x	x	x	x		x	x	x	x	x	x	x
Fertigung & Produktion	x		x	x	x	x	x	x	x	x	x	x
Information & Elektronik	x	x	x	x	x	x	x	x	x	x	x	x
Biotechnologie & Medizin		x	x	x		x	x		x	x	x	x
Verkehr inkl. Raumfahrt	x		x			x	x		x	x	x	x
Energie & Umwelt						x	x		x	x	x	x
Wehr- und Sicherheitst.		x								x		
Bau & Städteplanung									x		x	

aufholender Kontinent ist. Der hauptsächliche Kritikpunkt berührt jedoch den Detaillierungsgrad. Einige der als kritisch identifizierten technologischen Bereiche sind so breit definiert, daß selbst bei sachgerechter Darstellung und Verdichtung des Materials wirklich nützliche Empfehlungen und Entscheidungen daraus nicht abgeleitet werden können.

Neben dem Verdichtungsgrad ist die *Ausgewogenheit der Themen* über die verschiedenen wichtigen Bereiche der technologischen Entwicklung ein wichtiges Qualitätsmaß. Bei den durchgesehenen Studien sind bezüglich der Gleichmäßigkeit der Themenverteilung durchaus Unterschiede festzustellen. Die Delphi-Untersuchungen in Japan und Deutschland, die EPA-Studie und der Report des nationalen Ausschusses für kritische Technologie stellen sich als besonders ausgewogen dar; die von Industriekreisen durchgeführten Untersuchungen haben eher punktuellen Charakter ebenso wie jene von Fachministerien. Es gibt zur Zeit keine einzige umfassende Zukunftsstudie aus Europa. Es ist zwar im Grundsatz verständlich, daß etwa Wirtschaftsverbände nur im technologischen Bereich ihrer Mitgliedsunternehmen tätig werden wollen. Aber vor dem Hintergrund der wachsenden technologischen Verflechtung ist es fraglich, was die Unternehmen eines Wirtschaftszweiges auf der technologischen Seite zukünftig beherrschen müssen; dies können sehr wohl Technologien sein, die nicht in den Kernbereich ihrer Kompetenz fallen.

Hinsichtlich des Beitrags der ausländischen Studien zur Lösung der anstehenden Probleme unserer Gesellschaft (siehe Kapitel 6) ist zunächst festzustellen, daß selbst im jüngsten Zeitraum das Aufgreifen dieser Frage in Zukunftsstudien noch nicht durchgängig ist. Viele Untersuchungen sehen nur die Zusammenhänge zu den klassischen Wachstumsthemen, wie z. B. dem Wirtschaftswachstum sowie dem Erhalt und der Steigerung der Wettbewerbsfähigkeit. Nur vereinzelt und in den allerletzten Jahren wird auf das enorme *Problemlösungspotential in den wichtigsten gesellschaftlichen Bereichen* eingegangen. Hierbei ist noch einmal zu unterscheiden zwischen den Studien aus den USA und denen aus Japan. In Japan ist der diesbezügliche Bewußtseinsstand wesentlich weiter fortgeschritten als in den Vereinigten Staaten.

Im einzelnen: In den amerikanischen Studien wird das Thema "*Lebensqualität*" durch neue Technologie in der Regel übergangen oder als Kriterium unter vielen anderen mitbehandelt. So verwendet etwa die NCTP-Studie (Tabelle 1, Ziffer 8) insgesamt zehn Kriterien, von denen eines "Lebensqualität" heißt. Darunter wird verstanden, ob die jeweilige Technologie Beiträge zur menschlichen Gesundheit und Wohlfahrt und zur Erhaltung der Umwelt leisten kann, und zwar jeweils unter dem nationalen und dem internationalen Blickwinkel. Ansonsten wird das Thema Umweltschutz meist so verstanden, daß neue Technologie "kritisch" auch dahingehend sein soll, daß durch ihren Gebrauch keine neuen Umweltbelastungen entstehen. Dieser Gedanke schimmert auch gelegentlich in den Studien des US-Verteidigungsministeriums auf, wo sinngemäß so argumentiert wird, daß die Zeiten vorbei seien, in denen Rüstungstechnologie die im zivilen Bereich üblichen Umweltstandards übergehen könne. Insofern sei zukünftige Wehrtechnik zunehmend an den zivilen Umweltstandards auszurichten.

Die japanischen Studien gehen auf das Problemlösungspotential ausführlicher ein, aber dies auch erst in den allerjüngsten Publikationen. So behandelt etwa das Weißbuch zu Wissenschaft und Technologie (1991) der STA in allen Kapiteln die "neuen Probleme" aus der globalen Umweltsituation und die japanische Antwort. Neben der Aufgabe, durch weitere Forschung die Zusammenhänge der globalen Umweltprobleme aufzuklären, wird gleichgewichtig auf die vitale Rolle hingewiesen, die Wissenschaft und Technologie bei der Lösung solcher Probleme, bei der Verbesserung des Lebensstandards und bezüglich des ökonomischen Wachstums spiele. Einer Umfrage zufolge, die vom STA-Weißbuch zitiert wird, würde die Förderung von Forschung und Technologie in der öffentlichen Meinung Japans einen Spitzenplatz unter denjenigen Maßnahmen einnehmen, die für effektiv gehalten werden, um die globale Umweltproblematik zu lösen. Die beiden nachrangig als effektiv angesehenen Maßnahmen bestünden in einer Veränderung des Lebensstils und in einer

Effektivierung ökonomischer Mechanismen. Dahinter rangierten die Möglichkeiten der Regulierung etc.

Am ausführlichsten geht die EPA-Untersuchung auf die technologischen Lösungsbeiträge zu gesellschaftlichen Engpässen ein. Die "Welt der Zukunft" werde demzufolge durch fünf herausragende Merkmale charakterisiert:

- Weltweite Entspannung und Demokratisierung,
- Verbreitung der Marktwirtschaften und Zunahme der wechselseitigen Abhängigkeit,
- Verschlechterung der Umweltsituation, der Ressourcenverfügbarkeit und der Energierohstoffe,
- Ökonomische Ungleichgewichte im globalen Maßstab,
- Explosionsartige Zunahme der Bevölkerung vor allem in den Entwicklungsländern und
- Zunahme sozialer Brennpunkte (Drogen, Terrorismus, AIDS, Verstädterung, Verschmutzung, Verkehrsüberlastung, Wohnungsnot usw.).

Sodann wird ausgeführt, daß die Technologie des 21. Jahrhunderts unter dem Aspekt betrachtet werden müsse, welche Beiträge im Hinblick auf diese fünf Problemlinien möglich sind. In Unterpunkten werden die Zukunftslösungen zur Erleichterung im Leben alter Menschen, zur besseren Integration von Frauen ins Gewerbsleben, zur Erleichterung der internationalen Zusammenarbeit in Forschung und Entwicklung und den damit verbundenen Sprachproblemen behandelt. Trotz dieses deutlichen Szenarios für die zukünftige Technikentwicklung muß auch bezüglich des EPA-Berichts kritisch eingewendet werden, daß eine Operationalisierung dieser Ziele bei der Behandlung der einzelnen technischen Themen nicht mehr kenntlich gemacht wird, so daß ihre Einlösung auf der einzeltechnologischen Ebene offenbleiben muß. Allerdings enthält die EPA-Technologieliste auch unmißverständliche Themen wie etwa die Technologie der Kohlendioxid-Fixierung (Klima-Problematik) oder die Idee tief unterirdischer Verkehrssysteme.

Insgesamt kann gesagt werden, daß international einige erste Versuche beobachtet werden können, dem gesellschaftlichen Problemlösungspotential neuer Technik verstärkt Aufmerksamkeit zu widmen. Japanische Regierungsstellen sind hier zur Zeit interessantere Gesprächspartner als amerikanische; eine Meinungsführerschaft Europas oder Deutschlands liegt nahe und muß eine allzu starke Konkurrenz nicht befürchten.

Die Durchsicht der ausländischen Studien zur kritischen Technologie hat sich als sehr hilfreich bei der Konzeptionierung der vorliegenden Untersuchung erwiesen. Aus den Fehlern anderer kann man lernen; zuvor müssen die Unzulänglichkeiten aber identifiziert sein. Für die im nächsten Abschnitt beschriebene deutsche Untersuchung kann insbesondere festgehalten werden, daß der Detaillierungsgrad der technologischen Themen wesentlich feiner sein muß als in den ausländischen Vergleichsstudien, um überhaupt zu detaillierten Schlußfolgerungen und Bewertungen kommen zu können. Der Kriterienkatalog muß offengelegt werden und die einzelnen technologischen Themen müssen daran explizit gespiegelt werden. Anderenfalls läßt sich für den Leser und für die Technologiepolitik, wenn es an die Umsetzung geht, nicht nachvollziehen, was warum wie beurteilt wurde. Schließlich müssen, um die Problemlösungspotentiale der Technologie darzustellen, andere als die gängigen Effizienzkriterien den einzelnen Themenbereichen ausdrücklich zugeordnet werden (siehe dazu das Kapitel 6). Andernfalls bleibt es bei der pauschalen Versicherung, neue Technologie hätte solche Potentiale. Die Glaubwürdigkeit solcher Studien wird oft dadurch erschüttert, daß auch in diesem Punkt keine Nachvollziehbarkeit gegeben ist. Dies sind die wichtigsten Anregungen für die hier vorlegte Studie, die aus den ausländischen Vergleichsuntersuchungen gewonnen werden konnten.

3 Vorgehensweise

Die Untersuchung behandelt die *technischen Entwicklungslinien* und wichtige *kommerzielle Anwendungen* im zivilen Bereich. Dabei ist zu beachten, daß in heutiger Zeit die *wissenschaftsabhängige Technik* an Bedeutung gewinnt, bei der vor einer industriellen Nutzung eine explorative Phase erforderlich ist. Auch hat sich die Vorstellung als falsch herausgestellt, daß wissenschaftliche Ergebnisse einseitig den mühevollen Weg in die industrielle Anwendung suchten. Vielmehr ist dieser Entwicklungspfad von vielfältigen Rückkoppelungen gekennzeichnet, denn auch die industriell zu lösende Fragestellung stellt immer wieder neue Anforderungen an den Wissenschaftler, auf die er im günstigsten Falle mit einer neuen Lösung reagieren kann. Dieser Zusammenhang ist tief in den Grundstrukturen von Wissenschaft und Technik verankert. Trotz der Konzentration auf die *Technologie* am Beginn des 21. Jahrhunderts ist es daher unvermeidbar, auch wichtige *wissenschaftliche Trends* mitzuerfassen.

Unmittelbar realisierbare Entwicklungen mit kurzfristigem Horizont (die nächsten ein bis zwei Jahre) werden ausgeblendet. Beobachtungshorizont sind die nächsten zehn Jahre, also der unmittelbare Beginn des 21. Jahrhunderts. In der strategischen Technikbeobachtung hat es sich aber eingebürgert, zwischen der *mittleren Perspektive* (eher fünf als zehn Jahre) und der *langfristigen Perspektive* (typisch zehn Jahre mit einer Streuung zwischen fünf und etwa dreißig Jahren) zu unterscheiden. Die beiden zeitlichen Perspektiven lassen sich *im vorhinein* nicht immer klar trennen, weil der Fortschritt in Wissenschaft, Technik und Wirtschaft oft zyklisch verläuft. Nach anfänglich eher euphorischen Zukunftserwartungen werden vor einer endgültigen Marktdurchdringung immer wieder zurückhaltende Entwicklungsphasen beobachtet (näheres siehe im Abschnitt 4.3). Diese Zusammenhänge müssen bei der Einschätzung der Zeithorizonte in der vorliegenden Studie beachtet werden.

Mit dieser Untersuchung hat das BMFT das Fraunhofer-Institut für Systemtechnik und Innovationsforschung (FhG-ISI, federführend) sowie verschiedene Projektträger beauftragt. Folgende Projektträger und Institutionen waren beteiligt (in alphabetischer Anordnung des Kürzels):

- *Projektträger Biologie, Energie, Ökologie (BEO).* BEO bearbeitete den Bereich Biologie vollständig, jedoch nicht den Bereich der Energie und der Umwelttechnik. Bei BEO bestehen am jeweiligen Thema orientierte Ad-Hoc-Beratungskreise mit Vertretern der Industrie und der Hochschulen, die für den Zweck dieser Untersuchung konsultiert wurden.

- *Deutsche Gesellschaft für chemisches Apparatewesen, chemische Technik und Biotechnologie e. V. (DECHEMA).* Die DECHEMA ist kein Projektträger des BMFT, wurde aber dennoch gebeten, zusammen mit VDI-TZ und PLR Bereiche der Chemie und der Materialforschung zu bearbeiten. Die DECHEMA als wissenschaftliche Gesellschaft kann unmittelbar auf Beratung durch weitere namhafte Vertreter außer den Projektbearbeitern aufsetzen.

- *Projektträger Fertigungstechnik und Qualitätssicherung (PFT).* PFT hat sich außer der eigenen Expertise auf den Fachkreis "Produktion im 21. Jahrhundert" gestützt, der namhafte Personen umfaßt. Der Fachkreis wurde für die Diskussion von bestimmten Spezialgebieten durch weitere Experten verstärkt.

- *Projektträgerschaft Material- und Rohstofforschung (PLR).* PLR ist Projektträger für das Programm Materialforschung des BMFT sowie für das Programm "Neue Werkstoffe in Bayern" und deutsche Kontaktstelle für das EG-Programm BRITE/EURAM. PLR wird ständig durch Experten aus Wirtschaft und Wissenschaft unterstützt und ist als Projektbegleiter im Auftrag der EG tätig.

- *DLR-Projektträger Informationstechnik (PT-IT).* Der Projektträger ist mit Mitarbeitern aus den Standorten in Köln und in Berlin-Adlershof beteiligt. Der Projektträger hat in Einzelgesprächen und unter Einbeziehung von schriftlichen Ausarbeitungen von Experten verschiedener Fachgebiete der Informationstechnik externen Sachverstand einbezogen.

- *VDI/VDE-Technologiezentrum Informationstechnik (VDI/VDE).* VDI/VDE hat einen Arbeitskreis eingerichtet, in denen das vorhandene Wissen zusammengetragen wurde. Die erarbeiteten Zwischenstände wurden in Kontakten mit externen Experten aus Wissenschaft und Industrie zur Diskussion gestellt und revidiert.

- *VDI-Technologiezentrum Physikalische Technologien (VDI-TZ).* Neben dem unmittelbaren fachlichen Beitrag im Bereich physikalischer Technologie übernahm VDI-TZ die koordinierende Zuarbeit in Bereichen der Chemie zusammen mit der DECHEMA und in der Materialforschung zusammen mit PLR. Das VDI-TZ verfügt im Rahmen seiner PT-Tätigkeiten über ein breites Feld von Experten, insbesondere im physikalischen Bereich.

Durch die genannten Projektträger (unter diesem Begriff wird im folgenden die DECHEMA immer einbezogen) und die bei ihnen zentrierten weiteren Fachkreise ist gewährleistet worden, daß einschlägiger Sachverstand in der Bundesrepublik Deutschland beteiligt wurde.

Allerdings wurde im Unterschied zu den amerikanischen und japanischen Vergleichsstudien (Kapitel 2) ein dezentrales Konzept verfolgt, das eine besonders sachgerechte Bearbeitung der einzelnen thematischen Bereiche zu gewährleisten vermochte und dazu beitrug, eine zu frühe Abstraktion in der Einschätzung des Zukunftspotentials einzelner technologischer Entwicklungslinien zu vermeiden. Umgekehrt ist diesem dezentralen Konzept ein starkes Element der Integration beigefügt worden, das durch das ISI als Systemführer eingebracht wurde.

Die *Rolle des ISI* in diesem konzertierten Projekt bestand nicht darin, selbst einige der Themenbereiche zu bearbeiten. Dies gilt auch in den Fällen, in denen die Fraunhofer-Gesellschaft insgesamt oder das ISI Kompetenz auf einem der ausgewählten Gebiete hat. ISI als Systemführer war zuständig für die Gesamtorganisation, den Abgleich zwischen den Themenbereichen, die Querverflechtungen, die Aufstellung, Weiterführung und Anwendung von Kriterien und andere Aufgaben, die beteiligten Projektträger für die Bearbeitung der Themen selbst. Diese klare Aufgabentrennung erwies sich als vorteilhaft.

Die Arbeitsteilung führte zu einer wichtigen Konsequenz: Die Sachdarlegungen der Projektträger wurden bezüglich ihrer inhaltlichen Stimmigkeit vom ISI nicht überarbeitet. Die Zusammenführung der einzelnen Sachdarlegungen in dem vorliegenden, kondensierten Schlußbericht wurde vom ISI verfaßt, von den Projektträgern gegengelesen und ist mit ihrer Zustimmung formuliert worden.

Daneben war es die wichtigste Aufgabe des ISI, die Funktion des "Lückendetektors" wahrzunehmen. Die bearbeitete Themenliste (siehe unten und Abschnitt 4.2) ist aus der Kenntnis der beteiligten Projektträger und ihrer Übersicht über die größeren thematischen Bereiche, die sie vertreten, entstanden. Sie kann in diesem Sinn noch keinen Anspruch auf inhaltliche Vollständigkeit erheben, schon deshalb nicht, weil von vorneherein eine Konzentrierung der Betrachtung im Bereich der Informationstechnik und der Biotechnik erfolgt ist. Eher anwendungsorientierte Förderbereiche des BMFT, wie etwa die Medizintechnik, die Energietechnik, die Umwelttechnik, die Verkehrs- und Rohstofftechnik wurden für die laufende Untersuchung ausgeschlossen und sollen gegebenenfalls zu einem späteren Zeitpunkt zusätzlich bearbeitet werden.

Obwohl vollständige Abdeckung also nicht behauptet wird, sind eine Reihe von *Überprüfungsschritten* vorgesehen gewesen, um zu möglichst großer Vollständigkeit im ausgewählten Themenbereich zu kommen. Dabei muß aber festgehalten werden, daß es theoretisch und prinzipiell keine Möglichkeit gibt, logisch stringent zu Vollständigkeit zu gelangen und diese zu belegen. Dazu müßte an anderer Stelle eine wirklich vollständige Abdeckung aller Technologiebereiche vorliegen, an der man die eigene Untersuchung messen könnte. Dies ist aber nicht der Fall und kann prinzipiell nicht der Fall sein; zu groß sind die Bewertungsspielräume und die Abgrenzungsprobleme zwischen den Themen.

Man kann sich jedoch in pragmatischer Weise verschiedenen Überprüfungsschritten unterziehen, um wenigstens mit gutem Gewissen behaupten zu können, alles getan zu haben, um keine größeren Lücken im Themenspektrum offenzulassen. Die durchgeführten Vollständigkeitsüberprüfungen waren die folgenden:

- Die japanischen und amerikanischen Vergleichsstudien wurden durchgesehen, und es wurde geprüft, ob die dort bearbeiteten Themen in der deutschen Untersuchung aufgegriffen werden, und wenn nein, welche Gründe dafür sprechen, sie wegzulassen.

- Aus früheren und laufenden Untersuchungen des ISI für andere Auftraggeber wurden wichtige thematische Fragen herausdestilliert und den Projektträgern zur Überprüfung mit der Frage vorgelegt, ob sie in ihrem Themenspektrum berücksichtigt werden, und wenn nein, aus welchen Gründen nicht.

- Die Liste der Produktvisionen der EPA-Studie wurde aus dem Japanischen übersetzt und den Projektträgern zur Verfügung gestellt. Diese haben überprüft, inwieweit die zur Erreichung der Produktvisionen notwendigen Einzeltechnologien von ihnen bereits bearbeitet werden.

- Die Empfehlungen der Kommission Grundlagenforschung zur Förderung der Grundlagenforschung durch den Bundesminister für Forschung und Technologie wurden detailliert durchgesehen; die einzelnen vorgeschlagenen Forschungsbereiche wurden dem Team der Projektträger zur Überprüfung vorlegt, ob sie in ihren Arbeiten vorgesehen sind, und wenn nein, warum nicht.

- Die laufende Delphi-Untersuchung in Deutschland wurde den Projektträgern in vollständiger Übersetzung aus dem Japanischen zugänglich gemacht. Diese haben überprüft, in welchem Umfang dort abgefragte Themen in den von ihnen bearbeiteten Themen enthalten sind.

- Zur Dokumentation und im Sinne des Ablegens von Rechenschaft gegenüber sich selbst wurden alle Bearbeiter, einschließlich derer am ISI, bei ihren Projektsitzungen regelmäßig gefragt, inwieweit die bearbeitete Themenliste überarbeitet werden soll. Hierbei ergaben sich immer wieder Änderungen. Auch diese Selbstreflexion ist keine Gewähr für Vollständigkeit, jedoch ein probates Mittel, um den Einfluß der Berufsblindheit zu vermindern.

Der *Verlauf* der Arbeiten war der folgende: Nach einem ersten Werkstattgespräch aller Beteiligten wurde im März 1992 ein Zwischenbericht erstellt, der einen Überblick über ausländische Ansätze gab (in kondensierter Weise in Kapitel 2 enthalten) und die Vorgehensweise bei der deutschen Studie erläuterte. Dieser Überblick wurde gegengelesen und im April verabschiedet. In einer Klausursitzung aller Beteiligten im Mai wurde die vorläufige Themenliste festgelegt, die damals 103 Einzelthemen umfaßte. Die einzelnen Bearbeiter haben Stichworte zu ihren Themen geliefert, um sie gegenseitig auf Überlappung und Doppelung prüfen zu können. Während der Sommerpause 1992 wurden zu den ausgewählten Themen standardisierte Berichtsbögen erstellt, in ihrer Rohfassung verteilt und bei einem dritten Werkstattgespräch in Klausur am 9. und 10. September 1992 im Hinblick auf ihre Systematisierung durchgesprochen. Daraufhin ergaben sich Ergänzungen und Überarbeitungen durch die Projektträger. Gleichzeitig wurde die Themenliste durch Zusammenlegungen verändert. Sie umfaßte schließlich 86 Einzelposten. Im Oktober 1992 (mit einer Reihe von Nachzüglern im November) wurden die überarbeiteten internen Berichtsblätter von Mitarbeitern des ISI gegengelesen, die versuchten, eine einheitliche Behandlung sicherzustellen.

Eine weitere Überarbeitung führte schließlich zu internen Berichtsblättern, welche die Grundlage für diesen zusammenfassenden Bericht bilden. Die bearbeitenden Projektträger sind dabei absichtlich nicht im einzelnen namentlich festgehalten worden, damit daraus nicht unzulässige Schlußfolgerungen bezüglich ihrer Zuständigkeit als Projektträger gezogen werden können. Viele der Themen wurden kooperativ bearbeitet, um den verschiedenen Aspekten jeweils gerecht werden zu können. Trotz aller Bemühungen um eine gleichmäßige Anwendung der Bewertungsmaßstäbe bleiben gewisse Auffassungsunterschiede auch in diesem Bericht noch bestehen.

Die weitere Vorgehensweise bei der Umsetzung dieser Studie wird im Kapitel 8 diskutiert. Die Projektgruppe hatte sich bereits bei der Erstellung dieser Studie mit politischen Sensitivitäten auseinanderzusetzen. Auch wenn der Auftraggeber *das Ergebnis* nicht beeinflußt hat, so haben die existierenden Strukturen der Forschungsadministration doch das Vorgehen geprägt. Bereits die vorgegebene Auswahl der an der Projektgruppe beteiligten Einrichtungen setzte Akzente bezüglich des Einbezugs (bzw. der Ausblendung) von Fachkenntnissen und Zuständigkeiten.

Kein Bericht kommt ohne eine thematische Gliederung aus. Schon am Beginn der Bearbeitung, die ja dezentral an verschiedenen Orten erfolgt ist, mußte ein Einvernehmen darüber hergestellt werden, zu welchen ausgewählten wissenschaftlich-technischen bzw. anwendungsbezogenen Themenfeldern gearbeitet wird. Daher wurde von Anfang an eine durchnumerierte *Technologieliste* geführt, die sich mehrfach verändert hat. Dabei war es unvermeidbar, zunächst elementhaft vorzugehen, d. h., die verschiedenen Hierarchiestufen wurden zunächst ignoriert. Es wurde also nicht unterschieden, ob es sich um ein Thema aus dem Bereich der wissenschaftlichen Grundlagen, ein anwendungsorientiertes Gebiet, oder eine technologisch abgegrenzte, enge Entwicklungslinie handelte. Gegen dieses elementhafte Vorgehen kann man zurecht den Einwand erheben, daß die tatsächlich existierenden Strukturen in Wissenschaft, Technik und Wirtschaft verlorengehen könnten. Deshalb ist in das elementhafte Konzept als Kompensationsmaßnahme eine Kennzeichnung der Querverbindungen (horizontal wie auch vertikal, d. h. benachbarte wie auch über- und untergeordnete Gebiete sowie Anwendungsgebiete) einbezogen worden.

Die festgehaltenen Quervernetzungen (siehe Anhang) wurden am ISI systematisch ausgewertet, um Clusterstrukturen und dergleichen offenlegen zu können. Diese haben sich aus dem dargestellten Material erst gegeben und sind nicht vor Beginn der Bearbeitung festgelegt worden.

Aufgrund des ganz unterschiedlichen Erfahrungswissens der Bearbeiter, der unterschiedlichen Zuschnitte der Projektträger und weiterer subjektiver Faktoren war es von Anfang an nicht zu erwarten, daß sich solche Querverbindungen wechselseitig "blind" ergeben. Der Vorteil dieses Konzepts besteht aber gerade darin, an fraglichen Stellen nachzuhaken und im Dialog der Projektträger untereinander und mit dem ISI derartige verborgene bzw. überinterpretierte Querverbindungen einer intersubjektiven Überprüfung ihrer Relevanz zuzuführen. Wegen der vielfältigen Verbindungen (mehrere Zehntausend!) war ein Nachhaken aber nur in einigen Fällen möglich, so daß bis zuletzt Inkonsistenzen bestehen blieben. Dieses Verfahren kann aber ohnehin nicht objektiv sein, denn eine Einteilung von Verwandtschaftsgraden bei technologischen Objekten ist nicht eindeutig möglich. Die entsprechenden Auswertungen finden sich in Kapitel 4.

Einer der wichtigsten Unterschiede der vorliegenden Studien zu den ausländischen (siehe Kapitel 2) besteht darin, detailliert, d. h. für jedes der 86 Einzelthemen, vielfältige Beurteilungskriterien anzulegen. Dabei war zunächst zu klären, welche *Eckwerte für das Innovationsgeschehen* in mittel- und langfristiger Perspektive anzunehmen sind und welche *Engpässe* sich daraus ergeben. Dies ist naturgemäß eine prognostische und synthetische Frage, auf die es keine endgültige, durch Daten fundierte Antwort gibt. Allgemein geht die moderne Innovationsforschung von längerfristig gültigen rechtlichen, sozialen und politischen Rahmenbedingungen für das Innovationsgeschehen aus. Der jetzt anlaufende Innovationszyklus läßt sich kursorisch als derjenige der "intelligenten" Technologie skizzieren. Die universelle Ressource Erdöl der Nachkriegszeit wird durch die universelle Ressource "Chip" abgelöst. Netzwerke aus großen und kleinen Unternehmen bilden sich im wörtlichen Sinne durch überbetriebliche Datenvernetzung. Die Massenlagerhaltung geht in "Just-in-Time"-Zulieferungen auf. Firmengroßgruppen mit internen Kapitalmärkten und gemeinsamen Distributionsstrukturen entstehen.

Bei der Diskussion von Engpässen muß ferner auf Nachfragefaktoren geachtet werden. Bei der Technikbeobachtung geht es zunächst immer um eine Darstellung des potentiellen *Angebots an naturwissenschaftlich-technischen Lösungen.* Mit der Darstellung der Angebotsfaktoren kann es aber nicht sein Bewenden haben. Welche Technik in Zukunft wichtig wird, hängt in gleichem Maße von dem zu erwartenden *gesellschaftlichen, sozialen, ökologischen und wirtschaftlichen Problemdruck* ab, aus dem heraus wichtige Anforderungen an die Wissenschaft und Technik der Zukunft formuliert werden. Die langfristige wissenschaftlich-technische Entwicklung, an der die Planung der Technologiepolitik ansetzen könnte, ergibt sich aber erst aus dem *Wechselspiel* zwischen dem technisch als aussichtsreich Erscheinenden und dem politisch-wirtschaftlich Geforderten. Daher muß der zu dokumentierende Wissensstand auch daraufhin überprüft werden, in welchem Umfang die Nachfragefaktoren berücksichtigt wurden.

Im Laufe des Projekts, ausgehend vom ersten Werkstattgespräch am 27. Februar 1992, wurde eine Kriterienliste entwickelt und schließlich in einen Satz von Kriterien zur Beurteilung der *Lösungsbeiträge* durch neue Technologie ("Technologieattraktivität") und in einen Satz zur Beurteilung der *Rahmenbedingungen* ("Technologievoraussetzung") zweigeteilt. Woraus diese Kriterien bestehen, ist im Kapitel 6 im einzelnen nachzulesen. Dabei wird auch die Bedeutung der Kriterien erläutert.

Diese Vorgehensweise, d. h. eine große Liste von Einzelthemen der technologischen Entwicklung mit einer großen Liste von Relevanzkriterien zu verbinden, wird als *Relevanzbaummethode* bezeichnet. Dabei handelt es sich im vorliegenden Projekt um eine spezifische Weiterentwicklung der traditionellen Relevanzbäume. Die Relevanzbaumanalyse ist letztlich eine problemspezifische Interpretation einer verflochtenen Struktur, welche dazu dient, komplexe mehrstufige Bedingungsgefüge oder Folgenbündel eines angestrebten oder erwarteten Ereignisses transparent zu machen. Eine moderne Variante dieses Modells mit sehr komplizierter Maschenstruktur ist etwa auch das Terminplanungsverfahren der sogenannten Netzplantechnik. Ein Sonderfall der Relevanzbaumanalyse ist der Wertbaum, der begriffliche Hierarchiebeziehungen zwischen Themen, Zielen und Werten repräsentiert. Auch wenn es die Methode offenläßt, wie die Wissenselemente zu gewinnen sind, aus denen der Baum konstruiert wird (in unserem Falle die Einschätzung durch die Projektträger sowie ein Gegencheck durch ISI-Mitarbeiter), hat sie sich nicht nur bei der Strukturierung und Darstellung bekannter Zusammenhänge bewährt, indem sie Übersicht schafft, sondern auch als Suchschema zum Auffinden weiterer Abhängigkeiten. Dieser Frage wird in Kapitel 6 nachgegangen. Eine Quantifizierung von Relevanzbäumen ist nur bei wohlstrukturierten Problemen sinnvoll, für die empirisch bewährte Schätzwerte verfügbar sind. Im Falle der Beurteilung von technologischen Themen durch ökonomische, ökologische und gesellschaftliche Aspekte ist eine Quantifizierung nicht vernünftig. Sie unterblieb daher in diesem Projekt.

Aus der Übersicht über ausländische Studien (in Kapitel 2) wird deutlich, daß man die Technikvorausschau prinzipiell mit einem feineren oder einem gröberen Raster angehen kann. Ein Vorteil einer feinen Untergliederung ist es, detaillierte Hinweise zu den Problemlösungsbeiträgen der Technologie finden zu können, welche sich im Rahmen der forschungs- und technologiepolitischen Aktivitäten ins politische Tagesgeschäft umsetzen lassen. Ein wesentlicher Nachteil einer sehr tief gegliederten Analyse ist aber, daß bei begrenzter Bearbeitungszeit und begrenzten personellen wie finanziellen Kapazitäten der gesamte Bereich von Forschung und Technik bei weitem nicht abgearbeitet werden kann. Eine sehr verfeinerte, international ausgerichtete Suche nach neuen Entwicklungslinien mit potentiellen Auswirkungen in den wirtschaftlichen, gesellschaftlichen und ökologischen Bereichen muß daher von vornherein auf relativ genau umschriebene Teilgebiete der Technik begrenzt bleiben.

Die vorliegende Untersuchung ist wesentlich feiner untergliedert als die meisten der ausländischen Studien, erreicht jedoch nicht den Detaillierungsgrad und die thematische Spannweite etwa der Delphi-Untersuchung des BMFT (dazu siehe im 2. Kapitel). Umgekehrt erweist sich als Vorteil dieser Untersuchung gegenüber dem Delphi-Ansatz, daß die qualitativen Kenntnisse und Einschätzungen, die bei den Projektträgern vorhanden sind, sich in flexibler Weise auf den jeweiligen Einzelfall anpassen lassen. Demgegenüber wirkt die Delphi-Erhebung etwas starr, indem ein durchgängiger Raster von wenigen Merkmalen abgefragt wird (etwa: Zeitpunkt der Realisierung, Hemmnisse der Realisierung, Notwendigkeit der internationalen Zusammenarbeit etc.). Die beiden Untersuchungen sind daher im Kontext zu sehen und ergänzen sich auch im Hinblick auf die zeitliche Perspektive (im vorliegenden Fall etwa ein Jahrzehnt, bei der Delphi-Befragung bis zum Jahr 2020). Die Problematik der Technikvorausschau zwischen *konkret, flexibel* und *vollständig* ist prinzipiell unlösbar und ist im Wesen einer hochentwickelten, marktwirtschaftlich orientierten Industriegesellschaft verankert.

Die Technikvorausschau erfordert eine *Gratwanderung* zwischen der Darstellung trivialer Sachverhalte und der Überforderung des Lesers mit einzelwissenschaftlichen Details. Gerade die besonders interessanten quantitativen Methoden der Technikvorausschau (Relevanzbaummethode, Verflechtungskartierung, Clusteranalyse und anderes mehr) sind weder allgemein verständlich, noch gehören sie zum Alltagswissen. Wissenschafts-, Technik- und Innovationsforschung haben sich in den letzten zehn Jahren erheblich weiterentwickelt und sind ihrerseits - wie auch die Technikentwicklung selbst - methodisch anspruchsvoller und komplexer geworden. Auch stellt die Beschäftigung mit den Perspektiven mehrerer Technikbereiche nebeneinander für den allgemein gebildeten Leser eine permanente Überforderung dar, für den Experten gleichzeitig jedoch eine eher oberflächliche Übung. Die Erwartungen der "Generalisten", welche den Blick "auf das Ganze" richten möchten, können nur schwer mit den Erwartungen der "Spezialisten" mit Interesse an Vertiefungen in ihrem technischen oder technologiepolitischen Tätigkeitsfeld in Übereinstimmung gebracht werden.

Die vorliegende Studie versucht, das Dilemma zwischen Oberflächlichkeit und Informationsüberflutung etwas dadurch zu vermindern, daß in den nachfolgenden Kapitel im Sinne eines Fließtextes die wichtigsten *bemerkenswerten Entwicklungslinien* dargestellt werden. Auch dies setzt natürlich Wertungen und Auswahlverfahren voraus, die nicht unangreifbar sein können (siehe etwa im 5. und 6. Kapitel). Die Darstellung beruht auf internen Berichtsblättern, deren Informationsgehalt wesentlich höher ist als das, was in den zusammenfassenden Kapiteln verarbeitet und dargestellt werden könnte. Ein Rest an enttäuschter Erwartung bei Generalisten wie auch Spezialisten wird bei einem solchen Unterfangen aber wohl bleiben müssen.

GRENZEN DIESER STUDIE

Aus den obigen Darlegungen zum Vorgehen bei der Erstellung dieser Studie ergibt sich, daß die herausgearbeiteten Zusammenhänge zur Zukunftstechnik am Beginn des 21. Jahrhunderts sorgfältig erarbeitet wurden, aber letztlich doch nur *plausible Hinweise* darstellen. Jedes Argument läßt sich fast beliebig vertiefen, hinterfragen, in Teilprobleme zerlegen und weiter bearbeiten. Diese Studie argumentiert daher in der gebotenen Kürze auf der Ebene eines ***wohlbegründeten Vorausdenkens der zukünftigen Entwicklung***, aber nicht auf einer letztendlichen Wertung zukünftiger stattfindender Entwicklungen. Vielmehr wird hiermit eine rationale, nachvollziehbare Informationsbasis auf der Grundlage systematisch erhobenen Informationsmaterials geschaffen. Trotz vieler Bemühungen um eine gleichmäßige Anwendung von Bewertungsmaßstäben bleiben auch in diesem Diskussionspapier gewisse Auffassungsunterschiede bestehen. Alles, was über die Einschätzung der dargestellten Zusammenhänge hinausgeht, z. B. Gesamtwertungen und politische Prioritätensetzungen, ist nicht mehr durch die Argumente der Untersuchung gedeckt, sondern bedarf einer Begründung von anderswoher. Diese Untersuchung läßt - so ist zu hoffen - informierte Bewertungen zu, sie allein kann aber technologiepolitische und wirtschaftliche Entscheidungen und Handlungen weder ersetzen noch legitimieren. Andererseits sind Empfehlungen technologiepolitischer Art aus der Studie ableitbar (siehe 7. und 8. Kapitel). Diese bedürfen aber noch der politischen Diskussion und der Konfrontation mit der Praxis. Die Studie versteht sich als Diskussionspapier hierfür.

4 Wie gliedert sich die Technologie am Beginn des 21. Jahrhunderts?

Dieser Bericht zur mutmaßlichen Entwicklung der Technologie bis zum Beginn des 21. Jahrhunderts ist mit einer offenen Themenliste angegangen worden. Auf der Suche nach Neuem wurde sorgfältig vermieden, mit herkömmlichen Klassifizierungssystemen zu arbeiten. Zu wichtig war den Beteiligten die Aufgabe, nach Zusammenhängen zwischen bislang als getrennt wahrgenommenen wissenschaftlichen oder technischen Entwicklungslinien, nach Überlappungen und Querbefruchtungen zu fahnden. Dabei sind schließlich fast 100 Themen entstanden, die so uneinheitlich definiert sind, daß sie sich einer unmittelbaren systematischen Gliederung entziehen. Eher wissenschaftliche und eher systemare Themen stehen sich gegenüber, kleine Spezialentwicklungen neben großen Gebieten, die ihrerseits wieder zu untergliedern wären, kommen nebeneinander vor. Dieses 4. Kapitel macht sich nunmehr an die Aufgabe, aus den vorliegenden Einschätzungen so etwas wie eine Gliederung herauszuarbeiten. Dabei wird im Abschnitt 4.1 das Ergebnis verschiedener Cluster-Analysen wiedergegeben, die letztlich auf die Frage antworten, ob *in der Technik* so etwas wie eine *natürliche Ordnung* verborgen ist, die zur Gliederung verwendet werden könnte. In Abschnitt 4.2 wird zum Zwecke der Übersichtlichkeit eine grobe Gliederung vorgeschlagen, die viele Verflechtungen außer acht läßt und einzelne Themen mehrfach nennt. Abschnitt 4.3 gibt schließlich Überlegungen zur zeitlichen Perspektive und zur Aussagesicherheit wieder.

4.1 Zusammenwirken oder Auseinanderstreben der Technologie?

Ein probates Mittel der modernen Technik- und Innovationsforschung sind Cluster-Analysen, die es gestatten, ohne vorherige Annahmen zur Gliederung nach "verborgenen Merkmalen" zu suchen. Fragen wir zunächst nach der *technologischen Ähnlichkeit* der untersuchten Themenbereiche am Beginn des 21. Jahrhunderts.

Dazu müssen zunächst die Gebiete mit eher systemarem, anwendungsorientierten Charakter ausgeklammert werden, denn Anwendungssysteme sind technologisch in aller Regel sehr inhomogen (etwa: Telekommunikation, Optische Rechner; vollständige Liste siehe unten). Desweiteren sind große, übergeordnete Technikbereiche außen vor zu lassen, denn sie sind eher vertikal als horizontal verflochten. Aufgrund der Einschätzungen der Projektträger ergeben sich neun größere, zusammenhängende "Oberthemen", die bei der Verflechtungsanalyse kalkulatorisch außer acht gelassen wurden. Diese sind (inhaltliche Erläuterungen im 5. Kapitel) die

- Neuen Werkstoffe
- Nanotechnologie
- Mikroelektronik
- Photonik
- Mikrosystemtechnik
- Software & Simulation
- Molekularelektronik
- Zell-Biotechnologie
- Produktions- und Managementtechnik.

Alle übrigen technologischen Themen (d. h. ohne Anwendungssysteme) wurden in vielfältiger Weise Clusteranalysen unterzogen (methodische Einzelheiten werden hier übergangen). Das Ergebnis ist eindeutig und robust. Es hält verschiedenen Sensitivitätsanalysen stand.

> Die Technologie am Beginn des 21. Jahrhunderts ist nach herkömmlichen Gesichtspunkten nicht mehr auftrennbar. So verschieden die einzelnen Entwicklungslinien auch sein mögen, sie wirken letztlich alle zusammen.

Wie hängen die technologischen Themen miteinander zusammen? Welche sind benachbart, befruchten sich gegenseitig oder haben große Überschneidungsmengen? Antworten auf diese Fragen versucht Abbildung 1 zu geben. Aufgrund der Einschätzungen über technologische Ähnlichkeit zwischen den Themen ergibt sich so etwas wie technologische "Nähe" oder "Ferne". Mit Hilfe avancierter Datentechniken (der sogenannten multidimensionalen Skalierung) können die Häufigkeiten der Angaben zur technologischen Verflechtung (siehe Datenblätter des Anhangs) in zweidimensionale "Landkarten" übersetzt werden. Die enger verflochtenen technischen Themen werden näher abgebildet als diejenigen, zwischen denen kaum Verbindungen bestehen. Die "Himmelsrichtungen" der Karte haben dabei keine Bedeutung.

Anschaulich läßt sich das Verfahren so verstehen: Man nehme die Entfernungstabelle für die Straßenkilometer zwischen verschiedenen Orten Deutschlands. Kurze Entfernungen entsprechen dabei engerer Verflechtung, große Entfernungen geringer Verflechtung. Würde man für mehrere Städte die wechselseitigen Entfernungen in den mathematischen Apparatismus einspeisen, würde er eine bis auf Gebirge zutreffende Karte bezüglich der Lage dieser Städte in Deutschland zeichnen, wobei aber Stralsund nicht unbedingt im Nordosten und Freiburg nicht unbedingt im Südwesten zu liegen kommen würden; allerdings wären diese beiden Städte maximal voneinander entfernt.

Die Entfernungstabelle kennt im Falle der Technologie nur fünf Stufen. Die subjektive Einschätzung durch die Projektträger in "eng verwandt" bzw. "weiter verwandt" kann - bei den gegebenen Schätzunsicherheiten - entweder wechselseitig im Einvernehmen oder im Widerspruch getroffen worden sein. Sind sich die Bearbeiter zweier Themen beiderseits über "enge Verwandtschaft" einig, soll die "Entfernung" nur "1 km" betragen. Wird einerseits "enge", andererseits "fernere" Verwandtschaft diagnostiziert, beträgt die Maßzahl 2 km usw. bis zu dem Fall, daß beide Themen wechselseitig als nicht verwandt eingestuft werden (5 km).

Bei N Themen läßt sich das Verwandtschaftsproblem nur im (N-1)-dimensionalen Raum eindeutig lösen. Für eine zweidimensionale Karte müssen rechnerische Kompromisse geschlossen werden, welche die nicht adäquat abbildbaren Positionen, also die scheinbaren Widersprüche im zweidimensionalen Bild, auf ein Minimum reduzieren. So entstehen schließlich optimale Projektionen, die aber nicht alle Verwandtschaftsgrade widerspruchsfrei kartieren können. Eingeführte Gütefaktoren sagen aus, wie gut die Karte gemessen an der vieldimensionalen Wirklichkeit gelungen ist.

Abbildung 1 zeigt die Karte zur technologischen Verflechtungsstruktur der technologieorientierten Themen (ohne Anwendungsysteme; die übergeordneten Bereiche wurden kalkulatorisch außer acht gelassen und nachträglich aufgrund ihrer Ähnlichkeiten plaziert. Die Auswertungsprogramme erreichen bessere Gütefaktoren, wenn man die eher hierarchischen, vertikalen Beziehungen bei der Betrachtung der horizontalen Verflechtung außer acht läßt). Die dreibuchstabigen Codes für die einzelnen Themen sind in Tabelle 3 und im Anhang (ausklappbar) alphabetisch verzeichnet.

Die Abbildung zeigt zunächst noch einmal den aus der Cluster-Analyse abgeleiteten, oben dargestellten Sachverhalt, daß die unterschiedlichsten Themen sich nicht in "natürliche" zusammenhängende Felder einteilen lassen. Man erkennt im "Nordwesten" die moderne Biotechnologie und im "Nordosten" neue Werkstoffe und Werkstoff-Verfahrenstechnik. Die üblicherweise der Photonik zugeordneten Gebiete liegen gehäuft im "Südosten" anzutreffen, Nanotechnologie, Mikroelektronik und Mikrosystemtechnik sind in der Mitte angeordnet. Im "Westen" sind die softwarebestimmten Simulationstechniken.

Tabelle 3: **Themenverzeichnis und Codes (zum Auffinden der Kürzel sind diese alphabetisch geordnet; O bedeutet Oberthema, S bedeutet technisches Anwendungssystem, M bedeutet Produktions- oder Managementtechnik)**

Alphabetisches Verzeichnis der verwendeten Kürzel					
Kürzel	Thema (kurz)		Kürzel	Thema (kurz)	
ADA	Adaptronik		MOE	Molekularelektronik	O
AEG	Aerogele		MOO	Molekulare Oberflächen	
AVT	Aufbau- und Verbindungstechnik		MPR	Modellbildung für die Produktion	M
BEL	Bioelektronik		MSE	Mikrosensorik	
BIK	Bionik		MSG	Materialsynthese in der Gebrauchsf.	
BIN	Bioinformatik		MST	Mikrosystemtechnik	O
BMW	Biomimetische Werkstoffe		NAE	Nanoelektronik	
BPW	Biologische Produktionssysteme		NAT	Nanotechnologie	O
BSE	Biosensorik		NAW	Nanowerkstoffe	
BWS	Biologische Wasserstoffgewinnung		NCH	Nichtklassische Chemie	
CLU	Cluster		NDY	Nichtlineare Dynamik	
DIA	Diamantschichten und -filme		NEB	Neurobiologie	
DIS	Display, flacher Bildschirm		NEI	Neuroinformatik	
DSI	Datensicherheit in Netzen	S	NWW	Nachwachsende Wirk/werkstoffe	
ENW	Energetische Werkstoffe		OBW	Oberflächenwerkstoffe	
ETH	Ethik	M	ODT	Oberflächen- und Dünnschichttech.	
FMN	Fertigungsverfahren Mikro/Nanotech.		OEL	Optoelektronik	
FUL	Fullerene		OME	Organische Materialien elektrisch	
FVW	Fertigungsverfahren für Werkstoffe	S	OMM	Organische Materialien magnetisch	
GRA	Funktionelle Gradientenwerkstoffe		OPR	Optische Rechner	S
HDT	Hochauflösendes Fernsehen	S	OSS	Organisierte Supramolekulare Systeme	
HGE	Hochgeschwindigkeitselektronik		PFZ	Pflanzenzüchtung und -schutz	S
HTE	Hochtemperaturelektronik		PHD	Photonische Digitaltechnik	S
IMP	Implantatmaterialien		PHO	Photonik	O
INS	Informationsspeicherung		PHW	Photonische Werkstoffe	
KAT	Katalyse/Biokatalyse		PLA	Plasmatechnologie	
KER	Hochleistungskeramik		POL	Hochleistungspolymere	
KIN	Künstliche Intelligenz	S	PRL	Produktionslogistik	M
KOM	Breitbandkommunikation	S	SET	Single Electron Tunneling	
LAS	Lasertechnik		SIF	Simulation in der Fertigungstechnik	S
LBW	Leichtbauwerkstoffe		SIM	Modellbildung und Simulation	
LSI	Leuchtendes Silizium		SOW	Software	O
LST	Fertigungsleittechnik	M	SUL	Supraleitung	
MAK	Mikroaktorik		SVA	Signalverarbeitung allgemein	
MAN	Managementtechniken	M	SVM	Signalverarbeitung für MST	
MBT	Molekulare Biotechnologie		TEL	Telekommunikation	S
MED	Biomedizin		ULO	Unscharfe Logik	S
MEL	Mikroelektronik	O	UMB	Umweltbiotechnologie	S
MES	Mesoskopische Polymer-Systeme		URP	Umwelt- und ressourcens. Produktion	M
MET	Hochleistungsmetalle		VBW	Verbundwerkstoffe	
MFW	Multifunktionale Werkstoffe		VHB	Verhaltensbiologie	M
MIW	Mikroelektronik-Werkstoffe		WSI	Werkstoffsimulation	
MMO	Molecular Modelling		ZBT	Zell-Biotechnologie	O
O = Oberthema, M = Produktions- & Managementtechnik; S = Anwendungssysteme					

Abbildung 1: Kartographische Veranschaulichung der Struktur der technischen Verflechtung der Technologie am Beginn des 21. Jahrhunderts (ohne Anwendungssysteme)

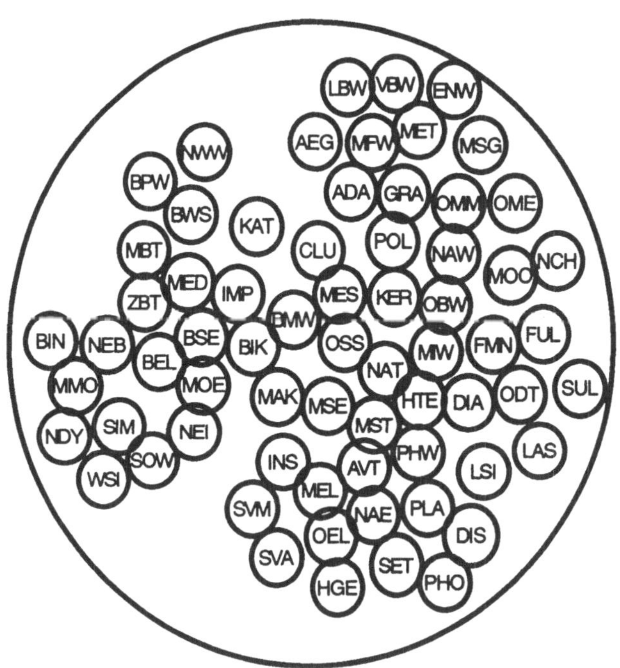

Die Anwendungssysteme sind in der Regel technologisch inhomogen und im Sinne einer Verflechtungsanalyse bezüglich ihrer technologischen Ähnlichkeit nicht gut einschätzbar. Die meisten *Anwendungssysteme sind informationstechnische Systeme* im weiteren Sinne. Sie lassen sich den *Oberthemen Mikroelektronik, Photonik und Software & Simulation* einigermaßen zuverlässig beiordnen (bis auf wenige Ausnahmen). Andere Anwendungssysteme sind von übergreifender Bedeutung (etwa Modellbildung für die Produktion), so daß sie unter einem weiteren *Oberthema "Produktions- und Managementtechnik"* zusammengefaßt behandelt werden.

Nimmt man in diesem Sinne in lockerer Assoziation die Anwendungsthemen in die Darstellung der Abbildung 1 hinzu, ergibt sich ein Bild, wie es in Abbildung 2 dargestellt ist.

Die informationstechnischen Systeme wurden dabei, der Logik der Abbildung folgend, auf einem äußeren Ring im "Süden" plaziert, biotechnikbestimmte Systemanwendungen im "Nordwesten". Softwareanwendungen finden sich im "Südwesten", auf Produktionsprozesse zugeschnittene Themen im "Nordosten". Die Anwendungen im Bereich der Managementtechnik (im weiteren Sinne) wurden in den Anwendungsring eher willkürlich eingestreut.

Abbildung 2: Kartographische Veranschaulichung der Struktur der technologischen Entwicklung am Beginn des 21. Jahrhundert (im inneren Kreis die technologischen Themen analog zu Abbildung 1, im äußeren Kreis anwendungsorientierte, überwiegend informations-, produktions- und Managementsysteme. Die Codes sind in Tabelle 3 verzeichnet).

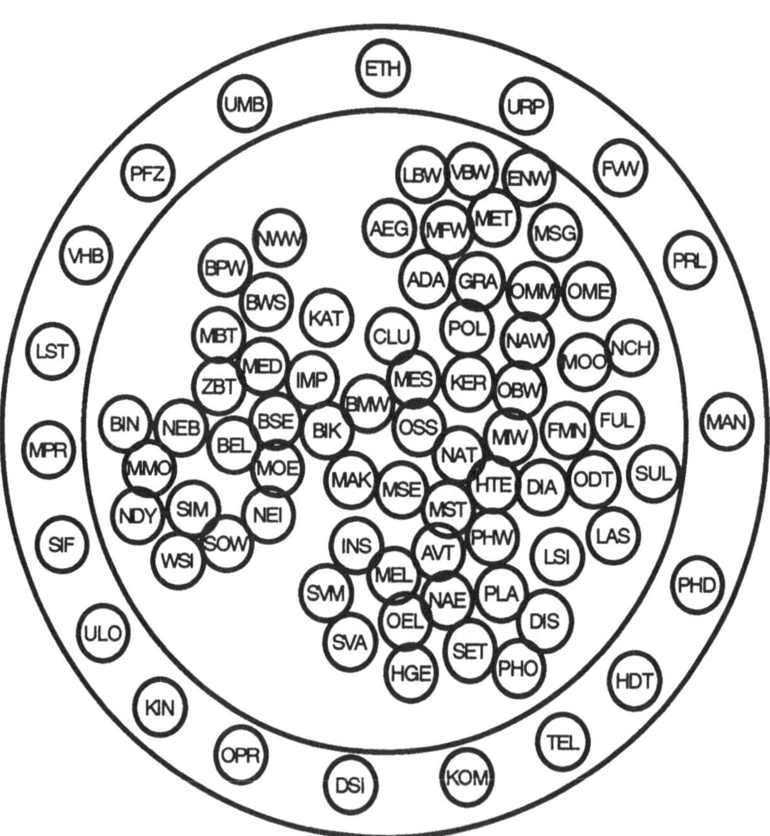

Durch den Einbezug der Anwendungsthemen wird noch einmal das Zusammenwirken der Technologie unterschiedlichster Provenienz am Beginn des 21. Jahrhunderts in besonderer Weise unterstrichen. Es ist eben nicht mehr möglich, die Telekommunikation als System aus Mikroelektronik zu verstehen; zu wichtig sind Fortschritte bei der Software, der Datensicherheit in Netzen und der Photonik, um nur dieses Beispiel anzuführen. Technologiepolitische Lernsequenzen aus der hohen Vernetzung werden in den Kapiteln 7 und 8 angedeutet.

Die geschlossene Darstellung und die in der Sache unzweifelhafte Zusammenballung der Einzelthemen bleibt unbefriedigend. Man sucht nach Strukturen und sei es auch nur deswegen, um sich orientieren zu können. Allerdings gibt die Clusteranalyse solche Strukturen, die aus der Natur der Technik kommen, nicht her. Deshalb wird im nächsten Abschnitt aufgrund einer intellektuellen Einschätzung eine Grobgliederung der Themen vorgenommen. *Sie ist von der Sache her nur relativ schwach zu begründen, aber um der Lesbarkeit willen erforderlich.*

4.2 Gliederung und Überblick über die Technologie am Beginn des 21. Jahrhunderts. Oder: Schwierigkeiten bei der Einteilung des Kontinuums

Erfahrungswissen, Plausibilität, die Sichtweisen der Mitarbeiter der Projektträger und die in technischen Lehrbüchern vorgenommenen Einteilungen führen zu folgender Gliederung des Themenfelds. Dabei sind alle im Anhang befindlichen technologischen Themen mit dreibuchstabigen Codes bezeichnet, auch die Oberthemen. Oberthemen ohne die Nennung eines Codes (-) sind nur zum Zwecke der Gliederung eingeführt worden und haben kein Pendant in den Datenblättern des Anhangs. Mehrfachnennungen sind häufig erforderlich. Bei der Betrachtung der Liste ist zu bedenken, daß unter den jeweiligen Oberbegriffen nur solche Themen erscheinen, die von den Projektträgern als zentral eingestuft und daher in den ursprünglichen Themenkatalog aufgenommen wurden. Es handelt sich also keinesfalls um eine vollständige Gliederung der Technik, sondern die der in dieser Studie betrachteten Einzelthemen mit Relevanz am Beginn des 21. Jahrhunderts. Um trotz der hierarchischen Gliederung die Ambivalenz vieler Themen darstellen zu können, sind Mehrfachzuordnungen vorgenommen worden.

Gliederung der Themenliste

Gebiet/Thema (Kurzbezeichnung)	Kürzel	Gebiet/Thema (Kurzbezeichnung)	Kürzel
Neue Werkstoffe	*(-)*	***Mikroelektronik***	***MEL***
Hochleistungskeramik	KER	Informationsspeicherung	INS
Supraleitung	SUL	Signalverarbeitung	SVA
Hochleistungspolymere	POL	Mikroelektronik-Werkstoffe	MIW
Hochleistungsmetalle	MET	Nanowerkstoffe	NAW
Funktionelle Gradientenwerkstoffe	GRA	Nanoelektronik	NAE
Energetische Werkstoffe	ENW	Hochgeschwindigkeitselektronik	HGE
Mikroelektronik-Werkstoffe	MIK	Plasmatechnologie	PLA
Nanowerkstoffe	NAW	Supraleitung	SUL
Photonische/optoel. Werkstoffe	PHW	Display, flacher Bildschirm	DIS
Organische Materialien magnetisch	OMM	Hochtemperaturelektronik	HTE
Organische Materialien elektrisch	OME	Fertigungsverfahren Mikro/Nanotechnik	FMN
Oberflächen- & Dünnschichttechnik	ODT	*Informationstechnische Anwendungssysteme*	
Oberflächenwerkstoffe	OBW	Breitbandkommunikation	KOM
Diamantschichten & -filme	DIA	Hochauflösendes Fernsehen	HDT
Molekulare Oberflächen	MOO	Telekommunikation	TEL
Nichtklassische Chemie	NCH	Optische & Hochleistungsrechner	OPR
Cluster	CLU	***Photonik***	***PHO***
Mesoskopische Polymersysteme	MES	Optoelektronik	OEL
Organisierte supramolekulare Systeme	OSS	Photonische Werkstoffe	PHW
Cluster	CLU	Informationsspeicherung	INS
Adaptronik	ADA	Organische Materialien elektrisch	OME
Multifunktionale Werkstoffe	MFW	Organische Materialien magnetisch	OMM
Leichtbauwerkstoffe	LBW	Lasertechnik	LAS
Verbundwerkstoffe	VBW	Display, flacher Bildschirm	DIS
Aerogele	AEG	Leuchtendes Silizium	LSI
Katalyse & Biokatalyse	KAT	Fertigungsverfahren Mikro/Nanotechnik	FMN
Fullerene	FUL	*Informationstechnische Anwendungssysteme*	
Bionik	BIK	Telekommunikation	TEL
Biomimetische Werkstoffe	BMW	Breitbandkommunikation	KOM
Nachwachsende Wirk- & Werkstoffe	NWW	Photonische Digitaltechnik	PHD
Materialsynthese in der Gebrauchsform	MSG	Optische Rechner	OPR
Implantatmaterialien	IMP	***Mikrosystemtechnik***	***MST***
Fertigungsverfahren für neue Werkstoffe	FVW	Mikroaktorik	MAK
Nanotechnologie	***NAT***	Signalverarbeitung für MST	SVM
Nanoelektronik	NAE	Mikrosensorik	MSE
Single-Electron-Tunneling	SET	Signalverarbeitung für MST	SVM
Nanowerkstoffe	NAW	Biosensorik	BSE
Fertigungsverfahren Mikro/Nanotechnik	FMN	Aufbau- & Verbindungstechnik	AVT
		Fertigungsverfahren Mikro/Nanotechnik	FMN

Gliederung der Themenliste (Fortsetzung)

Gebiet/Thema (Kurzbezeichnung)	Kürzel	Gebiet/Thema (Kurzbezeichnung)	Kürzel
Software & Simulation	*(-)*	***Zell-Biotechnologie***	***ZBT***
Software	SOW	Molekulare Biotechnologie	MBT
Modellbildung & Simulation	SIM	Biomedizin	MED
Molecular Modelling	MMO	Neurobiologie	NEB
Neuroinformatik	NEI	Katalyse & Biokatalyse	KAT
Bioinformatik	BIN	Biologische Produktionssysteme	BPW
Werkstoffsimulation	WSI	Bionik	BIK
Nichtlineare Dynamik	NDY	Neuroinformatik	NEI
Bionik	BIK	Biomimetische Werkstoffe	BMW
Informationstechnische Anwendungssysteme		Biologische Wasserstoffgewinnung	BWS
Simulation in der Fertigungstechnik	SIF	Nachwachsende Wirk- & Werkstoffe	NWW
Künstliche Intelligenz	KIN	*Anwendungen*	
Unscharfe Logik	ULO	Umweltbiotechnologie	UMB
Datensicherheit in Netzen	DSI	Pflanzenzüchtung & -schutz	PFZ
Telekommunikation	TEL	***Produktions- & Managementtechnik***	*(-)*
Optische Rechner	OPR	Managementtechniken & Personalführung	MAN
Molekularelektronik	***MOE***	Modellbildung für die Produktion	MPR
Bioelektronik	BEL	Fertigungsleittechnik	LST
Biosensorik	BSE	Produktionslogistik	PRL
Neurobiologie	NEB	Umwelt- & ressourcenschonende Produktion	URP
Neuroinformatik	NEI	Forschungsgebiet Verhaltensbiologie	VHB
Organische Materialien elektrisch	OME	Ethik in Forschung & Technologie	ETH
Bionik	BIK		

Warum ergibt sich eine ansprechende Gliederung der Technologie am Beginn des 21. Jahrhunderts nicht aus sich heraus? Warum muß für Zwecke der Gliederung dieses Berichts, also aus Ordnungsprinzipien, eine eher konventionelle Einteilung wie die im obigen Kasten auf die Themenliste übergestülpt werden? An sich ist das hier gefundene Ergebnis, nämlich das Ausbleiben von klar abgrenzbaren Clustern, keines, gegen das theoretische wie empirische Befunde sprechen, im Gegenteil.

Die Theorie der *fraktalen Geometrie der Natur* hat gezeigt, daß es solche natürlichen, technikbestimmten Inseln nicht geben kann und daß vielmehr die Einteilung fast beliebig vom

Grad der Fragmentierung abhängt. Auf jeder beliebigen Zerlegungsstufe entstehen zusammenhängende Gebiete jeweils unterschiedlicher Größe. Die fraktalen Strukturen der Natur werden besonders offensichtlich im Bereich der Atom- und Kernphysik, wo die Suche nach dem kleinsten Baustein der Materie Jahrzehnte um Jahrzehnte zu kleineren Strukturen geführt hat (Molekül, Atom, Atomkern, Elementarteilchen, Quarks). Auch läßt sich, um ein ganz anderes Beispiel aus den Geowissenschaften anzuführen, die geographische Länge der norwegischen Atlantikküste nicht angeben, wenn man zuvor nicht definiert hat, ab welcher Auflösung man das Nachfahren der Wasserlinie in Fjorden und Buchten beenden will und durch gerade Linien ersetzt. Als "Revolution der Unternehmenskultur" wird die ***fraktale Fabrik*** bezeichnet: Aus Turbulenzen und Zufälligkeiten müssen sich immer wieder neue Stabilität und Ordnung bilden.

Die in diesem Kapitel zunächst harmlos gestellte Frage nach der Strukturbildung hat auf das Grundproblem des Weltbilds zwischen Ordnung und Chaos geführt, das letztlich aus dem Forschungsfeld der Evolution und Biologie auch auf die Beschreibung der Naturphänomene insgesamt ausgedehnt wurde. Da fraktale Strukturen (vom lateinischen Wort "Fraktus" = gebrochen, fragmentiert) für die Wissenschaft und Technik selbst gelten, treffen sie auch auf ihre Klassifikation zu. Es ist also theoretisch wie praktisch aussichtslos, nach natürlichen Inseln in der Entwicklung der modernen Technik suchen zu wollen. Eine geeignete Einteilung muß aufgrund von Expertensachverstand vorgegeben werden, wobei es offen ist, welche Zerlegungsstufe man wählen will. Die im obigen Kasten vorgeschlagene Gruppierung dient im 5. Kapitel als Ordnungsprinzip. Wie sich diese mehr oder weniger willkürliche Einteilung zu dem "clusterlosen" Kontinuum der technologischen Themenliste gemäß den Abbildungen 1 und 2 verhält, wird in Abbildung 3 veranschaulicht. Die überwiegend informationstechnischen Systeme sowie die Forschungsgebiete zur Beherrschung der Technologie des 21. Jahrhunderts ("Produktions- und Managementtechnik") sind dabei wiederum im äußeren Kreis verortet worden. Die acht technologischen Bereiche im Kern der Abbildung sind ihrerseits stark überlappend - wie es nicht anders zu erwarten war.

Abbildung 3: Kartographische Veranschaulichungen der technologischen Themen am Beginn des 21. Jahrhunderts und ihre Zuordnung zu zusammenhängenden Themenbereichen

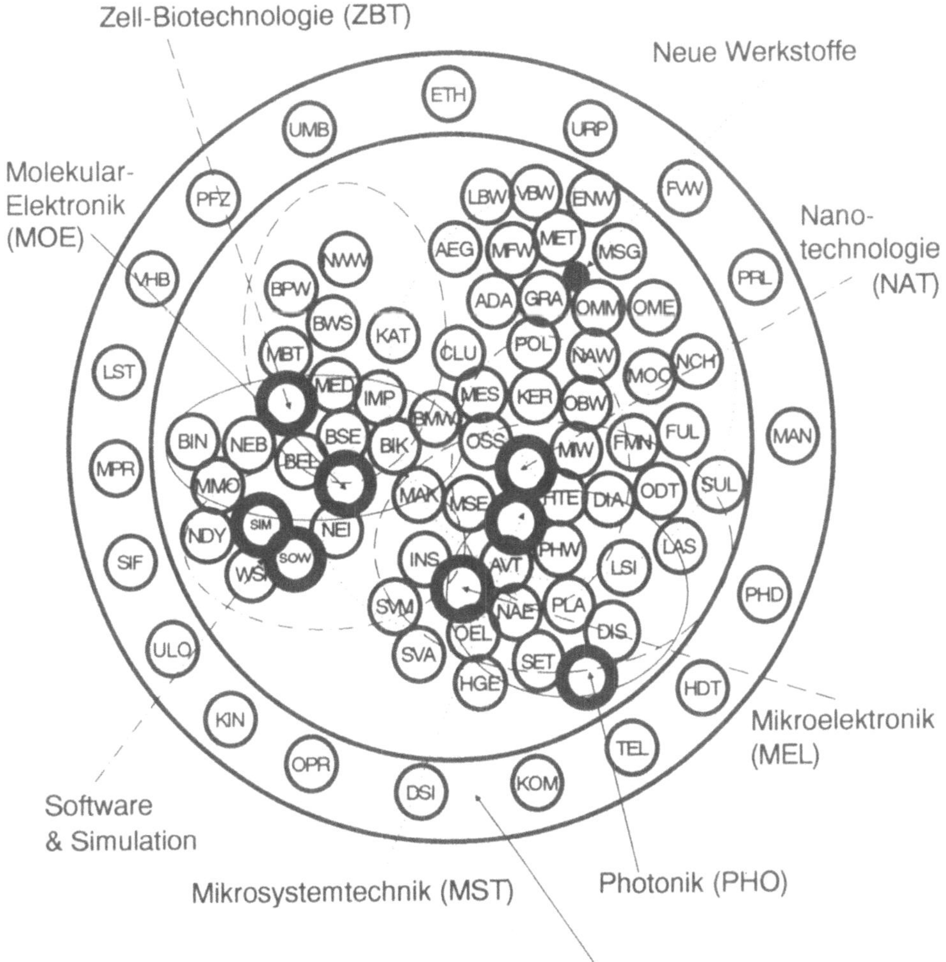

4.3 Zeithorizonte und Sicherheit der Aussagen

Um im konkreten Fall dieser Studie eine wirklichkeitsbezogene Vorausschau leisten zu können, müssen Modellvorstellungen über die Entstehung neuer Technik, also die *Technikgenese*, herangezogen werden. Im Rahmen dieser Studie kann darauf nicht ausführlich eingegangen werden[1]. Es soll an dieser Stelle nur darauf hingewiesen werden, daß zwar eine analytische Unterscheidung gewisser Phasen der Wissenschaftsentwicklung, der Technikgenese und der Markteinführung sinnvoll erscheint, im realen Vollzug des Innovationsprozesses jedoch eine frühzeitige und hohe Vernetzung der verschiedenen Phasen mit vielfältigen Rückkoppelungen gegeben ist.

Der Praxiswert verallgemeinerter Modellvorstellungen ist skeptisch zu beurteilen. Wichtig für diese Studie ist, daß besser nicht das lineare sequentielle Aufeinanderabfolgen von Forschung, Entwicklung und Innovation ("Pipeline-Modell"), sondern verschiedene, in zeitlicher Hinsicht zyklische *Funktionen im Innovationsprozeß* unterschieden werden. Hintergrund einer Typisierung nach Funktionen ist, daß die Bedeutung der Einflußfaktoren jeweils von der wissenschaftlich-technischen und wirtschaftlichen Art des jeweiligen Innovationsvorhabens und seiner Rahmenbedingungen (wirtschaftliche und gesellschaftliche Bedürfnisse, ökologische Zwänge, Verbraucher- und Gewinninteressen etc.) abhängt. So ist das Zusammenwirken von wissenschaftlicher Forschung und Technikentwicklung bei Speicherchips und Gentechnik anders zu beurteilen als etwa bei verpackungssparenden Produkten im Haushaltsbereich.

Da unter dem Begriff "Innovation" alle *technisch* neuen oder verbesserten Produkte und Verfahren und deren Einführung in den Markt bzw. die Produktion verstanden werden, die überwiegend auf Forschung und Entwicklung zurückgeführt werden können, ist insbesondere die Funktion der *Forschung* näher zu betrachten. Der Bundesforschungsbericht unterscheidet zwischen Grundlagen- und angewandter Forschung, wobei die Grundlagenforschung nicht auf eine *besondere* Anwendung oder Verwendung abzielt. Wenn sie aber nicht völlig "frei", sondern an *allgemeinen* Interessen ausgerichtet ist, spricht der Bundesforschungsbericht von *anwendungsorientierter Grundlagenforschung* (gleichbedeutend: zielgerichtete oder strategische Grundlagenforschung).

Für die Unternehmensforschung besteht die Notwendigkeit, in grundlagenintensiven Bereichen zu einem vom innovationsstrategischen Management vorgegebenen Zeitpunkt an das öffentliche und sonstige außerindustrielle Forschungssystem ankoppeln zu müssen, was die Angabe von realistischen Zeithorizonten für technische Entwicklungslinien und damit die Technikvorausschau erschwert. Denn die zeitlichen Perspektiven lassen sich nach dem oben

---

[1] Einen Literaturüberblick aus neuerer Zeit stellen die verschiedenen Beiträge in H. Grupp (Hrsg.) *Dynamics of Science-Based Innovation*, Springer-Verlag, Heidelberg, 1992, dar.

Gesagten nicht immer klar trennen, weil der Fortschritt in Wissenschaft, Technik und Wirtschaft zyklisch verläuft und in den Unternehmen verschiedene innovationsstrategische Stile gepflegt werden. Nach anfänglich eher euphorischen Zukunftserwartungen in neue Technik (meist von der Gemeinschaft der Wissenschaftler vorgetragen) werden vor einer endgültigen Marktdurchdringung und damit dem Eintreten der Innovation immer wieder zurückhaltende Entwicklungsphasen beobachtet.

Es gibt viele Beispiele für zyklische Phasen der wissenschaftlich-technischen Evolution in der jüngeren Vergangenheit. (Hiermit sind nicht die sogenannten "langen Wellen" der wirtschaftlichen Entwicklung gemeint, sondern einzeltechnologische Fälle.) Oft erkennt man ein erstes Aufleben der technischen Realisierung kurz nach den ersten Durchbrüchen. Marktumsätze werden aber praktisch nicht erzielt. Häufig geht auch die Erfindungstätigkeit dann wieder zurück und frühstartende Firmen erleben bedrohliche Einbrüche. Ausgelöst durch Nachfrage einerseits und neue Lösungen aus der Wissenschaft andererseits lebt die Erfindungstätigkeit dann später wieder auf und läßt die Umsätze am Weltmarkt stark anwachsen. Derartige Zyklen wurden bei Lasern, Polymeren aber auch Oberflächentechniken beschrieben und werden analog auch in anderen Gebieten vermutet. Gemeinsam ist solchen Entwicklungsverläufen, daß in einer früheren Phase starker Inventionstätigkeit neueste wissenschaftliche Ergebnisse versuchsweise technisch realisiert werden. Ob eine kommerzielle Nachfrage hierfür bereits gegeben ist, spielt in dieser Phase für die Innovationsstrategie keine große Rolle und wird selten zur Begründung der Innovationsaktivitäten herangezogen. Die Nachfrage formt aus der Vielfalt technisch denkbarer Lösungen erst im Laufe der Zeit diejenigen, welche nach Preis- und Qualitätsgesichtspunkten konkurrenzfähig sind, heraus. Die neuen Anwendungen greifen nicht notwendigerweise auf alle Vorleistungen der Entstehungsphase zurück, sondern gehen Hand in Hand mit *neuen wissenschaftlichen Erkenntnissen.*

Für die konkrete Technikvorausschau sollte idealtypisch von einer festen Beziehung zwischen der wissenschaftlichen Grundlagenforschung, die strategische Züge haben kann, der industriellen Forschung und experimentellen Entwicklung und der kommerziellen Produktion ausgegangen werden, die allerdings nicht in jedem Einzelfall gelten muß. Die hier nur kurz referierten Modellbildungen und empirischen Feststellungen können zu einem Schema gemäß Abbildung 4 führen, das in vielen Fällen anwendbar erscheint und zumindest für das Vorausdenken der weiterentwickelten Technik hilfreich sein kann. Das relativ straffe Schema der Abbildung 4 entspricht dem Wunsch, soweit als möglich standardisierte Aussagen zur zeitlichen Dynamik machen zu können. Die in diesem Bericht behandelten technologischen Themen wurden gemäß diesem Schema eingruppiert; wenn das Schema nicht anwendbar erschien, wurde die zeitliche Dynamik verbal dargestellt.

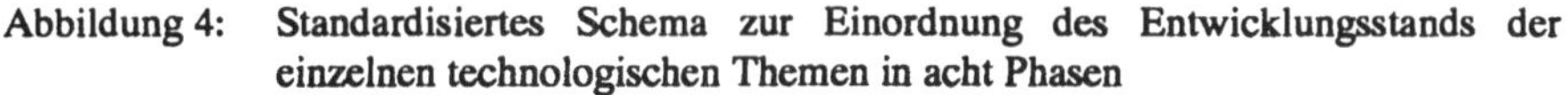

Abbildung 4: Standardisiertes Schema zur Einordnung des Entwicklungsstands der einzelnen technologischen Themen in acht Phasen

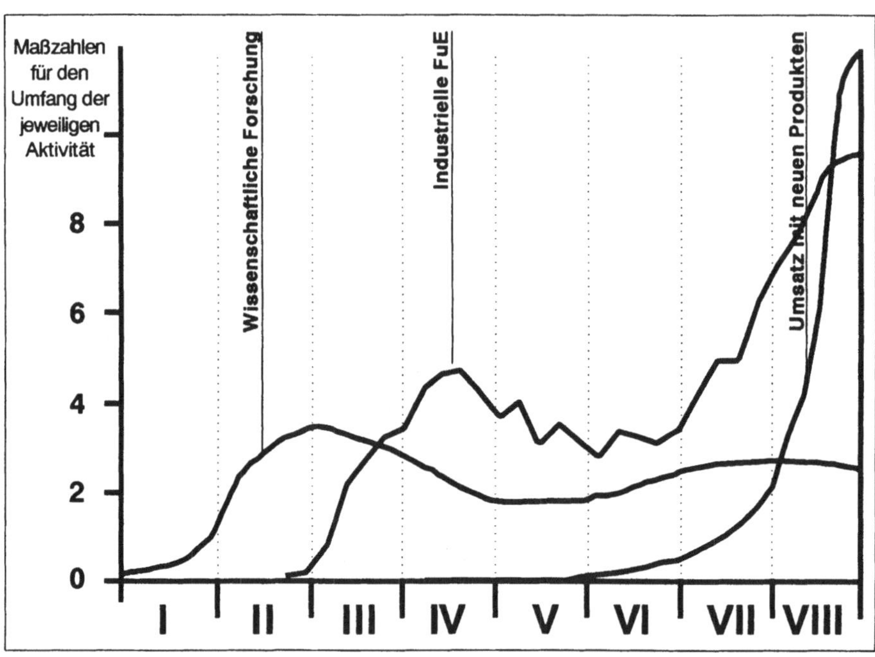

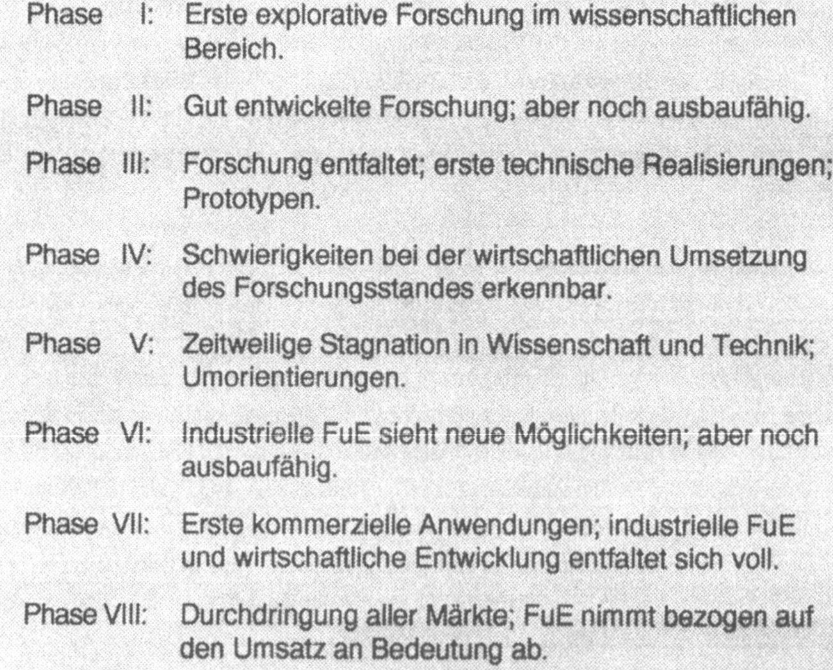

Phase I: Erste explorative Forschung im wissenschaftlichen Bereich.

Phase II: Gut entwickelte Forschung; aber noch ausbaufähig.

Phase III: Forschung entfaltet; erste technische Realisierungen; Prototypen.

Phase IV: Schwierigkeiten bei der wirtschaftlichen Umsetzung des Forschungsstandes erkennbar.

Phase V: Zeitweilige Stagnation in Wissenschaft und Technik; Umorientierungen.

Phase VI: Industrielle FuE sieht neue Möglichkeiten; aber noch ausbaufähig.

Phase VII: Erste kommerzielle Anwendungen; industrielle FuE und wirtschaftliche Entwicklung entfaltet sich voll.

Phase VIII: Durchdringung aller Märkte; FuE nimmt bezogen auf den Umsatz an Bedeutung ab.

Die acht Phasen verwenden eine Reihe von Begriffen, die der sogenannten "Frascati"-Definition entlehnt sind (OECD-Standard in der Fassung als 5. Revision 1991). Den Zusammenhang zwischen Forschung und Entwicklung und Innovation stellt auch das sogenannte Oslo-Manual der OECD klar (im Entwurf). Explorative (d. h. *nicht* zielgerichtete) Forschung im wissenschaftlichen Bereich meint dabei forscherische Tätigkeit, die keine konkrete Anwendung im Sinn hat (was nicht ausschließt, daß die Entdeckungen später zu konkreten Anwendungen führen). Durch den Zusatz "wissenschaftlich" (d. h. im Bereich der wissenschaftlichen Institutionen durchgeführt) bzw. "industriell" (d. h. im Bereich des Gewerbes durchgeführt, wobei auch Software-"Produzenten" und andere gewerbliche Dienstleistungsunternehmen hinzugerechnet werden können, soweit sie technologische Innovationen hervorbringen oder anwenden) werden die durchführenden Sektoren gekennzeichnet. Wird die "Forschung" nicht im wissenschaftlichen Bereich durchgeführt, ist damit - wenn nicht zielgerichtete Grundlagenforschung - dann meist angewandte Forschung gemeint, nämlich jene Anstrengungen, die auf die Gewinnung neuer Erkenntnisse, aber in erster Linie auf ein spezifisches, praktisches Ziel oder eine bestimmte Zielsetzung gerichtet sind. "Entwicklung" ist systematische, auf vorhandenen Erkenntnissen aus Forschung oder praktischer Erfahrung aufbauende Arbeit, die auf die Herstellung neuer Materialien, Produkte und Geräte und die Einführung neuer Verfahren, Systeme und Dienstleistungen sowie auf deren wesentliche Verbesserung abzielt. Ein "Prototyp" ist ein Grundmodell, das die wesentlichen Merkmale des geplanten zukünftigen Produkts aufweist.

In dieser Studie werden, wo es vertretbar erscheint, für jedes technologische Thema eine der acht Phasen für das Jahr 1992 und eine für den Zeitpunkt unmittelbar nach dem Jahr 2000 ("Beginn des 21. Jahrhunderts") angegeben. Viele der behandelten Themen sind so heterogen, daß sich keine einheitliche Einordnung vornehmen läßt, sondern eine Reihe von Fallunterscheidungen zu treffen sind. Beispielsweise überdecken die zehn Unterthemen, die zusammen mit der Lasertechnik behandelt werden, zur Zeit alle Phasen von Ziffer I (erste explorative Forschung) bis Phase VI (industrielle FuE noch ausbaufähig). Im Jahr 2000 werden diese Themen im Bereich der Lasertechnik teilweise die Phase VIII (Durchdringung aller Märkte) erreicht haben, jedoch werden einige Teilprobleme immer noch in Phase III sein (Forschung entfaltet, erste technische Realisierungen).

Die zeitliche Einschätzung wird entlang der einzelnen Themenbereiche im Kapitel 5 dargestellt. In diesem Kapitel wird zunächst ein Überblick über die Einschätzung der zeitlichen Entwicklung aller Themenbereiche versucht, ohne die technischen Entwicklungslinien einzeln zu erwähnen und zuzuordnen.

Abbildung 5: Vorherrschende zeitliche Phasen bei der untersuchten Technologie im gegenwärtigen Zeitpunkt.

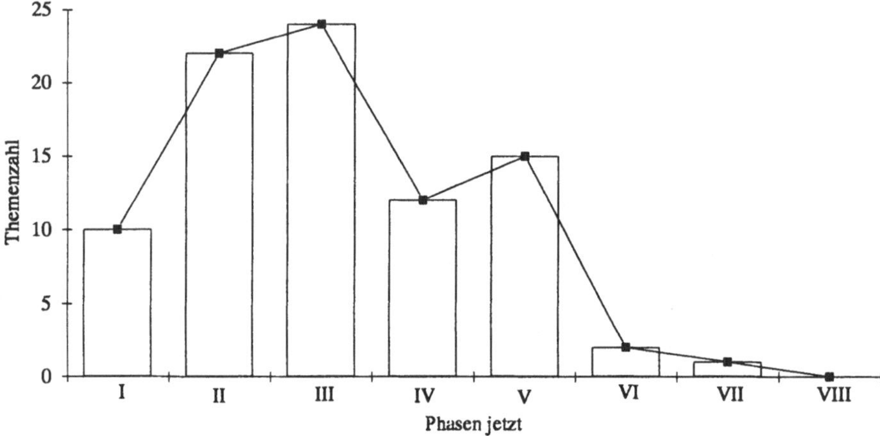

Abbildung 6: Vorherrschende zeitliche Phasen bei der Technologie am Beginn des 21. Jahrhunderts (das Profil 1992 aus Abbildung 5 zum Vergleich).

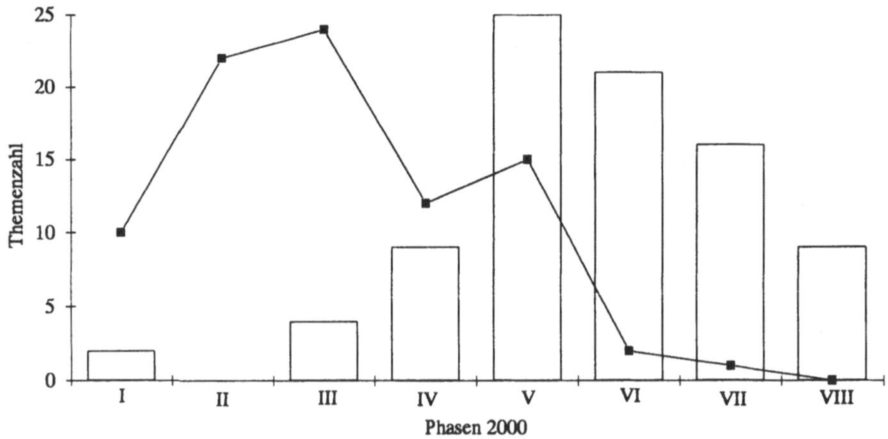

Die Abbildungen 5 und 6 bringen alle untersuchten Themen jeweils in ein Bild und stellen die Einschätzungen zu den zeitlichen Phasen im Jahr 1992 denjenigen für das Jahr 2000 gegenüber. Jedes Thema wird dabei gleich gewichtet (auch Oberthemen und Anwendungssysteme). Bei den schwer einzuordnenden Themen, deren zeitliche Phasen je nach Unterbereich auseinanderlaufen, wurden der Einfachheit halber Mittelwerte gebildet (was für eine Detailbetrachtung nicht gerechtfertigt ist, für diesen Überblick jedoch angehen mag). Man erkennt zunächst die breite thematische Befassung dieser Studie mit sehr "frühen" und sehr anwendungsorientierten Thematiken. Die Spannweite reicht von Phase I bis Phase VII (im Jahr 1992) und von Phase I bis Phase VIII im Jahr 2000. Dies ist einerseits eine Folge der zyklischen Entwicklung wissensintensiver Technik, andererseits ergibt sie sich aus dem Bemühen, sowohl wichtige Grundlagenbereiche als auch wichtige Anwendungen in die Technologieliste aufzunehmen.

Keines der betrachteten Themen entwickelt sich "zurück" (was auch angesichts der Auswahlkriterien nicht zu erwarten war; die Projektträger waren aufgefordert, mutmaßlich bedeutsame Technologie am Beginn des 21. Jahrhunderts auszuwählen). Einige Themenbereiche kommen aber in den nächsten zehn Jahren "nicht voran". Dies ist kein negatives Förder- oder Relevanzkriterium; viele Gebiete entwickelten sich in der Vergangenheit und wohl auch in der Zukunft sprunghaft und haben nicht in jedem Jahrzehnt ihrer Entwicklung bedeutende Fortschritte zu verzeichnen. Sie sind deshalb nicht unwichtig. Ein Thema wie das "Forschungsgebiet Verhaltensbiologie" ist derzeit und auch in zehn Jahren vermutlich auf einem Kenntnisstand, wo es in erster Linie nicht um die Entwicklung technischer Neuerungen geht, sondern wo empirische explorative Forschung am Menschen oder am Tier betrieben wird, um von überlagerten Ideologien wegzukommen. Die Übertragung verhaltensphysiologischer Regelgrößen auf technische Systeme ist zunächst und wohl auch in nächster Zukunft noch die Ausnahme. Das Thema "Oberflächenwerkstoffe" ist in zeitlicher Hinsicht dadurch gekennzeichnet, daß sowohl kommerzielle Anwendungen am Markt existieren (Phase VIII), andererseits die Entwicklung völlig neuer Oberflächenwerkstoffe die Erarbeitung von Grundlagenwissen erfordert (Phase II). Eine Unterscheidung der Zeiträume 1992 und 2000 kann nicht vorgenommen werden. Zwar werden insgesamt die kommerziellen Anwendungen und die Durchdringung der Märkte zunehmen, deswegen aber die Arbeiten im Bereich der Grundlagen nicht abnehmen. Ebenso ist die Palette der Fertigungsverfahren äußerst groß und umfaßt Verfahren, die jetzt wie auch im Jahr 2000 von Phase I bis Phase VIII reichen, so daß in dieser Hinsicht ein Thema wie "Fertigungsverfahren für Hochleistungswerkstoffe" sich nicht von den (immer neuen) wissenschaftlichen Grundlagen entfernt, wenn es sich am Beginn des 21. Jahrhunderts den Anwendungen nähert. Auch im Bereich "Bioinformatik" wird es noch weit nach dem Jahr 2000 Entwicklungsrichtungen geben, die sich in Phase II, und andere, die sich bereits in Phase VII befinden. Selbst ein so vertrautes Thema wie die Aufbau- und Verbindungstechnik ist innerhalb der Mikrosystemtechnik auf sehr unterschiedlichem Entwicklungsstand, so daß auch nach dem Jahr 2000 die Arbeiten im Bereich der Phase II nicht abnehmen werden.

Für die meisten anderen Themen ergibt sich aber doch ein sichtbares Heranrücken an spätere Phasen bis zum Jahr 2000. Einige der 1992 noch sehr explorativ eingestuften Themen entwickeln sich voraussichtlich in zehn Jahren bis zur Phase V (zeitweilige Stagnation mit Umorientierungen nach einem ersten Boom) oder von Phase III im Jahr 1992 (erste technische Realisierungen) bis zu Phase VIII (Durchdringung aller Märkte) im Jahre 2000. Im einzelnen ist aus den Abbildungen 5 und 6 nicht erkennbar, daß diejenigen Technologien, die zur Zeit in den Phasen I oder II eingestuft werden, in nur zehn Jahren nicht ihr volles Durchdringungspotential erreichen können. Nur wenn mindestens Prototypen oder erste technische Realisierungen bereits vorliegen, wird es nach den Einschätzungen der Projektträger möglich sein, kurz nach dem Jahr 2000 das wirtschaftliche Potential voll auszuspielen (mindestens Phase III auf Phase VIII).

Die einzelnen technologischen Themen werden im nachfolgenden Kapitel dargestellt. An dieser Stelle soll nur auf diejenigen Themenbereiche hingewiesen werden, die nach den Einschätzungen dieser Studie im Verlauf der zehn Jahre den größten Sprung nach vorne machen werden. Dies sind die "funktionellen Gradientenwerkstoffe", die sich derzeit noch in der Exploration befinden (Phase I), mutmaßlich aber direkt nach dem Jahr 2000 ihrem Einsatz in Luft- und Raumfahrttechnik, Energie-, Umwelt- und Medizintechnik und langfristig auch in der Kraftfahrzeugtechnik entgegensehen können und bis dahin die Phase V (in Teilbereichen sogar VII, d. h. erste kommerzielle Anwendungen) erreicht haben dürften. Im Bereich der "Fullere" ist anzunehmen, daß sich Teile des Forschungsgebiets nach dem Jahr 2000 in der kommerziellen Produktentwicklung und Einführung befinden können (Phase VII bis VIII), obwohl derzeit der Reifegrad sich im Bereich der Grundlagen (Phase I bis III) einordnen läßt. Große zeitliche Entwicklungssprünge werden bei der Signalverarbeitung und in der Optoelektronik erwartet; diese sind allerdings jetzt schon gut entwickelt (Optoelektronik in Phase IV), so daß sich hier die erwartete starke zeitliche Dynamik mehr auf das anwendungsorientierte Spektrum bezieht. Eine Reihe von Themen im Bereich der Simulation ist von ebensolchen stürmischen Entwicklungen gekennzeichnet, und auch die Supraleitung dürfte sich insgesamt - trotz großer Unterschiede in den Teilthemen - von der Phase erster technischer Realisierungen (Phase III) heutzutage bis zur ersten kommerziellen Anwendung (Phase VII) nach dem Jahr 2000 entwickeln.

Die Produktionslogistik, die zur Zeit in Phase III eingestuft wird, könnte bis zum Beginn des 21. Jahrhunderts eine Bedeutung wie die CAD-Technik heute erlangen. Breitbandkommunikation und allgemein photonische Digitaltechnik, zur Zeit bereits in aller Munde, werden aufgrund des Nachfragesogs voraussichtlich unmittelbar in Phase VII übergehen; es ist nicht zu erwarten, daß die Phasen IV, V und VI überhaupt durchlaufen werden. Dies gilt auch für einige Werkstoffe der Mikroelektronik. Unter den biotechnischen Themen dürfte der Bereich der Biosensorik eine ähnlich hohe Dynamik aufweisen. Einige andere zukünftig sehr wichtige Bereiche werden vermutlich noch nicht direkt nach dem Jahr 2000 so verbreitet sein wie etwa diejenigen der Optoelektronik. Schließlich werden - mit einigen Unsicherheiten - Nanoelektronik und Nanotechnologie große Fortschritte machen; die Ausnutzung der dort möglichen Integrationsdichte wird allerdings nicht vor dem zweiten Jahrzehnt des 21. Jahrhunderts erwartet. Besonders dynamisch dürften sich Teile der Plasmatechnik und ebenso die Molekularelektronik wie auch Bereiche der molekularen Biotechnologie entwickeln; ebenfalls kann das Molecular Modelling, heute noch in Phase II, nach dem Jahr 2000 die Phase VI erreicht haben.

Dieser kurze Abriß zeigt, ohne in die technischen Details zu gehen, daß gerade im vor uns liegenden Jahrzehnt viele der untersuchten Themen einen großen Entwicklungssprung vor sich haben. Dies bedeutet nicht, daß sie wichtiger als andere wären; einige der Themen haben bereits bis Ende der 80er und Anfang der 90er Jahre ein stark dynamisches Wachstum gezeigt, das in dem vor uns liegenden Jahrzehnt in ruhigeres Fahrwasser kommt, und einige der Themenbereiche werden ihr sehr großes Potential in absehbarer Zeit entwickeln, aber vermutlich noch nicht um das Jahr 2000. Der Hinweis auf viele technische Bereiche, deren Einschätzung in zeitlicher Hinsicht sich in den nächsten zehn Jahren besonders stark ändern dürfte, stellt aber ein Signal dar, daß Gestaltungsbedarf gerade in den vor uns liegenden Jahren entsteht. Immer dann, wenn sich sprunghafte Entwicklungen ergeben, stellt sich die Frage nach einer genaueren Technikbeobachtung.

Die Projektträger haben sich der Mühe unterzogen, nicht nur die zeitlichen Phasen zu eruieren, sondern im Sinne einer Selbstprüfung einzuschätzen, wie der *objektive*, weltweit verfügbare Kenntnisstand bezüglich der Zukunftstechnologie ist und ob er sich bei den Projektträgern abbildet (*subjektive Einschätzung der eigenen Kenntnisse*). Daraus läßt sich eine Aussagesicherheit der Ausführungen ableiten, die zwischen "sehr hoch" bzw. "hoch", "mittel" bzw. "nicht durchgängig gesichert" und "niedrig" liegt. Sieht man - ohne ins einzelne zu gehen - die Angaben zum Kenntnisstand durch, ergibt sich eine Gegenüberstellung wie in Abbildung 7. In diese Abbildung sind alle Einzelthemen eingetragen worden; da jeweils nur wenige Kategorien möglich sind, überdecken sich viele Punkte. Es wurde versucht, der Frage nachzugehen, ob die Aussagesicherheit von der technisch-wissenschaftlichen Einstufung der Einzelthemen abhängt. In der Tat ergibt sich aus Abbildung 7, daß alle Themenbereiche, bei denen die objektiven Kenntnisse niedrig sind, sich entweder in der Phase 1 (Exploration), der Phase 2 (ausbaufähige Forschung) oder der Phase 3 (erste Reali-

Abbildung 7: Zusammenhang zwischen Aussagesicherheit und Entwicklungsphase der Technologie am Beginn des 21. Jahrhunderts

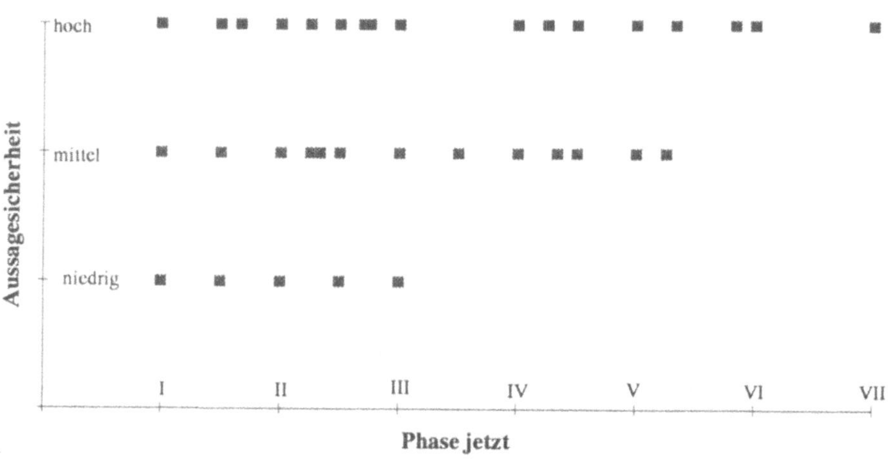

sierung) befinden. Hat ein Thema Phase 4 und aufwärts erreicht, sind die weltweit und bei den Projektträgern verfügbaren Kenntnisse zumindest mittelhoch. Interessant ist aber auch, daß bei den Themenbereichen mit hohen Aussagesicherheiten auch ganz grundlegende sind (diejenigen der Phase 1 und 2). Die eine Seite der Aussage, die da lautet "Anwendungsphase heißt hohe Sicherheit" trifft also in der Tat zu, aber die andere Seite der Medaille, "frühe Phase heißt Unsicherheit" ist nicht immer richtig. Obwohl einige Themen teilweise noch in der Exploration stehen, können sie bereits gut überblickt werden.

Rein statistisch betrachtet ist der Zusammenhang zwischen der Aussagesicherheit und der Entwicklungsphase der Technologie am Beginn des 21. Jahrhunderts in höchstem Maße signifikant und negativ - wie es zu erwarten war. Je weiter die Anwendungen fortgeschritten sind, desto genauer läßt sich absehen, wie die weitere Entwicklung sein wird. Dies bezieht sich auf eine Einschätzung der FuE-Dynamik zum gegenwärtigen Zeitpunkt. Legt man die voraussichtliche Phaseneinteilung um das Jahr 2000 zugrunde, so wird der Zusammenhang weniger ausgeprägt. Es ist also die *heutige Einschätzung* der Entwicklungsdynamik, die stark mit der Aussagesicherheit korreliert, und nicht die vorweggenommene in zehn Jahren. Auch dies ist - für sich genommen und möglicherweise dem Bearbeiter nicht bewußt - eine interessante Feststellung. Eine geringe Aussagesicherheit wird unterstellt, wenn man zum gegebenen Zeitpunkt die Anwendungsseite noch nicht gut kennt.

5 Bemerkenswerte Entwicklungslinien

Nachfolgend ist beabsichtigt, in kursorischer Weise die Inhalte und die Abgrenzung der jeweiligen Technologiebereiche darzulegen, um darauf aufbauend im 6. Kapitel die Lösungsbeiträge zur Bewältigung der Zukunft diskutieren zu können. Dazu werden die umfangreicheren internen Darlegungen der Mitarbeiter bei den Projektträgern (siehe Seite II) zu den einzelnen Themen fachgebietsweise kurz zusammengefaßt. Dabei entsteht unumgänglich eine gewisse Selektion. Wert wird auf die Darstellung von Zusammenhängen zwischen einzelnen Themenbereichen gelegt; im übrigen kann davon ausgegangen werden, daß bereits die internen Berichtsblätter sehr komprimiert sind (sein mußten) und auch dort zu einer scharfen Selektion der bemerkenswerten Aspekte der jeweiligen Technologie geführt haben. Federführend für die internen Ausarbeitungen sind die jeweiligen Projektträger, federführend für das Kapitel 5 ist ISI.

5.1 Neue Werkstoffe

Die Entwicklung neuer Werkstoffe hat eine weit über technisch-wirtschaftliche Aspekte hinausreichende Schlüsselfunktion. Neue Materialien ermöglichen in großem Umfang die Realisierung neuer technischer Produkte. Fortschritte in der Umwelttechnologie, weiter wachsende Sicherheit bei Kraftfahrzeugen und technischen Produktionsprozessen gehen einher mit der Verfügbarkeit neu entwickelter hochfester bzw. hochtemperaturbeständiger Werkstoffe. Innovationen in der Informations- und Kommunikationstechnik ebenso wie in der Medizintechnik hängen ursächlich davon ab, daß neue Materialien zur Verfügung gestellt werden mit den für den jeweiligen Einsatz ganz spezifisch entwickelten optimalen Eigenschaften. Beim industriellen Einsatz von Materialien spielen häufig auch Fragen der Tribologie (Reibung und Verschleiß) eine wichtige Rolle.

Voraussetzung für die Entwicklung einer Vielzahl neuer und verbesserter Materialien wiederum sind grundlegend neue Erkenntnisse und wissenschaftliche Fortschritte im Bereich der Festkörperphysik und -chemie. Der wichtigste Beitrag der Wissenschaft besteht dabei in der Aufklärung der Zusammenhänge zwischen den äußerlich meßbaren Eigenschaften eines Werkstoffes und dessen Molekularaufbau, seiner inneren Struktur. Die Materialwissenschaften haben sich mittlerweile als eigenständiger Forschungszweig etabliert. Nicht mehr wegzudenken aus diesem interdisziplinären Forschungsgebiet sind neben der erwähnten Physik und der Chemie die Ingenieurwissenschaften und die angewandte Mathematik, welche die Computersimulation und die Modellierung einbringt.

Es war traditionell üblich, den Werkstoffbereich in Isolatoren (Keramik), Halbleiter, Metalle, organische und Verbundwerkstoffe einzuteilen. Die ist im Zeitalter keramischer Halbleiter nicht mehr angemessen. Der unübersehbare Trend geht dahin, Materialien mit immer genauer vorausbestimmbaren, einem vorher definierten Bedarf entsprechenden Stoffeigenschaften zu erzeugen. Die Werkstoffentwicklung nach dem Prinzip von "Versuch und Irrtum" wird mehr und mehr abgelöst durch "Material Tailoring" (maßgeschneiderte Werkstoffe). Diese Fähigkeit, Werkstoffe genau auf ihr Anwendungsprofil hin maßzuschneidern, bedeutet für die Technologie, daß sie immer weniger nach Stoffklassen unterscheiden kann. Deshalb wird auch in diesem Kapitel teilweise anders gegliedert. Wegen der Bedeutung von Fortschritten bei Funktions- wie bei Konstruktionswerkstoffen ist es unerläßlich, eine Reihe von Einzelthemen anzusprechen, die ansonsten ausführlicher in anderen technologischen Zusammenhängen behandelt werden.

Hochleistungskeramik

Der Durchgang durch die Werkstoffe von morgen beginnt mit *Hochleistungswerkstoffen* unterschiedlichster Provenienz. In den letzten Jahren wurden neue *keramische Materialien* mit hervorragenden Eigenschaften entwickelt. Man unterteilt sie gewöhnlich in Struktur- und Funktionskeramik. Bei den Strukturkeramiken liegt das besondere Augenmerk auf guten thermischen, chemischen und mechanischen Eigenschaften, bei den Funktionskeramiken stechen die elektromagnetischen Eigenschaften oder ihre Bedeutung für die Biomedizin ins Auge. Beide Bereiche lassen sich nur bedingt voneinander trennen, da viele Funktionskeramiken auch gute Struktureigenschaften aufweisen müssen. Während die Entwicklungserfolge bei der Funktionskeramik zum Teil bereits kurzfristig Innovationen (d. h. geglückte Markteinführungen) ermöglichten, scheitert die massenhafte Markteinführung bei Strukturkeramiken oft an der Umsetzung in ein zuverlässiges, kostengünstiges Bauteil. Neben den Keramiken selbst spielt die Herstellung keramischer Schichten auf oft kostengünstigeren Materialien eine große Rolle. Ebenfalls rückt die Herstellung *nanokristalliner Pulver* in das Zentrum des Interesses.

Die neuen Keramiken werden in zahlreichen Gebieten Anwendungen finden, etwa im Bereich der Energiewirtschaft, der Elektronik, der Medizin und der Verfahrenstechnik. Vermutlich die größten industriellen und wirtschaftlichen Auswirkungen sind im Maschinenbau und hier besonders im Motorenbau zu erwarten. Andere Anwendungen liegen in der Bearbeitung und in der Filtertechnik im Hochtemperaturbereich. Biokeramik wird im Dentalbereich und als Knochenersatz angewendet. *Hochtemperatur-Supraleiter* werden bei der Mikroelektronik angesprochen.

Hochleistungspolymere

Durch die nahezu unerschöpflichen Variationsmöglichkeiten ihrer Molekülarchitektur ergeben sich immer wieder neue Einsatzgebiete für polymere Materialien. Die Entwicklung von *Hochleistungspolymeren* hat sich zunehmend auf maßgeschneiderte Eigenschaftsprofile konzentriert. Ein weiteres Innovationspotential für Hochleistungspolymere liegt in der Übertragung der Aufbauprinzipien natürlicher makromolekularer Systeme auf synthetische Polymere zur Herstellung von organischen Werkstoffen analog dem Vorbild der Natur. Um das technische Potential der Hochleistungspolymere zur Wirkung kommen zu lassen, sind Verbesserungen bei fertigungstechnischen Fragestellungen, der *Computersimulation* und allgemein der Verfahrenstechnik erforderlich. Weitere Anwendungen werden sich die Hochleistungspolymere durch die Forderungen nach Temperaturbeständigkeit, Medienresistenz, Rezyklierbarkeit und Umweltschutz erschließen können.

Hochleistungsmetalle

Die Metalle zählen mit zu den ältesten Materialien. Innovative neue Einsatzgebiete für *Hochleistungsmetalle* bedürfen weiterhin auch der anwendungsorientierten Grundlagenforschung, damit ihr wirtschaftliches Potential voll zum Einsatz kommen kann. Mechanische Festigkeit ist ihr wesentliches Merkmal, hochwertige magnetische oder elektrisch leitende Funktionsmetalle gehören zu den Schlüsselwerkstoffen in der Elektrotechnik, Elektronik und Motorenindustrie. In der Entwicklung befinden sich amorphe Ferromagnetika mit hoher Sättigungsmagnetisierung für Magnetblasenspeicher. Die Bedeutung der Pulvermetallurgie für die Erzeugung von Hochleistungsmetallen nimmt ständig zu. Hauptsächliche Einsatzgebiete für metallische Hochleistungswerkstoffe sind die Luft- und Raumfahrt sowie der Energiemaschinenbau und die chemische Industrie.

Funktionelle Gradientenwerkstoffe

Die *funktionellen Gradientenwerkstoffe* sind Werkstoffe (oder Bauteile), deren Gefüge sich über ihren gesamten Querschnitt von einer Seite zur anderen Seite kontinuierlich ändert, ohne dabei Diskontinuitäten zu enthalten. Der Unterschied zu konventionellen Verbundwerkstoffen liegt also im Vermeiden abrupter stofflicher Übergänge, die oftmals der Grund für das Versagen von Verbundwerkstoffen unter Hochleistungseinsatz sind. Die funktionellen Gradientenwerkstoffe sind derzeit noch in der wissenschaftlichen Exploration. Das Verständnis der stofflichen Übergänge bzw. der Zustände auf atomarer und molekularer sowie nano- und mikrostruktureller Ebene ist unter Einsatzbedingungen zu vertiefen. Herstellungsmethoden im Labormaßstab sind zu entwickeln und ihre Eignung muß getestet werden. Es wird eine Reihe von Hochleistungseigenschaften erwartet wie etwa gerichtete Festigkeit sowie Beständigkeit gegenüber hoher Temperatur oder Korrosion. Ihr Einsatz ist in der Luft- und Raumfahrt (Hitzeschutz für den Wiedereintritt in die Erdatmosphäre), in der Kraftfahrzeugtechnik (im Brennraum von Motoren), im Maschinenbau (Verschleißbeständigkeit von Zahnrädern) und in vielen anderen Gebieten der Energie- und Umwelt- sowie der Medizintechnik denkbar. Technologisch sind die funktionellen Gradientenwerkstoffe mit anderen *Hochleistungswerkstoffen* sowie mit der *Oberflächentechnik* verwandt. Sie können auch als *multifunktionale Werkstoffe* verstanden werden.

Werkstoffe für energetische Umwandlung

Die Energietechnik in ihrer ganzen Breite ist in dieser Studie nicht betrachtet worden. Neue Werkstoffe haben auch für den Einsatz bei energetischen Prozessen große Bedeutung. Für die Energieumwandlung am Beginn des 21. Jahrhundert sind vor allem *Turbinenwerkstoffe* und *Werkstoffe für die Brennstoffzelle* von Bedeutung (zusammengefaßt auch als *Werkstoffe für die energetische Umwandlung* bezeichnet), sie sind Metalle oder Keramiken. Die Betreiber von Energieanlagen müssen den Kohlendioxidausstoß reduzieren, die fossilen Ressourcen schonen und nicht zuletzt ihre Wirtschaftlichkeit erhöhen. Daher ist die Steigerung der thermischen Wirkungsgrade vor allem von Stromerzeugungsanlagen ein wesentliches Entwicklungsziel. Verbesserungen werden in der Strömungsoptimierung, aber auch in einer Erhöhung der Prozeßtemperaturen erwartet, was wiederum eng mit der Bereitstellung verbesserter Hochtemperaturwerkstoffe und -bauteile verknüpft ist. Lösungen werden im Bereich der Hochleistungskeramik (siehe oben), größerer pulvermetallurgisch erzeugter Bauteile aber auch bei einkristallinen Turbinenschaufeln gesucht. Für einen wirtschaftlichen Langfristbetrieb von Brennstoffzellen sind ebenfalls noch umfangreiche und langfristig ausgelegte Werkstoffentwicklungen erforderlich. Diese betreffen neben der Verbesserung der Technik für die Herstellung von Keramikschichten und -folien auch deren reproduzierbare Langzeitstabilität unter Einsatzbelastungen (Korrosion und thermomechanische Beanspruchung). Brennstoffzellen spielen nicht nur für die zukünftige Kraftwerkstechnik eine Rolle, sondern kommen auch als mobiler Stromlieferant für den Elektroantrieb in Frage. Auch bei den langfristig ausgelegten Energiekonzepten solarer Wasserstoff und Kernfusion sind noch erhebliche Materialprobleme zu lösen.

*

Die *zeitlichen Perspektiven* der bisher dargestellten und der nachfolgenden, auf die Mikroelektronik bezogenen *Hochleistungswerkstoffe* können der Abbildung 8 entnommen werden. Die acht Phasen sind dabei diejenigen, die idealtypisch im Abschnitt 4.3 eingeführt wurden. Sie können die zeitliche Dynamik nicht in jedem Einzelfall genau beschreiben.

Hochleistungskeramik (KER) und Hochleistungspolymere (POL) stellen jeweils so breite Bereiche der technologischen Entwicklung dar, daß gleichzeitig ganz verschiedene Phasen, frühe und späte, zusammentreffen. Die Natur dieser heute schon klassischen Gebiete der Hochleistungswerkstoffe verbietet sprunghafte Entwicklungen in der Breite; vielmehr nähern sie sich mit ihrem Schwerpunkt kontinuierlich immer mehr der kommerziellen Anwendung. Tendenziell ist das Gebiet der Hochleistungsmetalle (MET) schon etwas weiter entwickelt als das der Keramik und Polymere; dies gilt aber nicht für alle Unterthemen. Bei der Keramik müßte man die zeitliche Dynamik mindestens für Funktions- und Strukturkeramik und Schichten unterscheiden. Die Entfaltung der Anwendungsmöglichkeiten bei der Strukturkeramik steht gegenüber den anderen Bereichen derzeit noch zurück. Dies wird voraussichtlich auch im Jahr 2000 so bleiben. Bei den energetischen Werkstoffen (ENW) sind die Turbinenwerkstoffe bereits heute voll entwickelt. Die Werkstoffe für Brennstoffzellen und einkristalline Superlegierungen befinden sich noch in ihren ersten Anwendungen; auch um das Jahr 2000 werden diese beiden Untergebiete ihre breite wirtschaftliche Nutzung noch nicht erreicht haben. Eine große Dynamik wird den funktionellen Gradientenwerkstoffen (GRA) zugesprochen, die sich derzeit noch in der Phase wissenschaftlicher Exploration befinden, aber um das Jahr 2000 durchaus schon technische Realisierungen erreichen lassen.

Aus der zeitlichen Entwicklungsdynamik kann nicht ein genereller Bedarf nach öffentlicher Förderung oder die Größe des Innovationspotentials abgeleitet werden, ohne den Einzelfall zu betrachten (hierzu siehe das Kapitel 6 und den Abschnitt 4.3 zur Problematik der Standardisierung des Innovationsgeschehens in Phasen).

Abbildung 8: Voraussichtliche zeitliche Entwicklungsdynamik im Bereich der Hochleistungs- und Mikroelektronikwerkstoffe und in der Oberflächentechnik. (Die Quadrate symbolisieren den Häufungswert beim Vorliegen unterschiedlicher Phasen innerhalb eines Themas, die Balken die tatsächliche Streubreite.)

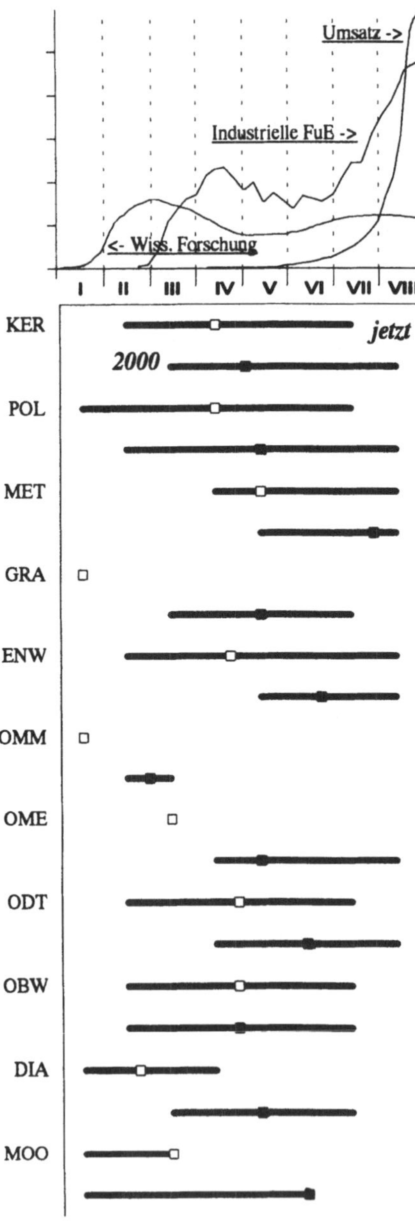

Die Bedeutung von Hochleistungswerkstoffen für elektronische Anwendungen kann nicht unterschätzt werden. Aus physikalischen Gründen kann diesen Anforderungen oft nur mit einer wesentlichen Erweiterung der bisherigen Werkstoffbasis entsprochen werden. *Mikroelektronikwerkstoffe sind Hochleistungswerkstoffe*. Aus Gründen der Übersichtlichkeit werden sie hier nacheinander dargestellt. Überlegungen zur *Hochtemperaturelektronik* und zur *Hochgeschwindigkeitselektronik* finden sich im Kapitel zur Mikroelektronik.

Abbildung 9: Überblick über die thematische Nähe der Werkstofftechnologie im Bereich der Hochleistungs- und Mikroelektronikwerkstoffe und der Oberflächentechnik (getönte Themen werden in diesem Abschnitt diskutiert, ungetönte Themen sind thematisch verbunden, werden jedoch schwerpunktmäßig an anderer Stelle eingeordnet; die Abbildung ist ein Ausschnitt aus Abbildung 1, die Kurzbezeichnungen können aus Tabelle 3 und dem Anhang entnommen werden)

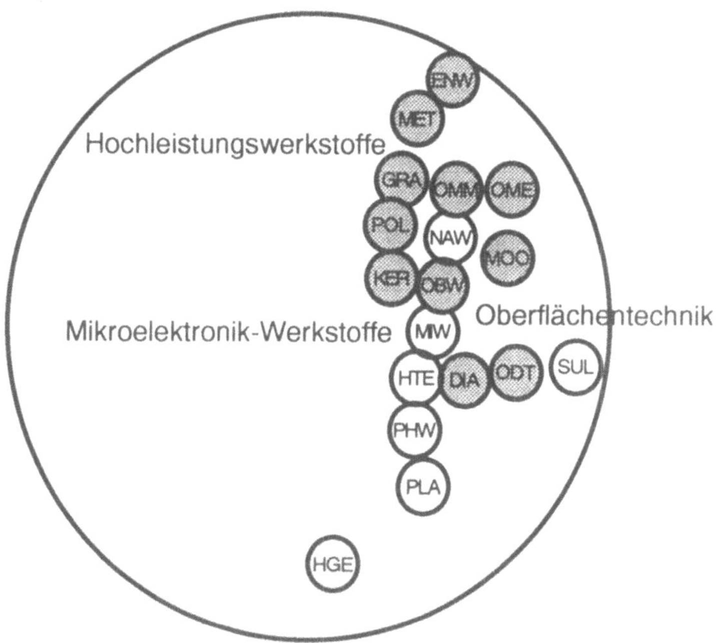

Die beiden zuletzt angesprochenen Themen liegen im Grenzbereich zwischen Hochleistungswerkstoffen und *Mikroelektronikwerkstoffen*. Für die Zukunft der Mikroelektronik ebenfalls sehr bedeutend sind die *Nanowerkstoffe*, die im Abschnitt zur Nanotechnologie diskutiert werden. Die Transformation von der Halbleiter-Elektronik zur optischen Elektronik muß mit Fortschritten bei den *photonischen Werkstoffen* einhergehen, welche im Abschnitt zur Photonik dargestellt werden. Schwerpunktmäßig im Werkstoffkapitel werden die für die Mikroelektronik wichtigen *organischen Materialien mit magnetischen oder elektrischen Eigenschaften* behandelt. Die thematische Nähe der Einzelthemen ist in Abbildung 9 veranschaulicht worden (die einen Auszug aus Abbildung 1 darstellt). Demnach sind im Strang der Hochleistungswerkstoffe die mikroelektronikrelevanten Materialien in einer Linie zu finden, die bis zum Kernbereich der Photonik und Mikroelektronik reicht.

Organische Materialien mit magnetischen Eigenschaften

Unter den organischen Werkstoffen wurden bereits die Hochleistungspolymere behandelt; magnetische Werkstoffe gehören nach gängiger Auffassung zu den Metallen. Optische organische Materialien werden im Thema photonische Werkstoffe behandelt. Organische Materialien mit *ferromagnetischen Eigenschaften* gibt es bisher nicht. Theoretisch nachgewiesen ist aber, daß auf Basis organischer Moleküle magnetische Materialien herstellbar sind, die das ganze Spektrum des Magnetismus abdecken können. Die technisch-wissenschaftliche und wirtschaftliche Bedeutung organischer oder polymerer Materialien mit ferromagnetischen Eigenschaften sowie den bekannt guten Eigenschaften der organischen Stoffe (z. B. geringes Gewicht, Rezyklierung) wäre sicherlich sehr groß; hierzu sind jedoch noch Forschungsarbeiten durchzuführen, die sich über das Jahr 2000 hinaus erstrecken werden.

Organische Materialien mit elektrischen Eigenschaften

Hingegen wurden insbesondere bei Funktionspolymeren hinsichtlich besonderer *elektrischer Eigenschaften* in den letzten Jahren große Fortschritte erzielt. Besondere Hoffnungen liegen auf dünnen Polymerschichten im molekularen Maßstab. Bei den sogenannten "organischen Metallen" auf der Basis von niedermolekularen organischen Verbindungen oder Polymeren könnte die elektrische Leitfähigkeit drastisch erhöht werden. Diese Materialien hätten gegenüber den konventionellen Werkstoffen entscheidende Vorteile (leichte Verarbeitung, Verformbarkeit, Maßschneidern, geringes Gewicht, gute Korrosions- und Chemikalienbeständigkeit). Die Synthese mehr oder weniger maßgeschneiderter organischer Verbindungen schließt auch eine Reihe von organischen Supraleitern ein, die vom Prinzip her für Anwendungen in der Energietechnik sowie in der Mikroelektronik und Kältetechnik geeignet erscheinen. Organische Metalle - wären sie leicht verfügbar - könnten für vielfältige Systeme (Batterien, Antistatik, Abschirmung, Displays, Photovoltaik und anderes mehr) verwendet werden. Relativ zu den organischen Werkstoffen mit magnetischen Eigenschaften sind diejenigen mit elektrischen Eigenschaften weiter entwickelt; ob ihr Einsatz unmittelbar am Beginn des nächsten Jahrhunderts erwartet werden kann, ist noch mit Unsicherheiten behaftet.

Aus Abbildung 8 läßt sich unschwer der frühe Entwicklungszustand der organischen Materialien (OMM und OME) erkennen. Die Hoffnungen bezüglich einer raschen kommerziellen Reife der Organika mit elektrischen Eigenschaften sind bemerkenswert.

Oberflächen- und Dünnschichttechnik

Eng mit Hochleistungs- und Mikroelektronikwerkstoffen ist die *Oberflächen- und Dünnschichttechnik* verbunden (siehe auch Abbildung 9). Sie besitzt bei der Werkstoff- und insbesondere auch der Bauteilbehandlung das größte Potential zur Eigenschaftsverbesserung. Die Oberflächen- und Dünnschichttechnik bietet ein Bündel von Methoden zur Herstellung und Charakterisierung von Schichten, Oberflächen und Grenzflächen an. Diese Technik ist damit die entscheidende Voraussetzung für die ingenieursmäßige Konstruktion von Bauteilen und hat somit einen bedeutenden Querschnittscharakter. Elektrochrome Fenster, Dünnschichtsolarzellen, künstliche Adern, verschleiß- und korrosionsfeste Prothesen, energiesparende Fenster und rezyklierfähige Folien für die Lebensmitteltechnik sind ohne die Oberflächen- und Dünnschichttechnik nicht denkbar.

Oberflächenwerkstoffe

Die Anforderungen an die Schichteigenschaften werden vom jeweiligen Anwendungsfall bestimmt und müssen gezielt daraufhin optimiert werden ("maßgeschneiderte Oberflächen"). Deshalb ist nicht nur die Oberflächenverfahrenstechnik, sondern sind auch die *Oberflächenwerkstoffe* von entscheidender Bedeutung. So werden z. B. zur Einsparung von Energie- und Schmierstoffen Schichtsysteme geringer Reibung bei geringem Verschleiß benötigt. Erste erfolgreiche Ansätze beruhen hier auf Kohlenstoffschichten. Zur Herstellung von funktionellen Oberflächen existieren mannigfaltige Möglichkeiten. Neben den etablierten Verfahren haben plasma-, vakuum- und ionentechnische Prozesse an Bedeutung gewonnen. (Die *Plasmatechnik* hat viel mit Werkstoffverfahren zu tun, wird aber in diesem Bericht schwerpunktmäßig bei der Mikroelektronik behandelt). Gerade mit Hilfe moderner Beschichtungsverfahren werden neue technische Wege zur Erzeugung neuartiger Schichten eröffnet, die bislang aus physikalischen oder wirtschaftlichen Gründen nicht zugänglich bzw. nicht marktfähig waren.

Diamantschichten

Das Beherrschen dünner Oberflächen führt unmittelbar hin zur Beherrschbarkeit molekularer Prozesse. Eine Vielzahl von Verfahren der Oberflächen- und Dünnschichttechnologie kommt bei der Erzeugung von ***Diamantschichten*** zum Einsatz. Viele Anwendungen im Bereich der Elektronik-, Computer-, Optik- und Werkzeugentwicklung in den nächsten Jahren setzen die Beherrschung spezifischer Diamanteigenschaften voraus. Sie lassen zukünftig die Kontrolle von Härte, Oberflächenrauhigkeit und Haftung zu. Manche elektronischen und optoelektronischen Anwendungen sind nur vorstellbar, wenn gezielt Diamantschichten aufgebracht werden können. Unter den vielfältigen Produktvisionen sollen biokompatible und antibakterielle medizinische Implantate sowie künstliche Gelenke, Schutzschichten für Datenträger und Magnetköpfe, Laserdioden und Hochgeschwindigkeits-Supercomputer erwähnt werden, um die industrielle Breite potentieller Anwendungen aufzuzeigen.

Molekulare Oberflächen

Im Bereich der Oberflächentechnik hat das Verhalten größerer Moleküle, insbesondere auch in Grenzschichten, bislang noch wenig Beachtung gefunden, obwohl eine ganze Reihe der derzeit oder zukünftig wichtigen Verfahren und Produkte entscheidend davon bestimmt wird. Klebeprozesse, die Metallisierung von Polymeren, Korrosionsschutz, Biokompatibilität und das Vordringen der Molekularelektronik hängen unmittelbar davon ab, ob man solche ***molekularen Oberflächen*** charakterisieren und ihre Struktur gezielt erzeugen kann.

*

Ein Blick auf Abbildung 8 zeigt die Grundstrukturen der ***zeitlichen Dynamik im Bereich der Oberflächentechnik.*** Demnach hat die Technologie allgemein (ODT) eine große Spannweite von frühen, wissenschaftlichen Phasen und bereits erreichten Durchbrüchen aufzuweisen, die sich im Laufe des nächsten Jahrzehnts noch weiter in Richtung auf Anwendungen hin verschieben wird. Ähnliches gilt für die Oberflächenwerkstoffe (OBW), bei denen laufend neueste Themen aufgegriffen und weitere Anwendungen realisiert werden, so daß sich der Schwerpunkt der Aktivitäten kaum verschiebt. Noch in einer frühen Entwicklungsphase befinden sich die Diamantschichten (DIA), bei denen die ersten Explorationsschritte geleistet wurden. Hier ist ein rasches Vordringen im Hinblick auf wirtschaftliche Nutzung zu erwarten. Bei molekularen Oberflächen (MOO) hat sich die Forschung bereits entfaltet (außer im Bereich der molekularen Elektronik), so daß sich in den nächsten zehn Jahren für die industrielle Forschung und Entwicklung neue Möglichkeiten auftun sollten.

Bisher wurden im Bereich der Werkstoffe die wohlvertrauten Gebiete der Hochleistungswerkstoffe inklusive der Mikroelektronikwerkstoffe und der Oberflächentechnik dargestellt. Im Rest dieses Abschnitts folgen die *übrigen Werkstoffe* nach. Darunter fallen einige heute eher noch exotisch anmutende Entwicklungsgebiete. Einen Überblick über den inneren Zusammenhang der übrigen Werkstoffe von morgen gibt Abbildung 10.

Abbildung 10: Überblick über die thematische Nähe der Werkstofftechnologie im Bereich der übrigen Werkstoffe von morgen (getönte Themen werden in diesem Abschnitt diskutiert, ungetönte Themen sind thematisch verbunden, werden jedoch schwerpunktmäßig an anderer Stelle eingeordnet; die Abbildung ist ein Ausschnitt aus Abbildung 1, die Kurzbezeichnungen können aus Tabelle 3 und dem Anhang entnommen werden)

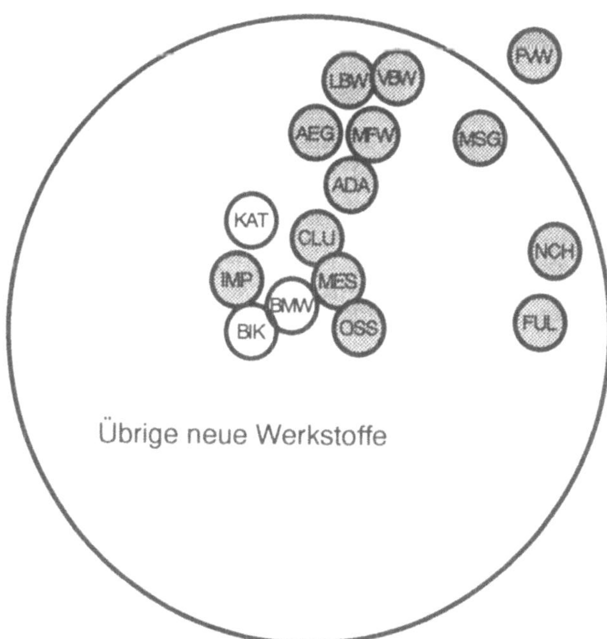

Nichtklassische Chemie

Die in unserer natürlichen Umgebung existierenden Bedingungen (Druck, Temperatur, Zusammensetzung der Atmosphäre etc.) sind nur ein kleiner Ausschnitt der möglichen Reaktionsbedingungen für chemische Vorgänge. Industrielle Verfahren arbeiten aus Energie-, Kosten- und Sicherheitsgründen nicht weit entfernt von natürlichen Reaktionsbedingungen. Es ist aber leicht einzusehen, daß unter Verwendung ungewöhnlicher Bedingungen bzw. Medien völlig neue Resultate erhalten werden können. Dies gilt für die Herstellung von Materialien ebenso wie für hochwertige Produkte wie z. B. Arzneimittel. Die wesentlichen Aspekte der ***Chemie unter nichtklassischen Bedingungen*** liegen in der Sonochemie (Einwirkung von Ultraschall auf chemische Reaktionen), der Mikrowellenchemie (dielektrisches Verlustheizen), der Plasmachemie und bei Reaktionen in überkritischen Medien und in mikrostrukturierter Umgebung.

Mesoskopische Systeme

Ein anderer wichtiger Themenbereich der "nichtklassischen" Chemie mit großer wissenschaftlicher und technologischer Bedeutung sind die ***mesoskopischen Systeme***. Um Dimensionen im Nanometerbereich erzeugen zu können (siehe auch bei der Nanotechnologie), müssen Strukturen und letztlich auch Teilchen in dieser Dimension zur Verfügung stehen. Dabei werden neben den bekannten chemischen Makroeffekten auch zunehmend Quanteneffekte auftreten. Im Zentrum des Interesses stehen u. a. die durch Polymerisation gebildeten Strukturen und insbesondere stäbchenförmige Polymermoleküle mit Seitenketten. Mesoskopische Systeme besitzen eine definierte Oberfläche und ein "Innenleben", wie es bei klassischen Polymeren nicht gegeben ist. Sind die zugrunde liegenden Prinzipien erst einmal erforscht, werden sich entscheidende Beiträge für die Lösung etwa der Sortenvielfalt polymerer Stoffe ergeben (Abfallverminderung, Recycling-Identifikation). Von gleichrangiger Bedeutung ist die gezielte Beeinflussung von Polymeren an Oberflächen anderer Materialien. Stichworte sind hier: Lacke, Hochleistungsklebstoffe, Schlichtmittel, Gleit- und Reibschutzmittel.

Organisierte supramolekulare Systeme

Mesoskopische Systeme sind von der Makrowelt aus definiert, indem die immer kleinere Struktur hervorgehoben wird. Geht man umgekehrt vom Molekül aus, läßt sich postulieren, daß es bei der Technologie des 21. Jahrhunderts nicht mehr genügen wird, allein bestimmte Eigenschaften des Einzelmoleküls festzulegen, sondern dessen Wechselwirkung mit der Umgebung einer gezielten Steuerung zugänglich zu machen. Dies führt zur Organisation von größeren Aggregaten aus Molekülen. Funktion und Gestalt *organisierter supramolekularer Systeme* werden von Erkennungsprozessen (Schlüssel-Schloß-Wechselwirkung) auf molekularer Ebene abhängen (Wirt-Gast-Substanzen). Zentrale Bedeutung für das Gebiet hat daher die Synthese hochspezifischer Wirte und die Aufklärung der zugrunde liegenden Wechselmechanismen in einer wohldefinierten Mikroumgebung. Die Fähigkeit zur Selbstorganisation und zum Aufbau supramolekularer Strukturen wird die Basis für viele ungewöhnliche Eigenschaften organisierter Systeme ergeben. Entscheidende Bedeutung im Sinne zielorientierter Grundlagenforschung wird dabei den Systemen zukommen, die sich durch spezifische Erkennungsprozesse an Oberflächen, an Grenzschichten bzw. in Lösung auszeichnen. Die Anwendungen reichen von der Medizintechnik über Umweltschutz, Analytik bis zur Energie- und Informationstechnik.

Cluster

Bei der Entwicklung von selbstorganisierten Molekülsystemen kann es nicht überraschen, daß die wissenschaftliche und technologische Bedeutung von *Clustern* sehr stark zugenommen hat. Molekulare Selbstorganisation, Mesoskalen und Clusterbildung hängen eng zusammen (siehe auch Abbildung 10). Cluster weisen neue Eigenschaften auf, die beim Übergang vom Molekül- zum Festkörperzustand auftreten und auf der Selbststrukturierungsfähigkeit, den Oberflächen-Volumen-Verhältnissen, auf freien Bindungen und Oberflächenzuständen basieren. Eine große Anwendungsbreite besitzen Ergebnisse aus der Clusterforschung z. B. in der Katalyse, der nichtlinearen Optik, der Mikrostrukturphysik und bei der Bauteilminiaturisierung. Ihr Einsatz wird neuartige Produkte z. B. in der Medizin und Pharmazie ermöglichen (Wirksubstanzträger), es sind aber auch selektivere und empfindlichere Sensoren, biokompatible Schichten, Speicher und zelluläre Automaten in der Informationstechnik vorstellbar.

Adaptronik

Adaptronik ist der integrierende Oberbegriff für Disziplinen, die unter Stichworten wie "intelligente Materialien und Strukturen" bekannt sind. Sie leistet einen Beitrag zur Optimierung von Produkten, indem sie diese kleiner, weniger komplex, leichter und leistungsfähiger macht. Insbesondere können intelligente Strukturen ihr Verhalten selbststeuernd in kurzer Zeit an wechselnde Betriebsbedingungen anpassen. Wesentliche Bausteine von intelligenten Strukturen sind sogenannte multifunktionale Elemente. Adaptronik will die Brücke zwischen Material und System schlagen und umfaßt die Suche nach multifunktionalen Elementen, deren anwendungsspezifische Optimierung sowie die Integration in ein System oder eine Struktur. Exemplarische visionäre Beispiele sind Fensterscheiben, deren

Lichtdurchlässigkeit sich automatisch regelt oder in sekundenschnelle per Knopfdruck einstellbar ist, oder Tragflügel, deren aerodynamisches Profil den jeweiligen Flugbedingungen angepaßt werden kann. Innerhalb des faszinierend klingenden Themenfeldes Adaptronik finden sich zahlreiche Wortschöpfungen, die von unterschiedlichen Arbeitsgruppen geschaffen wurden und mittlerweile zu einem regelrechten "Begriffsdschungel" führten. Eine sorgfältige Definition ist daher für jede Detailbetrachtung erforderlich.

Multifunktionale Werkstoffe

Unmittelbar mit der Adaptronik in Verbindung stehen die ***multifunktionalen Werkstoffe*** (intelligenten Werkstoffe). Sie heben die im konventionellen Bereich vorherrschende strikte Trennung zwischen Funktions- und Strukturwerkstoffen auf und sind in der Lage, ihre Eigenschaften während des Betriebs definiert und reversibel zu verändern, um sich an die jeweiligen Einsatzbedingungen optimal anzupassen. Die Ausgangsmaterialien zur Erzeugung multifunktionaler Werkstoffe bzw. adaptiver Strukturen und Systeme sind heute bereits vorhanden, jedoch ist der multifunktionale Charakter nicht sehr ausgeprägt, so daß das Werkstoffpotential nur begrenzt ausgenutzt wird. Unter die multifunktionalen Werkstoffe fallen verschiedene Materialklassen, u. a. optomechanische Werkstoffe und Gele. Flüssigkeiten, die auf elektromagnetische Felder mit einer schnellen und drastischen Änderung ihrer Viskosität reagieren und dadurch Kraftkopplungen herbeiführen, haben unausgeschöpfte Entwicklungspotentiale (schnellschaltende hydraulische Ventile oder automatische Kraftfahrzeuggetriebe). Gele, die auf Änderung der Lichtintensität mit Kontraktion bzw. Dilatation reagieren, bieten Anwendungsmöglichkeiten vornehmlich in der Robotik (künstlicher Muskel).

Leichtbauwerkstoffe

Überall dort, wo eine Energieeinsparung durch die Reduzierung von bewegten und beschleunigten Massen (Verkehr, insbesondere Luft- und Raumfahrt) erreicht werden kann, sind ***Leichtbauwerkstoffe*** besonders gefragt. Die klassischen Materialien sind Faserverbundwerkstoffe, Polymere und Leichtmetalle, während die neuesten (Labor-)Entwicklungen intermetallische Aluminide, Silicide sowie die extrem leichten Aluminium-Schaummetalle und Aerogele umfassen. Durch ständige Erhöhung der Temperaturbeständigkeit und Festigkeit versucht jede Materialklasse, die nächst höhere thermische Anwendungsebene zu erreichen, was zu einem harten und ökologisch sinnvollen Selektionswettbewerb führt. Die Anwendungen und damit die Auswirkungen auf die Gewichtseinsparung und die summierten Energieeinsparungen sind in der Luft- und Raumfahrt besonders gravierend, so daß hier auch teure Werkstofflösungen sinnvoll sind. Der Einsatz von Kunststoffen in Massenkraftfahrzeugen ist stark angestiegen. Der Trend ist vorgezeichnet und wird sich durch erhöhte Umweltauflagen und steigende Energiekosten noch verstärken. Dennoch scheitert der Serieneinsatz von Leichtbauteilen häufig noch an der mangelnden Wirtschaftlichkeit im Vergleich zu etablierten und daher zunächst preiswerteren Lösungen. Gesamtheitliche Betrachtungen, die insbesondere der Umweltbelastung stärker Rechnung tragen, werden das bestehende Ungleichgewicht zugunsten der Leichtbauwerkstoffe verschieben.

Verbundwerkstoffe

Als Teilmenge der Leichtbauwerkstoffe kann man die *Verbundwerkstoffe* ansehen, die dann eingesetzt werden, wenn konventionelle Materialien die gestellten Anforderungen nicht mehr oder gerade noch erfüllen. Vorzugsweise gilt dies für leichte Konstruktionen, die bei minimalem Wartungsaufwand über längere Zeiträume sowohl eine hohe mechanische, als auch eine ausreichend physikalisch-chemische Stabilität besitzen müssen. Diese Stabilität erreicht man durch Verstärkungselemente in Faser- oder teilweise auch Partikelform, wobei deren Eigenschaftsprofil sorgfältig auf die Trägermaterialien abgestimmt wird. An erster Stelle sind Verbundwerkstoffe mit Polymermatrix zu nennen; die wichtigsten Fasermaterialen sind Glas, Kohlenstoff, Aramid, Polyäthylen und neuerdings auch flüssigkristalline Polymere. Neben Verbundwerkstoffen mit Metallen besitzen solche mit Keramikträger im Vergleich zur reinen Keramik eine wesentlich höhere Zähigkeit. Große Chancen werden der Entwicklung langfaserverstärkter Keramik zugesprochen.

Entscheidend für die künftige Entwicklung von Verbundwerkstoffen ist die Bereitstellung kostengünstiger und seriengerechter *Fertigungstechniken.* Prädestinierte Einsatzgebiete sind die Luft- und Raumfahrt, das Verkehrswesen, der Maschinen- und Anlagenbau sowie die Sport- und Freizeitindustrie. Leichtbau wird immer mehr zu einer elementaren Forderung dieser Industriezweige, so daß der Anteil entsprechender Materialien zunimmt. Als weitere anwendungsorientierte Forschungsschwerpunkte werden die zerstörungsfreie Fehlerdiagnostizierung in Verbindung mit entsprechender Qualitätssicherung, gesicherte Aussagen zum Langzeitverhalten von Faserverbundbauteilen und Fragen des Recyclings gesehen. Völlig neue Dimensionen für das Gebiet der Verbundwerkstoffe sollte die Entwicklung von multifunktionalen Verbundsystemen eröffnen. Bei ihnen sind auch Sensoren und Aktoren eingebaut, die es gestatten, Werkstoffzustände zu erkennen und gegebenenfalls zu beeinflussen. Diese Perspektive schließt den Kreis zur Adaptronik.

Aerogele

Ein Gel besteht aus einem filigranen, mehr oder weniger festen Gerüst, in das eine Flüssigkeit eingelagert ist. Substituiert man die Flüssigkeit durch Luft, ohne das Gerüst zu zerstören, entsteht ein hochporöser, extrem leichter Festkörper, der als *Aerogel* bezeichnet wird. Außergewöhnliche Eigenschaftskombinationen machen den Werkstoff für viele optische, thermische und akustische Anwendungen hochinteressant. Unter den mittelfristig realisierbaren Anwendungen der Aerogele sind die Wärmeisolation, bei welcher der extrem niedrige Wärmeleitungskoeffizient ausgenutzt wird (transparente Aerogele als Zwischenschicht in Doppelglasfenstern oder Isolation in Kühlschränken als Ersatz für FCKW-geblähte Schäume), die Akustik (geringe, dichteabhängige und einstellbare Schallgeschwindigkeiten) und die Optik (einstellbare Brechungsindizes) zu nennen.

Fullerene

Nicht nur der Fußball zieht die Massen an, sondern auch das "Fußballmolekül", dessen Struktur aus 60 Kohlenstoffatomen gebildet wird. Dieses Forschungsgebiet der sogenannten *Fullerene* ist aus einer intensiven Zusammenarbeit von Physik und Chemie hervorgegangen. Es haben weltweit intensive Forschungsaktivitäten eingesetzt, um die dritte Form des reinen Kohlenstoffs aufzudecken (klassisch sind Graphit und Diamant). Das Fieber um die Fullerene hat gewisse Parallelen zu demjenigen um die Hochtemperatursupraleitung Mitte der 80er Jahre. Was ist davon zu halten? Mit der Entdeckung der Fullerene eröffnen sich vielfältige anorganische und organische Syntheseprodukte sowie interessante physikalische und chemische Eigenschaften. Die fußballförmige Struktur ist so symmetrisch, daß sich die aus der geschlossenen Gestalt resultierenden Spannungen gleichmäßig verteilen. Dies bedingt die große Festigkeit und Stabilität der Fullerene. Durch die Fullerene-Cluster könnte eine ganz neue Chemie entstehen. Das elektrische Verhalten läßt sich von isolierend über halbleitend bis metallisch und supraleitend variieren. Die Fullerene können unter hohem Druck in Diamanten umgeformt werden, die Abscheidung dünner einkristalliner Diamantschichten wird begünstigt. Aufgrund ihrer hohen Polarisierbarkeit sind die Fullerene auch interessant für Anwendungen in der nichtlinearen Optik. Allerdings steht das reichhaltige Potential der Anwendungen erst am Anfang. Entsprechend große Überraschungen in positiver wie in negativer Hinsicht dürften sich im Laufe der Zeit einstellen.

Materialsynthese in der Gebrauchsform

In der Tat ist die konventionelle, vorwiegend manuelle Herstellung von Modellen und Musterteilen sehr zeitaufwendig und somit maßgebliche Ursache für lange Produktentwicklungszeiten. Nicht zuletzt wird aus diesem Grunde in vielen Fällen auf die konstruktionsbegleitende Prototypenfertigung verzichtet. Die negative Folge sind Produktentwicklungen, welche zum Zeitpunkt des Markteintritts mangelhafte Leistungsprofile aufweisen. Mit Einführung der CAD/CAM-Technologie können Modelle und Musterteile direkt auf der Basis der Konstruktionsdaten gefertigt werden. Die unter verschiedenen Bezeichnungen bekannt gewordenen Verfahren haben als gemeinsames Kennzeichen, daß die Werkstückformgebung nicht durch Abtrag von Material, sondern durch Hinzufügen von Material oder durch Phasenübergang eines flüssigen oder pulverförmigen in ein festes Material erfolgt. In den unterschiedlichsten Industriebereichen (Automobilbau, Flugzeugbau, Haushaltsgerätetechnik, Spielwarenindustrie, Medizintechnik, Werkzeugmaschinenbau, Mode und Design, etc.) können auf dem Weg der *Materialsynthese in der Gebrauchsform* schon heute erhebliche Kosten- und Zeiteinsparungen erzielt werden. Zur breiten industriellen Einsetzbarkeit derartiger Verfahren sind jedoch noch erhebliche Weiterentwicklungen bei Form- und Maßhaltigkeit, Reproduzierbarkeit, Datenmodellierung, Software, Meßtechnik und bei der informationstechnischen Integration erforderlich. Die so revolutionierte Herstellung von Bauteilen kommt nicht nur für Modelle und Funktionsmuster, sondern auch für sehr flexible und schnelle Herstellung von Einzel- und Kleinserien in Frage.

Implantatmaterialien

Unter ***Implantatmaterialien*** werden alle Materialien verstanden, die sich für den Einsatz im menschlichen Körper eignen. Es können je nach Anwendungsfall Polymere, Keramiken, Metalle sowie Verbundwerkstoffe sein. Entscheidend für die Auswahl des Werkstoffes ist die jeweilige durch den Organismus vorgegebene Anforderung an Biokompatibilität sowie an Festigkeit, Lebensdauer, Korrosion, Bioaktivität, Resorptions- sowie athrombogenes Verhalten. Aus diesem Grund könnte dieses wichtige Anwendungsgebiet zwischen Werkstoffwissenschaften, Biologie und Medizin genau so gut im Zusammenhang mit der Biotechnologie diskutiert und schwerpunktmäßig nicht bei den Werkstoffen eingeordnet werden.

Für die Verwendung als Langzeitimplantate sind nichtresorbierbare Werkstoffe erforderlich. Im Falle temporärer metallischer Fixierelemente werden heute die Entnahmeoperationen nach ca. einem Jahr erforderlich und in großer Zahl durchgeführt. Um dies zu vermeiden, werden resorbierbare Werkstoffe, meist Polymere und Gläser oder Glaskeramiken entwickelt, deren Anfangsfestigkeit etwa derjenigen der Knochensubstanz entspricht, die aber im Laufe von ein bis zwei Jahren vom Körper resorbiert und in Form von ungefährlichen Abbauprodukten ausgeschieden werden. Neben dem Ersatz von Knochen und der Fixierung von Knochenfrakturen besteht auch im Bereich der künstlichen Gefäße, bei Kathedern insbesondere für lange Verweilzeiten sowie bei Dialysegeräten ein großer Bedarf an Implantatmaterialien. Für diese Anwendungen sind die Anforderungen vor allem im athrombogenen Verhalten der Materialien zu sehen, um eine Gerinnungsreaktion an der künstlichen Oberfläche zu vermeiden. Eine Lösung bietet die Beschichtung mit natürlichen Substanzen der Gefäßwandzellen oder Anlagerung von Zellen auf der Oberfläche. Ein weiterer wichtiger Bereich für Implantate ist die Entwicklung von künstlichen Organen. Auch bei künstlichen Organen besteht die unabdingbare Voraussetzung der Biokompatibiltät ähnlich wie bei den Werkstoffen. Daneben sind jedoch zusätzlich für jedes Organsystem spezifische Anforderungen zu erfüllen. So ist z. B. für die künstliche Bauchspeicheldrüse eine außerordentliche Korrosionsbeständigkeit erforderlich, da hier hochkorrosive Medien mit dem Implantatmaterial in Kontakt treten. Das künstliche Herz dagegen erfordert neben der Athrombogenität ein dem Bedarf des Körpers angepaßtes Pumpsystem. In künstlichen Organsystemen wird zukünftig zusätzlich auch die Möglichkeit einer Kopplung der Materialien mit Medikamenten vorgesehen, da auf diese Weise eine erheblich schonendere und genauer einstellbare Medikation ermöglicht wird.

Fertigungsverfahren für Hochleistungswerkstoffe

Schließlich sollen die *Fertigungsverfahren für Hochleistungswerkstoffe* am Beginn des 21. Jahrhunderts betrachtet werden. Diese neuen Fertigungsverfahren werden das zulässige Verunreinigungsniveau bei der Materialherstellung immer geringer halten und Mischungen und Dotierungen exakter einstellen können. Durch immer feinere, regelmäßigere und definiert orientierte Mikrostrukturen der Werkstoffe bis in den Nanometerbereich können die Materialeigenschaften ganz wesentlich verbessert und genauer bestimmt werden. Daraus resultieren immer höhere Anforderungen bezüglich der Prozeßbeherrschung und Qualitätssicherung. Sie müssen umweltgerecht und ressourcenschonend gestaltet werden und eine Rezyklierung der Materialien erlauben. Die Forderungen an die neue Fertigungstechnik gipfeln in einem detaillierten Verständnis der vollständigen Prozesse, mit denen die Modellierung und Simulation der Verfahren und die Vorhersage der Endeigenschaften anhand der Herstell- und Fertigungsparameter möglich werden. Die Fertigungsverfahren für neue Hochleistungswerkstoffe stehen im Mittelpunkt eines neuen Grundlagenforschungsbereiches, der Produktionswissenschaft, die im Überschneidungsbereich von Physik, Chemie, Materialwissenschaft, Elektronik, Maschinenbau und von Arbeits- und Sozialwissenschaften entsteht.

*

Die Entwicklung der Werkstoffe am Beginn des 21. Jahrhunderts kann nicht ohne Verweis auf die enorme Bedeutung von *Katalysatoren* vonstatten gehen. Wegen der zukünftig besonderen Bedeutung von Biokatalysatoren werden entsprechende Darstellungen in das biotechnologische Kapitel verlegt. Auch die *konstruktive Bionik* sollte im Zusammenhang mit

Abbildung 11: Voraussichtliche zeitliche Entwicklungsdynamik im Bereich der übrigen Werkstoffe von morgen. (Die Quadrate symbolisieren den Häufungswert beim Vorliegen unterschiedlicher Phasen innerhalb eines Themas, die Balken die tatsächliche Streubreite.)

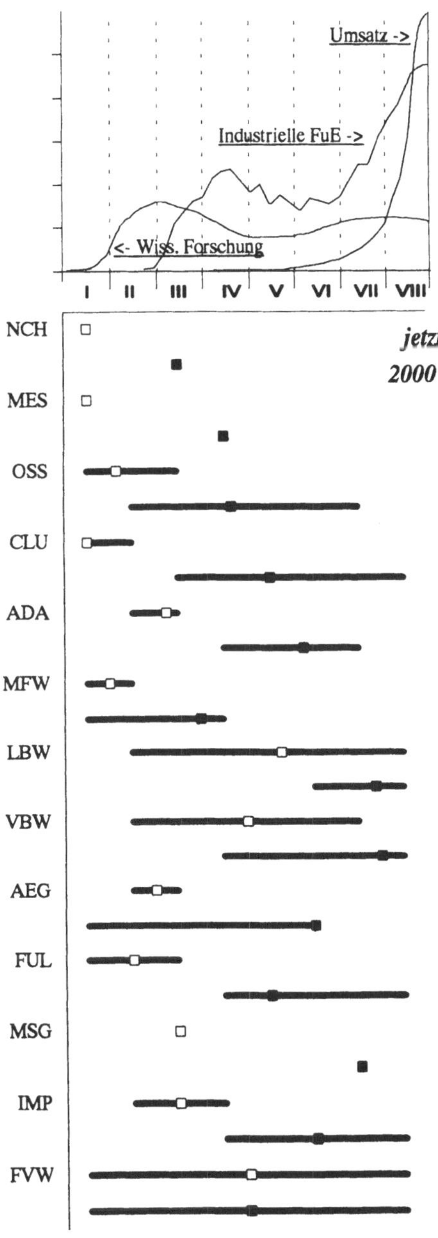

neuen Werkstoffen erwähnt werden, die biologische Strukturen als Vorbilder für Netzkonstruktionen, Brückenbauwerke etc. analysiert. Die Bionik wird ebenfalls mit Schwerpunkt im biotechnologischen Kapitel behandelt. Die ***Modellierung und Simulation*** von Reaktionen und Prozessen, welche die Strukturen und Eigenschaften von Werkstoffen am Computer zu studieren gestatten, können für die Werkstoffverfahrenstechnik überragende Bedeutung erlangen. Entsprechende Überlegungen werden im Software- & Simulationskapitel angestellt.

Betrachtet man die *zeitliche Dynamik der übrigen Werkstoffe* von morgen (Abbildung 11), so fällt im Vergleich zu den Hochleistungs-, Mikroelektronik- und Oberflächenwerkstoffen (Abbildung 9) ins Auge, daß die Erwartungen in rasche Marktdurchdringung in diesem zuletzt behandelten Bereich der neuen Werkstoffe zurückhaltender eingeschätzt werden. Insbesondere die nichtklassische Chemie (NCH), die mesoskopischen Werkstoffe (MES) und die Cluster (CLU) befinden sich derzeit noch in der ersten wissenschaftlichen Exploration, welche im Laufe des nächsten Jahrzehnts zu ersten Umsetzungen mit Schwierigkeiten bei der wirtschaftlichen Nutzung und gegebenenfalls auch Umorientierungen und zeitweiliger Stagnation führen können. Den Fullerenen (FUL), die zur Zeit ebenfalls noch in einem frühen, ausbaufähigen Forschungsstadium sind, wird in Teilbereichen ein ungeheuer rasches Vorwärtsdrängen bis zu wirtschaftlichen Anwendungen nach dem Jahr 2000 vorausgesagt. Ähnlich wie nichtklassische Chemie und Cluster werden auch die multifunktionalen Werkstoffe (MFW) eingeschätzt; die Adaptronik (ADA) insgesamt und die organisierten supramolekularen Systeme (OSS) können in zehn Jahren schon etwas weiter in die Anwendung hineinwachsen. Das gilt auch für die Aerogele (AEG), wenn die Anzeichen nicht trügen. Die CAD-bestimmte Materialsynthese in der Gebrauchsform (MSG) hat ihre Prototypen erstellt und kann am Beginn des 21. Jahrhunderts erste kommerzielle Anwendungen hervorbringen; Leichtbau- (LBW) und Verbundwerkstoffe (VBW) sind in großer Breite unterschiedlich weit entwickelt und reichen schon derzeit, aber sicher in zehn Jahren, in Teilaspekten in den Bereich der uneingeschränkten Marktdurchdringung hinein. Bei den Implantatmaterialien (IMP) ist das Erreichen endgültiger Anwendungsziele nicht gut voraussagbar, da bei der Entwicklung neuer Materialien ein Rückgriff auf Grundlagenforschung auch um das Jahr 2000 wahrscheinlich bleibt. Die Fertigungsverfahren für Hochleistungswerkstoffe (FVW) sind so vielfältig, daß sich ihre zeitliche Dynamik nicht einheitlich darstellen läßt. Sie reicht letztlich von ersten wissenschaftlichen Tastschritten bis zu fest etablierten Verfahren. Daran kann sich und wird sich in zehn Jahren nichts ändern, auch wenn dann andere Themen in die wissenschaftliche Erkundung und andere in die wirtschaftliche Nutzung gelangen als heute.

5.2 Nanotechnologie

Im Kapitel über Werkstoffe der Zukunft wurden bereits mehrfach die Mikroelektronikwerkstoffe und insbesondere die nanokristallinen Strukturen angesprochen. Das jetzt entstehende neue Technologiegebiet, welches die Herstellung, Untersuchung und Anwendung von zwei- und dreidimensionalen Strukturen, Schichten, molekularen Einheiten, inneren Grenzflächen und Oberflächen im Nanometermaßstab behandelt, wird *Nanotechnologie* genannt.

Nanotechnologie

Die Nanotechnologie besitzt für die Technikentwicklung der 90er Jahre und der ersten Jahrzehnte des 21. Jahrhunderts eine Schlüsselfunktion. Sie ermöglicht die ***Ingenieurwissenschaft auf atomarer und molekularer Ebene***. Damit die neue Basistechnologie zukünftige Innovationsprozesse und neue Technikgenerationen in voller Breite befruchten kann, ist das interdisziplinäre Zusammenwirken mit der Elektronik, der Informationstechnik, der Werkstoffwissenschaft, der Optik, der Biochemie, der Biotechnologie, der Medizin und der Mikromechanik eine wichtige Voraussetzung. Die Anwendungen der Nanotechnik - soweit heute absehbar - reichen in den Bereich der maßgeschneiderten Werkstoffe und der biologisch-technischen Systeme hinein, vor allem werden sie jedoch im Bereich der Elektronik gesehen (atomare Speicher, d. h. Systeme mit höherer Speicherdichte, zelluläre Automaten mit schneller Signalverarbeitung, Quantenbauelemente, perfekt selektierende Sensoren, Vakuum-Elektronikbauteile). Das Gebiet der Nanotechnologie hat somit sowohl eine Affinität zum Werkstoffsektor wie auch zur Mikroelektronik von morgen (siehe auch Abbildung 12). Die Nanotechnologie ist noch in einer frühen Entwicklungsphase, mit allen daraus resultierenden Unsicherheiten für die zuverlässige Beurteilung aller Perspektiven. Das Clusterbild (Abbildung 12) verdeutlicht ebenfalls die noch im Fluß befindlichen Abgrenzungen. Die zur Nanotechnologie zu zählenden Themen sind ihren Kontexten verhaftet und stellen noch kein homogenes Forschungsgebiet dar.

Nanoelektronik

Die Halbleiterelektronik wird bis zum Jahr 2000 zu einem Entwicklungsstand kommen, der durch laterale Abmessungen von ca. 100 Nanometer (nm) für planare aktive Bauelemente charakterisiert ist. Die bekannten Bauelemente werden mit entsprechender Steigerung der Leistungsfähigkeit weiterhin nutzbar sein, wobei jedoch in diesem Bereich Quanteneffekte nicht mehr vernachlässigt werden können. Für noch kleinere Abmessungen unterhalb von 30 Nanometer müssen die heute verwendeten Bauelementetechniken durch völlig neue ersetzt werden. Diese neuen Bauelemente nutzen ballistische und Quanteneffekte aus. Somit entsteht ein neues Gebiet der Elektronik, die *Nanoelektronik.* Die Nanoelektronik stellt hohe

Anforderungen an die Technologie der Strukturerzeugung, auch die Materialauswahl spielt eine entscheidende Rolle. Aus heutiger Sicht sind III-V-Verbindungshalbleiter (z. B. GaAs/AlAs) wegen ihrer kristallographischen Eigenschaften und Si-Ge-Heterosysteme sowie das System Si-Metallsilicid wegen der guten Beherrschung der Siliziumtechnologie hervorzuheben. Aufgrund der neuartigen Bauelementeprinzipien und Schaltungstechniken werden neue Mo-delle und Simulationsverfahren notwendig. Eine adäquate Aufbau- und Verbindungstechnik wird entscheidend über die erfolgreiche Nutzung der Vorteile der nanotechnischen Bauelemente mitbestimmen. Die Grenzen zwischen optischer und elektrischer Signalverarbeitung werden zunehmend aufgehoben.

Abbildung 12: Überblick über die thematische Nähe der Nanotechnologie, der Mikroelektronik und ihrer Werkstoffe von morgen (getönte Themen werden in diesem Abschnitt diskutiert, ungetönte Themen sind thematisch verbunden, werden jedoch schwerpunktmäßig an anderer Stelle eingeordnet; die Abbildung ist ein Ausschnitt aus Abbildung 1, die Kurzbezeichnungen können aus Tabelle 3 und dem Anhang entnommen werden)

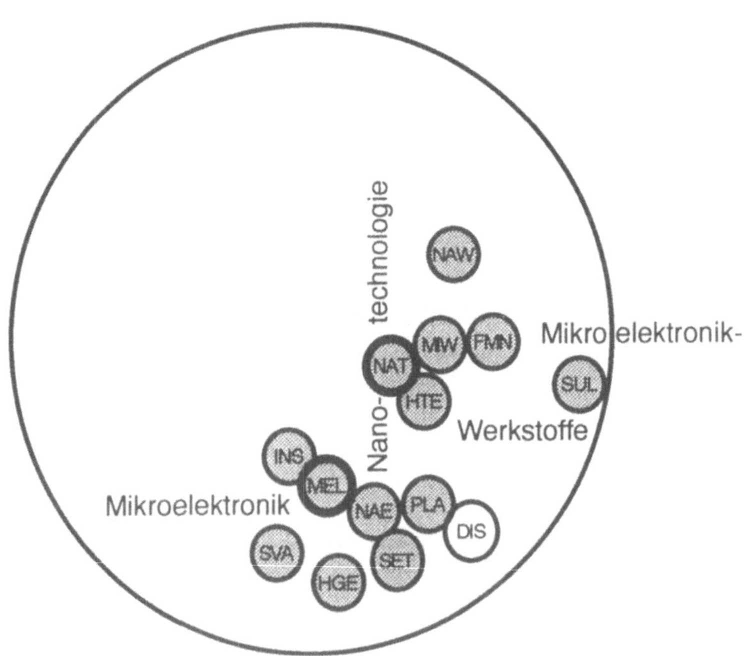

Single-Electron-Tunneling

Einer der neuen Quanteneffekte mit Bedeutung für die Nanotechnologie ist das "*Single-Electron-Tunneling" (SET)*, das sich aus dem kontrollierten Transfer einzelner Elektronen ergibt und in einer meßbaren Spannung beobachtet werden kann. Die Phänomene treten in Halbleitern, Normalleitern und Supraleitern auf; Durchgänge für einzelne Elektronen lassen sich experimentell bestimmen. Die praktische Basis für den meßtechnischen Zugang ist beim gegenwärtigen Entwicklungsstand die Tieftemperaturphysik und für die Herstellung der erforderlichen Nanometerstrukturen die Elektronenstrahllithographie und die Tunnelmikroskopie. Mögliche Anwendungsgebiete liegen in der Präzisionsmeßtechnik, der Elektronik und ebenfalls in der Biologie. Das technologische Potential zum Aufbau von logischen Schaltungen auf SET-Basis ist in Experimenten gezeigt worden. Der Einsatz bei Raumtemperatur ist theoretisch und aufgrund praktischer Ergebnisse realisierbar.

Nanowerkstoffe

Im Rahmen der Bemühungen, neue Werkstoffe durch gezielte Beeinflussung ihrer inneren Struktur auf ein vorgegebenes Anwendungsprofil hin maßzuschneidern, spielt die kontinuierliche Verkleinerung der Kristalle eine herausgehobene Rolle. Auf diese Weise entsteht mit den ***nanokristallinen Werkstoffen*** eine völlig neue Materialklasse mit gänzlich neuartigen Eigenschaften. Durch die geringe Teilchengröße entsteht ein hoher Grenzflächenanteil. Nanowerkstoffe haben eine erhöhte Wärmekapazität, eine erhöhte Löslichkeit für Fremdatome, eine erhöhte Festigkeit und andere vorteilhafte Eigenschaften. Unter den Herstellungsmethoden für diese Werkstoffklasse kommen verschiedene Alternativen in Frage. Alle Verfahren können bisher jedoch nur geringe Mengen der gewünschten nanoskaligen Materialien liefern. Herstellungs- und Bearbeitungsmöglichkeiten sind bisher weder wissenschaftlich systematisch durchdrungen noch wirtschaftlich reproduzierbar. Innovative nanokristalline Produkte sind im Bereich der Sensorik, der Aktorik, bei halbleitenden Keramiken, bei tribologisch beanspruchten Bauteilen, bei Werkzeugen und allgemein bei mechanisch hoch beanspruchten Werkstücken zu sehen.

Fertigungsverfahren für die Mikro- und Nanotechnik

Der Trend zur Miniaturisierung in der Technik ist bei der Mikroelektronik am deutlichsten und bekanntesten. Seit etwa 20 Jahren werden alle drei bis vier Jahre die Strukturen der Schaltkreise so verkleinert, daß sich die Leistungsfähigkeit der Bauelemente bei gleichen Preisen vervierfacht. Voraussetzung für die marktgerechte Herstellung mikrotechnischer Produkte ist die ständige Weiterentwicklung von neuen ***Fertigungsverfahren*** und Maschinen ***der Mikrotechnik und*** - bei immer kleineren Dimensionen - ***der Nanotechnik.*** Die Mikrotechnik erfordert eine ganz enge gegenseitige Abstimmung zwischen der Material-, Verfahrens- und Maschinenentwicklung. Im Bereich der Mikroelektronik werden die Mikrostrukturtechniken bis zum Jahre 2000 soweit entwickelt sein, daß in der Produktion minimale laterale Strukturgrößen oberhalb von 100 Nanometer beherrscht werden. Mit der Beherrschung dieser und noch feinerer Strukturgrößen wird bereits ein Einstieg in die Nanoelektronik erreicht sein, in der auf neuen Wirkprinzipien basierende Quantenbauelemente kommerziell realisiert werden. Das Gebiet der Mikrosystemtechnik (siehe Abschnitt 5.5) wird bezüglich der Fertigungsverfahren und der verwendeten Materialien wesentlich über die von der Mikroelektronik bekannte Palette hinausgehen. Entsprechende Bedeutung kommt den zugehörigen Fertigungsverfahren im Bereich der Mikro- und Nanotechnik zu.

*

Betrachtet man die *zeitlichen Entwicklungsphasen in der Nanotechnik* (siehe Abbildung 13), so wird im Überblick deutlich, daß die Nanotechnologie wichtige Entwicklungsschritte noch vor sich hat. Zwar reicht die Nanotechnologie (NAT als Oberbegriff) bereits jetzt über viele Phasen hinweg, anwendungsnähere Stufen sind jedoch nur in Teilaspekten erreicht. Als Querschnittstechnologie variieren der zeitliche Entwicklungsstand und die Dynamik für die verschiedenen Teilbereiche erheblich. Im Mittel befindet sich die Nanotechnologie gegenwärtig im Stadium einer breit angelegten wissenschaftlichen Grundlagenforschung. Bis zum Jahr 2000 wird es in den meisten Teilbereichen voraussichtlich zu einer stark industriell bestimmten Forschung mit bereits vereinzelten kommerziellen Anwendungen kommen. Zur Zeit gut entwickelt sind bereits die Ultrapräzisionstechnik (Phase VI) und die Nanometrologie (Phase V), während die Cluster und die molekulare Architektur noch im Stadium der Exploration sind. Bei der Nanoelektronik (NAE) wird eine industrielle Nutzung der Quantenbauelemente zuerst für spezielle, niedrig integrierte Bauelemente für die Höchstfrequenztechnik und Optoelektronik erfolgen, wo die spezifischen Effekte besonders gut nutzbar sind. Die Ausnutzung der theoretisch möglichen Integrationsdichte beginnt nicht vor dem zweiten Jahrzehnt des 21. Jahrhunderts. Die SET-Methodik ist noch nicht weit erforscht. Es ist davon auszugehen, daß die auf diesem Effekt beruhende zielorientierte Forschung in Richtung elektronischer Bauelemente Synergieeffekte hervorbringen kann, die auch für andere Bereiche wesentlich sind (Verbindungshalbleiter, Molekularelektronik). Die Nanowerkstoffe (NAW) sind ebenfalls noch im Bereich der gut entwickelten, aber noch ausbaufähigen Forschung. Erste technische Realisierungen und Prototypen, aber auch erste kommerzielle Anwendungen werden für das Jahr 2000 möglich sein. Die Fertigungsverfahren für Mikro- und Nanotechnik (FMN) decken dagegen wegen ihrer Heterogenität ein breites Spektrum der Entwicklung ab. Generell kann gesagt werden, daß Fertigungsverfahren für die Mikroelektronik besser entwickelt sind als für die Mikrosystemtechnik, und diese wiederum besser als solche für die Nanotechnik.

Abbildung 13: Voraussichtliche zeitliche Entwicklungsdynamik im Bereich der Nanotechnologie und Mikroelektronik von morgen. (Die Quadrate symbolisieren den Häufungswert beim Vorliegen unterschiedlicher Phasen innerhalb eines Themas, die Balken die tatsächliche Streubreite.)

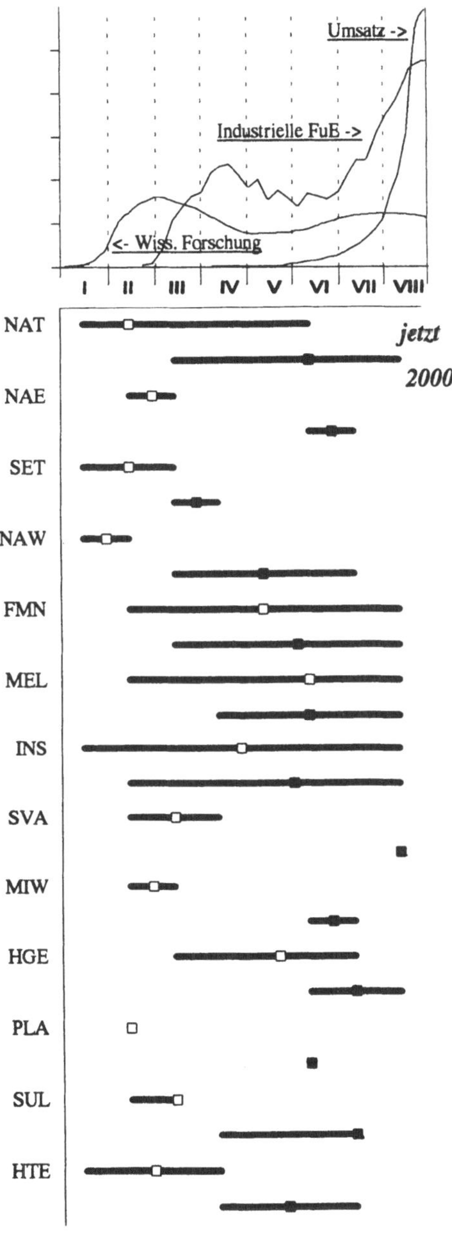

5.3 Mikroelektronik

Die ungebrochene Dynamik der Entwicklung der ***Mikroelektronik***, charakterisiert durch mehr oder weniger deutliche Sprünge im Bereich der Fertigungsverfahren und Ausrüstungen (siehe oben) sowie der Anwendungen, läßt für den Beginn des 21. Jahrhunderts das Erreichen der technologischen Grenzen der klassischen Mikroelektronik erwarten, die bei Strukturgrößen von etwas unterhalb 100 Nanometer prognostiziert werden. Die nächsten Ziele in den 90er Jahren sind Strukturbreiten bis 500 (JESSI) bzw. 350 Nanometern. Ist die Mikroelektronik überhaupt eine Technologie für das 21. Jahrhundert? Hat sie sich nicht in der zweiten Hälfte des 20. Jahrhunderts bereits völlig entwickelt?

Mikroelektronik

Auf diese Fragen gibt es eine klare Antwort, obwohl kein Zweifel an dem historischen Vorsprung der Mikroelektronik vor der neuen Bio- und Nanotechnologie besteht: Beherrscht eine Volkswirtschaft die modernsten mikroelektronischen Verfahren nicht, wird sie sich auch die folgenden Entwicklungssprünge nicht aneignen können. Silizium dominiert weiterhin den Hauptbereich der Mikroelektronikanwendungen. Neben weiterer Verringerung der Strukturbreiten bilden geringere Verlustleistung bei gleicher Funktionalität, 3D-Integration, höhere Verlustleistung auf dem Chip, geringere Signalpegel und Betriebsspannungen, aber auch die Benutzbarkeit bei höheren Spannungen ein breites Spektrum von Entwicklungsanforderungen. Die sogenannten Verbindungshalbleiter werden systematisch erschlossen; sie füllen Nischen, haben höhere Arbeitsgeschwindigkeit und stellen die Verbindung zur Optoelektronik her. Große Bedeutung haben die Verbindungshalbleiter auch für den Übergang zur Nanoelektronik. Ansonsten führen die Fortschritte der Mikroelektronik-Technologie immer wieder dazu, daß Silizium-Bauelemente in Anwendungsbereiche vordringen, die bis dahin noch von Verbindungshalbleitern belegt sind. Die Silizium-Mikroelektronik beeinflußt stark die anderen Mikrotechniken (Mikromechanik, Mikrosensorik, Mikrosystemtechnik, multifunktionale Systeme). Die zu lösenden physikalisch-elektronischen Probleme bei der Miniaturisierung der Bauelemente liegen vor allem in der Wärmeabführung auf dem Chip sowie zunehmend bei den Auswirkungen von Quanteneffekten.

Informationsspeicherung

Zentral für die Mikroelektronik von morgen wie auch für andere Gebiete ist die *Informationsspeicherung*. Das Gebiet umfaßt die digitale Informationsspeicherung unter Nutzung weiterentwickelter oder neuer Wirkprinzipien. Nicht betrachtet werden hier die Verfahren der analogen Informationsspeicherung z. B. über photographische oder akustische Aufzeichnung. Die technologische Vorrangstellung digitaler Speicher ergibt sich aus der Ähnlichkeit zu binären Ja-Nein-Funktionsprinzipien der Informationsverarbeitungssysteme. Das Grundprinzip der binären Codierung von Informationen behält seine zentrale Bedeutung auch am Beginn des 21. Jahrhunderts, auch wenn es in den 90er Jahren zu einer Verbreitung mehrwertiger Logiken kommt. Infolgedessen erstreckt sich das sehr interdisziplinäre Technologiefeld der digitalen Speicher auch im 21. Jahrhundert auf alle Wirkprinzipien, die eine schnelle und zuverlässige Speicherung auf kleinstem Raum, mit geringstem Energieaufwand und extrem schnellem Zugriff ermöglichen. Neben den magnetomotorischen, optischen und magnetoptischen Massenspeichern gehören die verschiedenen Varianten der Halbleiterspeicher, integrierte optoelektronische Speicher, holographische Speicher und evtl. bereits neuartige bioelektronische Speicher zur Informationsspeicherung. Stimulierende Anwendungsgebiete sind das hochauflösende Fernsehen, Hochleistungscomputer und wissensbasierte Systeme sowie die digitale Mobilkommunikation. Die derzeit noch dominierenden und sich stark entwickelnden magnetomotorischen Massenspeicher (Disketten etc.) werden aus anwendungstechnischen Gründen nach dem Jahr 2000 relativ schnell durch Halbleiter oder optische Varianten abgelöst.

Signalverarbeitung

Die Grundlage der Informationsverarbeitung und damit auch -speicherung ist die ***Signalverarbeitung***. Signale sind Träger von Informationen, deren Syntax und Semantik durch das Anwendungssystem festgelegt werden. Signalverarbeitung schließt als Thema auch anwendungsbezogene Verfahren wie adaptive, neuronale und unscharfe Verarbeitung im weiteren Sinne ein. Funktionalität und Umfang von Anwendungssystemen bestimmen die technischen Anforderungen an die Signalverarbeitung. Sie umfaßt im engeren Sinne die vier Grundfunktionen Übertragung, Speicherung, Verarbeitung und Wandlung bzw. Erzeugung. Bis zum Jahre 2000 werden elektrische Signale die technologischen Lösungen der Signalverarbeitung bestimmen, wobei die Integration von elektrischer und optischer Signalverarbeitung auf einem Chip angestrebt ist. Die Kopplung, Übertragung und Parallelverarbeitung optischer und elektrischer Signale im höheren Frequenz- und Informationsdichtebereich steht ebenso an wie optimierte Prozessor- und Speicherarchitekturen und die Erforschung neurophysiologischer Prinzipien der Signalverarbeitung (neuronale Netze). Der Bereich chemisch-biologischer Signalträger wird zunehmend wichtiger. Nach dem Jahr 2000 werden dann Neuroinformatik, optische Signalverarbeitung mit photonischen Komponenten, multimediale Signalverarbeitung und die natürliche Signalverarbeitung in Biosystemen in Angriff genommen werden. Sensor- und Signalverarbeitungstechniken wachsen zusammen.

Mikroelektronikwerkstoffe

Die Mikroelektronik von morgen kann nicht ohne neue und verbesserte Werkstoffe auskommen. Entsprechende Entwicklungslinien sind bereits im Kapitel über neue Werkstoffe (Abschnitt 5.1.2) angesprochen worden. Ausführungen zu den Nanowerkstoffen finden sich bei der Nanotechnologie (Abschnitt 5.2). An dieser Stelle sollen die ***Mikroelektronikwerkstoffe*** noch einmal im Zusammenhang dargestellt werden. Die elektronischen Werkstoffe lassen sich in zwei Gruppen einteilen. Die erste umfaßt alle Stoffe, die unmittelbar das elektronische Bauteil ausmachen. Die zweite Gruppe beinhaltet die Hilfsstoffe, die zur Fertigung der Bauteile und zur Steuerung des Produktionsprozesses benötigt werden. Alle Materialien müssen sich durch hohe Reinheit auszeichnen. Die verwendeten Lacke müssen geringe Strukturbreiten erlauben sowie auf verschiedene Lithographieverfahren reagieren können. Ein Ziel bleibt die Rückgewinnung der Hilfsstoffe im Prozeß. Die wichtigsten elektronischen Materialien sind Halbleiter. Neben dem weiterhin dominierenden Halbleiterwerkstoff Silizium wird in optoelektronischen Anwendungen Galliumarsenid seine führende Stellung behalten. Die zukünftige Kombination verschiedener Halbleiter auf einem Substrat wird erhöhte Ansprüche an die Materialien und Hilfsstoffe stellen. Für die Integration intelligenter Sensoren (und mehrerer verschiedener Sensoren auf einem Chip) ist eine Verbindung verschiedener Materialien unerläßlich. Die Entwicklung organischer Halbleiter und deren Anpassung an vorhandene Technologie dürfte ebenso einen breiten Raum einnehmen. Teilweise werden auch nichtleitende Medien als Substrate Verwendung finden (Gläser, Keramiken, Plastwerkstoffe, etc.). Beim Übergang von der Leiterplatte zu Multichips wird die Beherrschung neuer Herstellungsverfahren erforderlich sein. Dies führt auf der Materialseite zur Forderung nach thermisch gut leitenden Klebern und verbesserter Wärmeabfuhr sowie dem Schutz vor Umwelteinflüssen (z. B. elektromagnetischer Strahlung). Die Umweltvorschriften der Zukunft werden insgesamt die Entwicklung und die Anwendung rezyklierungsfähiger Werkstoffe in der Elektronik vorantreiben.

*

Die Halbleiterelektronik wird bis zum Jahr 2000 weiter bis zu kleinsten Abmessungen im Nanometermaßstab vordringen und mit der ***Nanoelektronik*** verschmelzen. Das Thema Nanoelektronik könnte an dieser Stelle abgehandelt werden, findet sich aber im vorstehenden Abschnitt 5.2 bei der Nanotechnologie.

Hochgeschwindigkeitselektronik

In der modernen Kommunikationstechnik wird zunehmend der Frequenzbereich der Mikro- und Millimeterwellen erschlossen. Dies erfordert Hochgeschwindigkeits- und Höchstfrequenzelektronik. Eine Lösung der Probleme ist durch die Verwendung integrierter optoelektronischer Schaltungen (siehe im Abschnitt 5.4 zur Photonik) möglich. Diese werden hier nicht betrachtet. Die andere Variante ist der Einsatz von Verbindungshalbleitern. Auch die ausgereiften Siliziumtechniken können Lösungen beitragen; ihre materialspezifischen physikalischen Vorteile konnten Schaltungen mit Verbindungshalbleitern bisher nicht überzeugend belegen. Es ist zu erwarten, daß sich durch die Exploration der Nanoelektronik für Hochgeschwindigkeitsanwendungen die Frequenzgrenzen auch bei integrierten Schaltungen im Mikrowellenbereich noch weiter ausdehnen lassen. Prinzipielle Fortschritte auch in der Aufbau- und Verbindungstechnik, der Kapselung, in der Höchstfrequenzmeß- und Prüftechnik und in der Prozeßtechnologie sind erforderlich. Zukünftige Haupteinsatzgebiete sind das Satellitenfernsehen, die mobile Telekommunikation, Navigationssysteme für Flugzeuge, Schiffe, aber auch Kraftfahrzeuge, sowie Verkehrsleiteinrichtungen aller Art und Systeme für Abstandswarnradar.

Plasmatechnik

Für die Einordnung der ***Plasmatechnik*** in die Technologie am Beginn des 21. Jahrhunderts gibt es prinzipiell mehrere Möglichkeiten. Die Verflechtungsanalyse (siehe Auszug in Abbildung 12) plaziert die Plasmatechnik zwischen Mikroelektronik und Anwendungen. Die Plasmatechnik ist eine Schlüsseltechnologie und umfaßt die Erzeugung von Plasmen und verbesserte Modellierungs- und Diagnostikverfahren unter Einsatz neuester Computertechniken. Die Plasmatechnologie hat somit eine hohe, fachübergreifende Bedeutung und spielt in nahezu allen Hochtechnolo-giemärkten eine wichtige Rolle (Lasertechnik, Materialbearbeitung, Ablauf chemischer Reaktionen - Plasmachemie, Oberflächen- und Dünnschichttechnik, Mikroelektronik, moderne Informationsspeicherung). Die Einordnung unter den Oberbegriff der Mikroelektronik ist deshalb vorgenommen worden, weil viele Perspektiven der Plasmatechnologie, die sich in den nächsten zehn Jahren eröffnen, Weiterentwicklungen der Mikroelektronik und Sensorik darstellen (u. a. Plasmaschalter, Lichtquellen in der Informationstechnologie, Röntgenmikroskopie, etc.). Die Anwendungen betreffen jedoch auch Bio- und Medizintechnik.

Supraleitung

Die einzigartigen Eigenschaften von Supraleitern wie der verlustfreie Stromtransport, das Verdrängen eines äußeren Magnetfelds, sowie das Auftreten makroskopischer Quanteneffekte lassen sich in nahezu allen Bereichen der Elektrotechnik auf vielfältige Weise nutzen. Dies mag auch rechtfertigen, das Thema hier unter dem Oberbegriff der Mikroelektronik von morgen darzustellen. Einer breiten Anwendung stand früher immer die Tatsache entgegen, daß ihr Einsatz eine aufwendige und kostspielige Kühlung mit flüssigem Helium erfordert. Konventionelle Supraleiter werden daher heute erst in einer begrenzten Anzahl technischer Anwendungen eingesetzt. So bilden beispielsweise supraleitende Magnetspulen eine wesentliche Komponente in Kernspintomographen für die medizinische Diagnostik. Auch Beschleuniger und Speicherringe für die Grundlagenforschung sind ohne den Einsatz von Supraleitern undenkbar.

Die Entdeckung der Hochtemperatursupraleitung im Jahre 1987 hat diese Situation schlagartig verändert: Diese Materialklasse besitzt eine deutlich höhere Sprungtemperatur, so daß sich die wesentlich einfachere und preiswertere Stickstoffkühlung einsetzen läßt. Diese Aussichten haben zu einem bislang einzigartigen internationalen Wettlauf um Forschungsergebnisse, technische Realisierungen und wirtschaftliche Anwendungen geführt. Letztere umfassen auf der Hochenergieseite Anwendungen in der Energietechnik (Transformatoren, Kabel, Strombegrenzer und Energiespeicher), in der Abfallwirtschaft (Magnetscheider) und der Verkehrstechnik (z. B. Magnetschwebebahn). Insbesondere ergeben sich aber auch wichtige Impulse für die Mikroelektronik. Hochtemperatursupraleiter (HTSL) ermöglichen Anwendungen in der Mikrowellentechnik für die Stellitentechnik und Telekommunikation. Kennzeichen ist dabei eine starke Miniaturisierung und gleichzeitige Leistungssteigerung gegenüber konventionellen Komponenten. Entwickelt werden auch Kombinationen von aktiven Halbleiterbauelementen mit passiven HTSL-Schaltungen und aktive HTSL-Bauelemente wie Detektoren, Mischer und Oszillatoren. Bedeutsame Bauelemente sind auch die sogenannten SQUIDs. Diese sind konkurrenzlos hinsichtlich ihrer Empfindlichkeit zur Detektion kleinster magnetischer Felder und damit auch kleinster elektrischer Ströme und Spannungen. Einsatzbereiche sind insbesondere die Medizintechnik (Magnetoenzephalographie und -kardiographie) und die zerstörungsfreie Werkstoffprüfung. Mit Josephson-Elementen auf der Basis von HTSL lassen sich darüberhinaus auch alle logischen Grundschaltungen realisieren: So können vollständige Funktionsblöcke eines Rechners hergestellt und zu einem Baustein integriert werden. Erste Ansätze liegen bereits heute vor und deuten auf eine schnelle und erfolgreiche Entwicklung hin. Logik-Bausteine auf HTSL-Basis lassen dabei eine deutliche Erhöhung der Taktfrequenz und damit der Rechengeschwindigkeit gegenüber konventionellen Elementen erwarten. Nicht zu vernachlässigen sind letztlich auch die mit der Forschung in dem Bereich der HTSL verbundenen Fortschritte in der Kühltechnik: Einfache, zuverlässige und preiswerte Kühlkonzepte können auch zu einer Verbreitung und schnellen Einführung gekühlter Halbleiterbauelemente führen.

*

Die meisten mikroelektronischen Vorgänge entziehen sich den menschlichen Sinnen, anders als Licht oder Temperatur. Der *Display* und insbesondere der *flache Bildschirm* wird daher als Medium zur Wahrnehmung von mikroelektronischen Operationen unersetzlich bleiben. Die Transformation elektronischer Informationen in Lichtsignale wird unter der Überschrift der Photonik (Abschnitt 5.4) dargestellt. Ebenfalls sind die für die Mikroelektronik entscheidenden neuen ***Fertigungsverfahren*** aus diesem Kapitel schwerpunktmäßig ausgelagert und bei der Nanotechnik (Abschnitt 5.2) behandelt worden. Die viel diskutierten ***Anwendungen der Mikroelektronik von morgen*** haben in der Regel immer eine optische Komponente (Breitbandkommunikation, hochauflösendes Fernsehen, Telekommunikation, Hochleistungs- und optische Rechner). Sie werden daher zusammen unter den Anwendungen der Photonik (Abschnitt 5.4) dargestellt. Es verbleibt die Aufgabe, im Abschnitt über die Mikroelektronik elektronische Hochleistungsbereiche darzustellen.

Hochtemperaturelektronik

Die konventionelle Silizium-Mikroelektronik läßt Einsatztemperaturen bis etwa 200 °C zu. Selbst mit geeigneten Verbindungshalbleitern sind Anwendungstemperaturen oberhalb von 360 °C nicht zu gewährleisten. Will die Mikroelektronik sich weitere Anwendungen erschließen und damit die bereits erfolgreich gelungene Durchdringung fast aller Bereiche der Volkswirtschaft noch weiter fortsetzen, so werden erheblich höhere Umgebungstemperaturen unumgänglich (Fahrzeug- und Flugzeugbau, chemische Prozeßtechnik, Kraftwerksanlagen, Meßtechnik im Umweltschutz usw.). Aus festkörperphysikalischen Gründen kann diesen Anforderungen nur mit einer wesentlichen Erweiterung der bisherigen Werkstoffbasis entsprochen werden. Bauelemente für die ***Hochtemperaturelektronik*** basieren deshalb zwangsläufig auf neuen Halbleiterwerkstoffen wie Siliziumkarbid, Diamant bzw. kubischem Bornitrid. Der gegenwärtige Entwicklungsstand bei Werkstoffen und Bauelementen ist sehr unterschiedlich. Demonstriert wurde z. B. die Realisierbarkeit von Transistoren und Dioden auf Diamantbasis. Aus heutiger Sicht ist Siliziumkarbid jedoch als das vielversprechendste Material anzusehen, zumal es zwei zusätzliche Vorzüge aufweist. Siliziumkarbid ist in besonderem Maße für Hochtemperatur-Leistungsschalter geeignet, d. h. für intelligente Aktoren. Zum anderen kristallisiert es in sehr vielen verschiedenen Strukturen mit stark unterschiedlichen physikalischen Eigenschaften, so daß perfekte Gitteranpassungen möglich erscheinen. Insgesamt sind noch erhebliche wissenschaftlich-technische Fortschritte erforderlich, um zuverlässige Bauelemente und einfache integrierte Standardschaltungen kosteneffektiv realisieren zu können. Die in diesem Jahrzehnt zu lösenden Hauptprobleme betreffen den Entwurf, die Modellierung und Simulation von Bauelementen und Schaltungen sowie die Entwicklung geeigneter Herstellungsverfahren. Bauelemente für den direkten Einsatz bei hohen Umgebungstemperaturen werden in nennenswertem Umfang erst im nächsten Jahrzehnt zur Anwendung kommen.

*

Mit Blick auf Abbildung 13 (siehe oben) kann man die ***zeitliche Dynamik im Bereich der Mikroelektronik*** einschätzen. Das Gesamtgebiet der Mikroelektronik sowie das große Gebiet der Informationsspeicherung stellt sich jeweils so unterschiedlich dar, daß sie sich über alle Phasen erstrecken. Die Mikroelektronik (MEL) ist seit Jahren mit Produkten am Markt und unterliegt dennoch ständiger Weiterentwicklung durch Forschung und Entwicklung. Allerdings ist anzunehmen, daß nach dem Jahr 2000 die frühen FuE-Phasen auslaufen. Eine Reihe von Schwierigkeiten bei der wirtschaftlichen Umsetzung der Forschungsergebnisse dürfte aber auch dann noch nicht überwunden sein. Für die Informationsspeicherung (INS) gilt ähnliches; auch hier ist zu erwarten, daß die explorative Forschung nach dem Jahr 2000 zum Erliegen kommt, da alle wissenschaftlichen und technologischen Varianten bereits gut entwickelt sind. Im einzelnen läßt sich sagen, daß integrierte optoelektronische Speicher derzeit noch im Bereich der ersten technischen Realisierung verharren, während sie nach 2000 in industrielle FuE überführt sein werden; aber auch dann gibt es noch Ausbaumöglichkeiten. Die holographischen und bioelektronischen Speicher befinden sich zur Zeit in der Exploration. Die diesbezügliche Forschung könnte nach dem Jahr 2000 bereits gut entwickelt sein, evtl. auch erste technische Realisierungen und Prototypen hervorgebracht haben, sie wird aber noch ausbaufähig bleiben. Die eher konventionellen Massenspeicher sind bereits jetzt in der Phase vollständiger Marktdurchdringung. Sie werden sich zunächst weiterhin am Markt halten können, aber tendentiell durch Halbleiterspeicher ersetzt werden. Die mikroelektronische Signalverarbeitung (SVA, ohne Signalverarbeitung in der Mikrosystemtechnik; siehe dort im Abschnitt 5.5) kann auf eine gut entwickelte Forschung und technische Realisierungen zurückblicken; es gibt jedoch Schwierigkeiten bei der wirtschaftlichen Umsetzung. Sie dürften bald überwunden sein, so daß nach dem Jahr 2000 eine vollständige kommerzielle Etablierung gegeben sein wird. Ganz ähnlich verhält es sich auch mit den Mikroelektronikwerkstoffen (MIW), die sich derzeit noch im Bereich ihrer technischen Realisierung befinden, aber alsbald in industrielle FuE und erste kommerzielle Anwendungen überführt sein dürften. In der Plasmatechnik (PLA) kann wegen des Querschnittscharakters der zeitliche Entwicklungsstand und seine Dynamik für verschiedene Verfahrens- und Anwendungsbereiche stark variieren. Im großen und ganzen kann die Plasmatechnik ähnlich wie die neuen Mikroelektronikwerkstoffe und die Signalverarbeitung eingeschätzt werden.

Die Supraleitung (SUL) muß differenziert gesehen werden. Konventionelle Supraleiter sind bereits jetzt in speziellen Nischen im industriellen Einsatz. Dünnschichtanwendungen der Hochtemperatursupraleitung sind schon realisiert; erste kommerzielle Anwendungen um das Jahr 2000 sind zu erwarten. Im Gegensatz dazu ist die Forschung zu Hochstromanwendungen auf der Basis der Hochtemperatursupraleitung noch ausbaufähig; bis 2000 dürfte das Thema in der industriellen FuE verankert sein. Neue Systeme werden ebenfalls bereits erforscht; Schwierigkeiten bei der wirtschaftlichen Umsetzung werden bis 2000 anhalten. Unter den Hochleistungsbereichen der Mikroelektronik ist die Hochgeschwindigkeitselektronik (HGE) weiter fortgeschritten als die Hochtemperaturelektronik (HTE). Hochtemperaturbauelemente auf der Basis von Siliziumkarbid dürften früher umgesetzt werden können als solche auf der Basis von Diamant. Erste industriell einsetzbare Siliziumkarbid-Bauelemente sind in frühestens fünf Jahren zu erwarten. In der Hochgeschwindigkeitselektronik befinden sich die unterschiedlichen Lösungsansätze derzeit auch in unterschiedlichen Phasen; die digitale Siliziumelektronik ist weniger entwickelt als die digitale Hochgeschwindigkeitselektronik auf der Basis von Verbindungshalbleitern. Es wird jedoch geschätzt, daß alle erwähnten Varianten bis zum Jahr 2000 in der industriellen FuE verankert sein und teilweise bereits eine gewisse Marktdurchdringung durchlaufen haben werden.

Ein Gesamtblick auf die hier ausgewählten Teilgebiete der Mikroelektronik und ihre zeitliche Dynamik verdeutlicht, daß auch ein so traditionelles Gebiet noch erhebliche Entwicklungsmöglichkeiten bietet, so daß die eingangs gestellte Frage nach dem verbleibenden Entwicklungspotential bejaht werden kann. Die Mikroelektronik am Beginn des 21. Jahrhunderts wird - bei hohen Temperaturen, hohen Frequenzen, hohen Datenübertragungsraten und supraleitend - ein anderes Gesicht haben als die heutige.

5.4 Photonik

Photonik ist die kombinierte Anwendung von Mikroelektronik, Optoelektronik, integrierter Optik und Mikrooptik, wobei besonders die Bedürfnisse der parallelen Signalverarbeitung berücksichtigt werden. Aufgrund der Vielfalt der in der Photonik kombinierten Technologie wird sie hier als Oberbegriff aufgefaßt, auch wenn die zusammenwirkenden Teilbereiche keine strengen Untermengen der Photonik sind. Dahinter steht die Überzeugung, daß bis zum Beginn des 21. Jahrhunderts sowohl der fachliche Inhalt, die Verwendung des Begriffs und das wirtschaftliche Anliegen der Photonik immer mehr in den Vordergrund treten werden. Die Wahrnehmung von technologischen Ober- und Unterthemen ist nicht starr, sondern folgt den Möglichkeiten der Wissenschaft und den Wünschen an die Technik. Während Begriffe wie "Optoelektronik" bereits klar definiert sind, findet sich der Begriff *Photonik* noch nicht einmal im aktuellen "Lexikon der Nachrichtentechnik" (1991). Er ist daher noch gestaltbar und unseres Erachtens am besten geeignet, das Anliegen der kombinierten Anwendung der erwähnten Bereiche in den nächsten zehn Jahren zu charakterisieren.

Photonik

Typische Materialien der Photonik (näheres siehe unten) sind III-V-Verbindungshalbleiter wie Galliumarsenid und Indiumphosphid sowie im kurzwelligen Bereich II-VI-Verbindungshalbleiter, Siliziumkarbid, Diamant, Flüssigkristalle, Glas und Polymere. Hauptanwendungsgebiete der Photonik sind die Übertragungstechnik und die Signalverarbeitung. Bei der Übertragungstechnik geht es um Systeme für den Weitverkehr und für lokale Netze zur Übermittlung von Breitbanddiensten wie hochauflösendes Fernsehen und Bildtelefon über Glasfasern (zu den Anwendungen siehe am Ende dieses Abschnitts). Man unterscheidet bereits Gebiete wie die optische Verbindungstechnik und die optische Vermittlungstechnik. Bei der optischen Signalverarbeitung liegt der Schwerpunkt auf parallelen Multiprozessorsystemen. Hier sind massive Parallelitätsgrade von 1.000 x 1.000 und mehr zu erreichen, was für eine schnelle Verarbeitung von Bildern, Matrizen und dergleichen interessant ist. Darüber hinaus können die Prozessoren photonisch auch stark miteinander vernetzt werden, ohne daß es Probleme mit der Leitungsführung und dem sogenannten "Übersprechen" gibt: Lichtstrahlen können sich in einer Ebene oder im Raum ohne Wechselwirkung kreuzen. Wegen der Möglichkeit, massiv parallele und stark vernetzte Systeme zu realisieren, ist die Photonik für alle Arten von Mustererkennung, assoziativer Speicherung, für Parallelsuchvorgänge usw., also speziell für künstliche neuronale Netze, besonders geeignet.

*

Abbildung 14 stellt die Einzelthemen im Bereich der Photonik als eng verwandt dar und ordnet sie in der unmittelbaren Nähe der Mikroelektronik, der Mikrosystemtechnik, der Nanotechnologie und der Werkstofftechnik an. Letztlich zeigt ein Blick zurück auf Abbildung 3, daß man die Gebietsabgrenzung nur ein wenig seitlich verschieben muß, um in dem Kontinuum von verbundener Technologie am Beginn des 21. Jahrhunderts etwas mehr von Mikroelektronik, mehr von Nanotechnologie oder mehr von Photonik reden zu können. Die *Fertigungsverfahren für die Mikro- und Nanotechnik* sind in jedem Fall wichtig. Einige Einzelthemen fallen je nach Oberbegriff relativ eindeutig heraus; die meisten der nachfolgend behandelten Themen könnten aber genauso gut unter jeder anderen der gewählten Überschriften plaziert werden. Auch die Feinstruktur der Photonik in Abbildung 14 ist stimmig: Die photonischen Werkstoffe zeigen in Richtung auf die anderen Werkstoffe, die Optoelektronik stärker in Richtung der Mikroelektronik; die Displaytechnik wird nahe zum äußeren Ring der Anwendungen plaziert und die Lasertechniken, die in ihrer Breite bis hin zur Materialbearbeitung mehr als die Photonik abdecken, sind eher ein eigenständiges Gebiet.

Abbildung 14: Überblick über die thematische Nähe der Photonik (getönte Themen werden in diesem Abschnitt diskutiert, ungetönte Themen sind thematisch verbunden, werden jedoch schwerpunktmäßig an anderer Stelle eingeordnet; die Abbildung ist ein Ausschnitt aus Abbildung 1, die Kurzbezeichnungen können aus Tabelle 3 und dem Anhang entnommen werden)

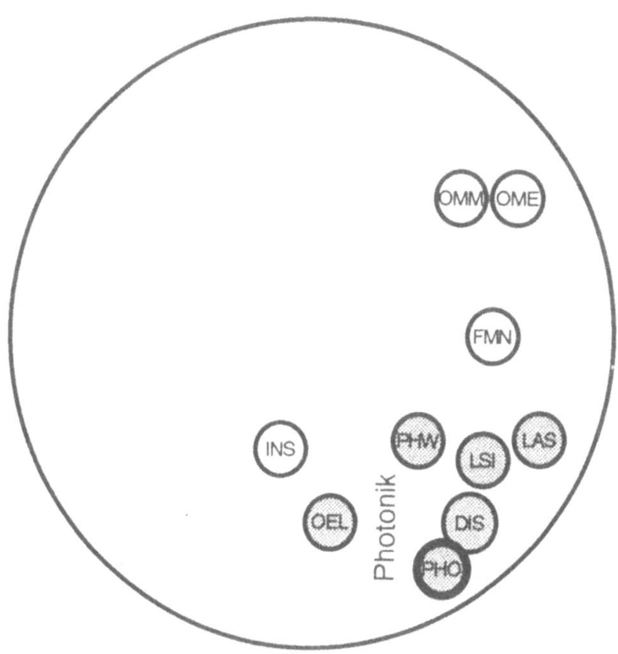

Optoelektronik

Photonik und *Optoelektronik* lassen sich nicht genau voneinander abgrenzen; zu sehr sind die Dinge im Fluß. Wie eingangs erwähnt, wird die Photonik hier als Oberbegriff aufgefaßt, der neben der Mikroelektronik und anderen wichtigen Bereichen im wesentlichen die Optoelektronik weiterführt. Das Gebiet der Optoelektronik umfaßt das Zusammenspiel und die Wechselwirkung optischer Strahlung mit elektronischen Vorgängen und deren technische Umsetzung in Form geeigneter Schaltungen, Komponenten und Systeme. Die wichtigsten Anwendungen der Optoelektronik am Beginn des 21. Jahrhunderts lassen sich in vier "Quadranten" einteilen, wenn man einerseits zwischen Komponenten und Systemen und andererseits zwischen Anwendungen in der Informations- und der Energietechnik unterscheiden will. Zu den informationsorientierten Komponenten gehören Laserdioden, Leuchtdioden, Displays (siehe weiter unten gesondert) und optoelektronische integrierte Schaltkreise. Die informationsorientierten optischen Systeme werden in Meßtechnik, Analyse, Diagnose, Fertigungsautomation, Glasfaserübertragung, optischen Computern, optischen Speichersystemen, Bürokommunikation und Konsumelektronik auftreten. Die energieorientierten optischen Komponenten sind im wesentlichen die Hochleistungslaser, Solarzellen und Lichtwellenleiter; die zugehörigen Systeme gehören zur Photovoltaik, Lasertherapie, Lasermaterialbearbeitung und speziellen Systemen für die Forschung. Eine Reihe dieser Komponenten und Systeme sind bereits entwickelt und im Einsatz. Unter den Produktvisionen sind zu nennen: lichtgesteuerte Flugautomaten, lichtgesteuerte Kraftfahrzeuge, Glasfaseranschlüsse in Wohnungen, Übertragung von Steuer- und Regelsignalen, Übertragung von Informationen (TV, Faksimile, Btx, Telefon, etc.) via Lichtleiter direkt zum Verbraucher und schneller Vielkanaldatentransfer. Die Vorteile der optischen Signalübertragung liegen in der Störsicherheit, ihrer elektromagnetischen Verträglichkeit und einer Kostenreduktion.

Photonische und optoelektronische Werkstoffe

Die Übertragung und Speicherung von Informationen durch Licht wird sich also als eine weitere Schlüsseltechnologie der Zukunft erweisen. Die Vorteile der Photonik werden aber erst dann ganz zur Wirkung kommen, wenn es gelingt, eine rein optische Informationsverarbeitung zu verwirklichen. Zur Zeit muß immer noch eine Wandlung von optischen in elektrische Signale (bzw. umgekehrt) stattfinden, so daß die potentielle Verarbeitungsgeschwindigkeit und die Menge der übertragenen Daten in der optischen Kommunikationstechnik stark von diesen Wandlungsprozessen begrenzt werden. Voraussetzung für eine rein optische Informationstechnik ist die Verfügbarkeit von Materialien mit nichtlinearen optischen Eigenschaften. Wegen der Bedeutung der neuen Werkstoffe für dieses Gebiet werden die ***photonischen und optoelektronischen Werkstoffe*** an dieser Stelle erwähnt, obwohl sie gleichermaßen in das Werkstoffkapitel passen würden. Unter diesen Werkstoffen sind in erster Linie die Verbindungshalbleiter (III-V und II-VI) als Substrat- und Schichtmaterial zu nennen. Sie haben die Eigenschaft, bei elektrischer Anregung Licht auszusenden und gleichzeitig auch Licht zu leiten. Ferner kommen organische Materialien mit nichtlinearen optischen Eigenschaften (Polymere) in Frage. An diese Materialien werden hohe Anforderungen z. B. im Hinblick auf geringe Defektdichte und Homogenität gestellt; außerdem ist ihre Herstellung und Verarbeitung sowie Entsorgung umweltbelastend. Daher muß auch an alternativen Materialquellen gearbeitet werden. Da die Strukturabmessungen in atomare Bereiche vorstoßen, ist die Verknüpfung von Werkstoffwissenschaft und Nanoelektronik zu erwarten. Weitere zu lösende Probleme liegen in der Herstellung von optischen oder elektrischen Verbindungen, aber auch der elektrischen Trennung und Isolation. Insgesamt herrscht die Einschätzung vor, daß sich die bei den photonischen und optoelektronischen Werkstoffen bestehenden Forschungsaufgaben nicht allein durch Know-how-Transfer aus der Siliziumtechnologie lösen lassen. Die Umwelt- und Gesundheitsproblematik macht vorbeugende Gegenmaßnahmen im Fertigungsprozeß und auch bei potentiellen Unfällen, z. B. Bränden mit optoelektronischen Bauelementen, erforderlich. Angesichts des attraktiven Nutzungspotentials der photonischen Werkstoffe wäre es unverantwortlich, das Vordringen von Umwelt- und Gesundheitsgefährdungen geringzuschätzen. Nur ein engagiertes Arbeiten an der Vermeidung dieser Folgen kann das volle Potential der Photonik zur Entfaltung bringen.

*

Die photonischen Möglichkeiten der Informationsspeicherung wurden bereits im Abschnitt zur Mikroelektronik von morgen (5.3) mitbehandelt. An dieser Stelle soll noch nachgetragen werden, daß in den letzten Jahren auch biologische Makromoleküle mit technikrelevanten optoelektronischen Eigenschaften gefunden wurden, die evtl. ein weiteres Material für *optoelektronische Informationsspeicher* darstellen können (siehe im Abschnitt 5.8 insbesondere das Thema "Neue biologische Produktionssysteme"). Es handelt sich hierbei um die Photosynthesepigmente bestimmter Bakterien. Die organischen Werkstoffe mit magnetischen und elektrischen Eigenschaften sind im Abschnitt zu den Werkstoffen der Mikroelektronik dargelegt.

Lasertechnik

Die *Lasertechnik* entwickelt sich seit einem Jahrzehnt mit Stetigkeit und Dynamik und ist zu einem Gebiet technischer Forschung und wirtschaftlicher Anwendung von eigenem Gewicht geworden. Zwischen Laserdioden für wenige Mark und einem Hochleistungsschweißautomaten für einen sechsstelligen Anschaffungspreis bestehen kaum Gemeinsamkeiten in der technischen und produktspezifischen Ausprägung. Gemeinsam ist den Lasersystemen und ihren Anwendungen aber der zentrale Umgang mit kohärenter elektromagnetischer Strahlung im sichtbaren Bereich und - nach beiden Seiten des Spektrums - weit darüber hinaus. Da kohärentes Licht die Lasertechnik in all ihrer Vielfalt umschlingt, mag es angehen, die Lasertechnik im Rahmen der Photonik zu behandeln.

Nutzbar ist das Laserlicht als Energieträger, als Informationsträger, als berührungsloses Meßinstrument, als Präzisionsinstrument mit hoher räumlicher und zeitlicher Manipulationsfähigkeit, als Referenzobjekt und als Prozeßinitiator. Die Lasertechnik ist bereits heute zu einer wirklichen Querschnittstechnologie geworden, die aufgrund ihrer vielfältigen Ausprägungen in praktisch allen wirtschaftlich-technischen Bereichen einsetzbar ist, insbesondere im Maschinen- und Fahrzeugbau, in der Meß- und Regeltechnik, der Nachrichtentechnik, der Medizintechnik und der Chemie. Komplexität und hohe Kosten erfordern jedoch für jeden Anwendungsfall eine detaillierte Kosten-Nutzen-Analyse. Darüber hinaus ist der Laser eine Schlüsseltechnologie zur Erschließung weiterer Hochtechnologiebereiche für Anwendungen in Mikrostrukturierung, Meßtechnik, Analytik, Medizin, Kommunikation. Für die Zeit bis zum Beginn des 21. Jahrhunderts steht die vollständige Beherrschung kohärenten Lichts mit allen seinen Eigenschaften wie Wellenlänge, Polarisation, Leistung, Intensität, räumliche und zeitliche Pulsform und Pulsfolge an. Der Generationswechsel bei den Laserstrahlquellen von der "Röhrentechnologie" zur Halbleitertechnologie wird sich fortsetzen und Laserlicht wird auch in der industriellen Produktion in den atomaren und molekularen Bereich eindringen (Stoffumwandlung und -synthese, selektive Schad- und Wertstoffgewinnung, Laser-Biodynamik und Mikromanipulation; unter Laser-Biodynamik versteht man dabei das zerstörungsfreie Bewegen z. B. von Bakterien und einzelnen Zellen mit Laser-"Pinzetten"). Lasermedizin und Laser-Umweltmeßtechnik sind noch am Beginn ihrer Entwicklung; optische Datenspeicher und Computer benötigen ebenfalls kohärentes Licht. Bei allen Prognosen ist aber zu beachten, daß die Marktentwicklung der Lasertechnik bislang notorisch zu optimistisch eingeschätzt wurde. Obwohl sie technisch meist besser ist als konkurrierende konventionelle Systeme, wiegen die Vorteile kohärenten Lichts oftmals die höheren Kosten und die Probleme beim Technologiewechsel nicht auf.

Displays & flacher Bildschirm

In der Informationstechnik ist die Darstellung von Information zentral. Am Ende wird dem menschlichen Auge Licht zugeführt. Die Verbesserung der bildlichen Darstellungsmöglichkeiten ist daher eine zentrale Herausforderung der Optoelektronik: Gewünscht werden große Bilder höchster Qualität. Bei der zur Realisierung notwendigen Technologie geht es im Vergleich zur klassischen Mikroelektronik darum, feine Strukturen einzelner Bildpunkte im Mikrometerbereich auf großen Flächen millionenfach zu wiederholen - und zwar 100 % fehlerfrei. Dafür gibt es mehrere technische Lösungen. Die Bildwiedergabe durch Direktsichtbildschirme mit Kathodenstrahlröhren werden in der Zukunft mehr und mehr durch Flachbildschirme ersetzt werden. Für das höchstauflösende Fernsehen ist ein Flachdisplay zwingend erforderlich, bei Projektion wegen des geringen Volumens und Gewichts äußerst vorteilhaft. Als Papierersatz sollen Flachdisplays zukünftig auch zur handschriftlichen Eingabe benutzt werden können. Damit könnte die klassische Tastatureingabe abgelöst und somit ein wesentlicher Schritt zur Verbesserung der Mensch-Maschine-Schnittstelle getan werden. Auch die Möglichkeit der Ablösung des klassischen Films, d. h. der direkten Fixierung von Standbildern, permanent oder löschbar, erhält mit dem Flachbildschirm auf lange Sicht einen vielversprechenden Ansatz. Bei der optischen

Signalverarbeitung ermöglichen Lichtmodulatoren in Verbindung mit Bildspeichern hochgradig parallel ablaufende Rechenoperationen, wie sie die klassische Mikroelektronik aufgrund der Verbindungsprobleme nicht bieten kann. Diese Parallelität erlaubt den Aufbau sogenannter künstlicher neuronaler Architekturen.

Leuchtendes Silizium

Wie oben dargelegt stützt sich die Optoelektronik und damit die Photonik wesentlich auf andere Materialien als Silizium. Jedoch kann auch Silizium unter Einwirkung von Licht oder Anlegen einer elektrischen Spannung leuchten. Diese Entdeckung ist erst zwei Jahre alt und hat weltweit eine Vielzahl von Forschungsaktivitäten ausgelöst. Sie könnte die Optoelektronik revolutionieren, insbesondere, wenn die oben bereits angesprochenen Umwelt- und Gesundheitsrisiken der optoelektronischen Werkstoffe berücksichtigt werden. *Leuchtendes Silizium* entsteht, wenn man Silizium in spezieller Weise ätzt. Es weist dann eine nanoporöse Oberflächenschicht aus feinen Siliziumnadeln auf ("nanoporöses Silizium"). Die theoretische Klärung der beobachteten Phänomene ist noch nicht abgeschlossen, zu kurz liegt die Entdeckung zurück. Silizium wird bekanntermaßen als preiswertes Material in der Mikroelektronik genutzt, während für Komponenten in der Optoelektronik die teuren Verbindungshalbleiter eingesetzt werden müssen, die zudem schwierig in der Handhabung sind (inklusive Entsorgung). Wenn es sich zudem herausstellt, daß die Präparation des nanoporösen Siliziums auch mit der Technologie zur Herstellung hochintegrierter Schaltkreise verträglich ist, ließe sich auf einem Mikrochip gleichzeitig ein Optokoppler anbringen, der elektrische in optische Signale überträgt. Die schnelle optische Datenübertragung (optischer Computer) setzt voraus, daß gleichzeitig das Problem der langen Abklingzeiten des Leuchtsignals bei der elektrischen Anregung gelöst wird. Auch in der Mikromechanik ließen sich Schichten aus nanoporösem Silizium etwa bei der Herstellung von Mikromotoren einsetzen. Die Möglichkeit, nanoporöses Silizium in allen Spektralfarben leuchten zu lassen, führt zu der Produktvision eines Flachbildschirms auf Siliziumbasis. Neuere Forschungsergebnisse deuten an, daß man neben dem nanoporösen Silizium auch kompakte Schichten auf Siliziumbasis herstellen kann, die bei besserer mechanischer und chemischer Stabilität ähnliche Effekte zeigen.

*

Bevor die Anwendungen der Photonik (und Mikroelektronik) am Beginn des 21. Jahrhunderts diskutiert werden, wird zunächst ein Überblick über die *zeitliche Dynamik der Kerngebiete der Photonik* gegeben. Abbildung 15 verdeutlicht zunächst, daß die Optoelektronik (OEL) in der hier gegebenen Definition bereits weiter entwickelt ist als die Photonik (PHO) im ganzen. Wenn der Ersatz der Elektronenleitung durch Licht in geeigneten

Abbildung 15: Voraussichtliche zeitliche Entwicklungsdynamik im Bereich der Photonik. (Die Quadrate symbolisieren den Häufungswert beim Vorliegen unterschiedlicher Phasen innerhalb eines Themas, die Balken die tatsächliche Streubreite.)

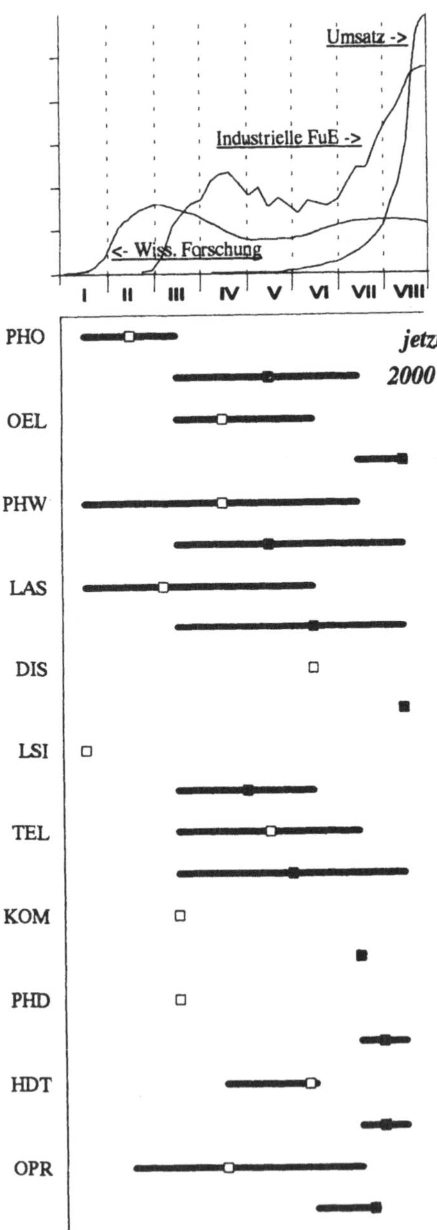

Bereichen vorgenommen wird, aber die übrigen Komponenten im System elektronisch bleiben, können bereits heute mittlere Entwicklungsphasen erreicht werden. Auf dieser Basis dürfte im Jahr 2000 die wirtschaftliche Nutzung erreicht sein. Bei voller Ausnutzung der Vorteile des Lichts können die elektronischen Wandlungen weitgehend entfallen; dann begibt man sich aber auf Neuland. Die Photonik in diesem Sinne ist über die ersten Phasen ihrer Entwicklung noch nicht hinausgekommen. Auch im Jahr 2000 wird sie keine breite Durchdringung der Märkte erreicht haben; höchstens erste kommerzielle Anwendungen sind denkbar. Das Spektrum der Entwicklungsmöglichkeiten in der Photonik ist aber so gesehen sehr groß. Die photonische Übertragungstechnik liegt allemal vor der photonischen Signalverarbeitung.

Aufgrund der Werkstoffvielfalt ist eine allgemeine Aussage zur zeitlichen Dynamik bei den optoelektronischen und photonischen Werkstoffen (PHW) weder sinnvoll noch möglich. Einige Werkstoffe befinden sich in der Grundlagenentwicklung (z. B. für optische Speicher), andere in der industriellen Massenproduktion (z. B. Substrate). Auch die Lasertechnik (LAS) ist aufgrund der großen technischen Bandbreite und der vielfältigen Einsatzbereiche zeitlich sehr verschieden einzuschätzen. Zur Zeit liegen die Bereiche der Ultrapräzisionsmeßtechnik, der Stoffumwandlung und Wertstoffgewinnung sowie der Laser-Biodynamik und der Mikromanipulation noch in der Exploration. Am weitesten fortgeschritten ist der Lasereinsatz in der Lichtleiterkommunikation. Bis zum Jahr 2000 dürfte der Materialbereich ausgereizt sein, ebenso der Einsatz in der (klassischen) Kommunikation. Die zeitliche "Rangfolge" bleibt somit etwa erhalten, d. h. die Gebiete, die sich am Anfang der 90er Jahre in der Exploration befinden, werden ihre Forschung entfaltet und erste technische Realisierungen hervorgebracht haben. Die Displaytechnik (DIS) ist bereits heute gut entwickelt, bis zum Jahr 2000 werden sich auch großflächige Flachdisplays etabliert und zahlreiche Anwendungen erschlossen haben. Das leuchtende Silizium (LSI) ist eine Entdeckung der letzten Jahre; man hofft, daß es am Beginn des 21. Jahrhunderts erste Anwendungen geben wird. Diese sind in der Sensorik als günstiger zu beurteilen als in der Optoelektronik; jüngste Forschungsansätze rücken auch die Realisierung von Flachbildschirmen auf Siliziumbasis in den Bereich des Möglichen.

Im Kapitel zur Photonik werden abschließend fünf *informationstechnische Anwendungssysteme* dargestellt, die gleichermaßen auch in das Kapitel zur Mikroelektronik fallen; die Zuordnung von HDTV inklusive der Konsumelektronik zur Mikroelektronik wäre sogar plausibler. Da hier jedoch der Beginn des 21. Jahrhunderts im Mittelpunkt steht, geraten optoelektronische und photonische Aspekte bei diesen Anwendungen stärker in den Vordergrund. Daher erfolgt eine schwerpunktmäßige Einordnung an dieser Stelle.

Zunächst ein Blick auf die *zeitliche Dynamik* (Abbildung 15). Wenn die These von der wissenschaftsgebundenen Innovation zutrifft, können sich auch Anwendungssysteme in einem grundlegenden Forschungsstadium befinden; entsprechend sind in der Breitbandkommunikation (KOM) und der photonischen Digitaltechnik (PHD) zur Zeit erst die Prototypen ausgeprägt. In beiden Fällen dürfte um das Jahr 2000 der Zeitpunkt erster kommerzieller Anwendungen und breiter industrieller Entwicklung erreicht sein. Ähnliches gilt für das Optische Rechnen, das weiter unten zusammen mit dem (elektronischen) Hochleistungsrechnen behandelt wird. Letzteres ist in seiner industriellen Entwicklung bereits weiter fortgeschritten, weshalb sich in Abbildung 15 zum Thema "Optisches Rechnen und Hochleistungsrechnen" (OPR) eine gewisse Bandbreite ergibt. Die Telekommunikationsanwendungen (TEL) der Mikroelektronik und Photonik sind bereits heute weit fortgeschritten, derzeit finden wirtschaftliche und technologische Umorientierungen statt. Unter der Überschrift "Hochauflösendes Fernsehen" (HDT) werden unten auch neue Verfahren in der digitalen Unterhaltungselektronik miteingeschlossen. Daher ergibt sich auch zu diesem Thema eine Bandbreite der zeitlichen Entwicklung. Diese Anwendungsbereiche sind heute am Beginn ihrer Entfaltung, industrielle Forschung und Entwicklung sind noch ausbaufähig. In zehn Jahren dürfte eine breite Durchdringung der Märkte begonnen haben. Die digitalen Speichertechniken in der sonstigen Unterhaltungselektronik liegen gegenüber dem hochauflösenden Fernsehen etwas zurück.

Telekommunikation

Zu den Anwendungen im einzelnen: Die heutige *Telekommunikation* ist noch kein Thema der Photonik. Als ein Fernziel zeichnen sich aber Telekommunikationssysteme auf der Basis von Lichtwellenleitern ab (siehe den nachfolgenden Abschnitt zur Breitbandkommunikation), die ausschließlich im optischen Bereich arbeiten. Die gegenwärtigen Entwicklungen in der Telekommunikation sind durch die Digitalisierung der Übertragungs- und Vermittlungstechnik geprägt. In Europa wird die flächendeckende Einführung des diensteintegrierten Digitalnetzes und der digitalen Mobilfunknetze eine herausragende Rolle spielen. Auf der technologischen Seite sind nicht nur Übertragung und Vermittlung zu digitalisieren, sondern ebenfalls die Teilnehmeranschlüsse und die Endgeräte. Im Endgerätebereich sind wesentliche technische Entwicklungen zu erwarten: PC-Karten, Telefone, Fax-Geräte und multifunktionale Endgeräte für alle Kommunikationsformen (Sprache, Bild, Graphik und Schrift). Zur Einführung des Bildtelefons wird in Deutschland zur Zeit ein Feldversuch durchgeführt. Zu Beginn des 21. Jahrhunderts zeichnen sich folgende Anwendungsschwerpunkte ab: Dokumentenkommunikation, Konferenzschaltungen zwischen Endgeräten (Personalcomputern) und Fax-Geräten. Für ganz Europa ist ebenfalls beabsichtigt, in den 90er Jahren ein umfassendes zellulares Mobilfunksystem mit modernster digitaler Technologie zu installieren. Das analoge Vorläufersystem wird von der Telekom noch bis zum Jahr 2008 weiterbetrieben. Es steht zu erwarten, daß der Mobilfunk weiterhin an Attraktivität gewinnen wird, wenn die Optimierung der Datenkompression und die Entwicklung entsprechender Endgeräte vorankommt. Eine weitere Vision für den Anfang des 21. Jahrhunderts ist ein diensteintegriertes Breitbandnetz, welches mittels sehr hoher Datenraten alle Telekommunikationsformen integriert. Allerdings könnte sich durch fortschreitende Datenkompressionsverfahren ein derartiger Übergang verzögern oder nur für partielle Anwendungsbereiche als sinnvoll erweisen. Neben eher euphorischen Prognosen zu künftigen Anwendungen werden immer häufiger Zweifel an einer massenhaften Verbreitung aus sozialen und gesundheitlichen Gründen (Strahlung) artikuliert.

Breitbandkommunikation

Dem letzten Aspekt wird ein eigenes Thema gewidmet: Unter *Breitbandkommunikation* wird hier Telekommunikation mit sehr hohen, für die Bewegtbildkommunikation typischen Übertragungsraten verstanden. Das geplante Breitbandnetz zeichnet sich dadurch aus, daß unterschiedliche Datenraten für die verschiedenen Kommunikationsformen in einem einheitlichen System übertragen werden können. Die wesentlichen Entwicklungsbestrebungen werden darin bestehen, geeignete Optimierungen für die unterschiedlichen Übertragungsgeschwindigkeiten zu finden. Es sind im wesentlichen drei Aufgaben bis zum Beginn des 21. Jahrhunderts zu lösen: Die Einspeisung der Signale in die Glasfaser, die Signalübertragung und die Vermittlung der Signale. Für die Einspeisung sind Lichtquellen mit äußerst stabiler Frequenz und Phase notwendig. Halbleiter-Laserdioden (siehe dort), für die auch schon fertigungstechnische Fortschritte erreicht wurden, würden diesen Anforderungen entsprechen; jedoch gilt diese Technologie gegenwärtig als noch nicht ausgereift. Wesentliche Verbesserungen bei der Übertragung werden durch die Entwicklung von optischen Breitbandverstärkern erwartet, die das aufwendige Wandeln der optischen in elektrische Signale überflüssig machen. Erste Entwicklungserfolge bei der optischen Verstärkung sind zu verzeichnen. Als wesentliche Anwendungen der Breitbandkommunikation gelten die Bild- und Videokommunikation (Bildfernsprechen, Fernbeobachtung, Videokonferenzen, Komplexbildübertragung, etc.), die Rechnerkommunikation (Verbund lokaler Netze, Rechnerkopplung, Back-up-Zentren, etc.) und die Multimediakommunikation. Ferner wird die Übertragung komplexer räumlicher Eindrücke in Verbindung mit dem dreidimensionalen Fernsehen ("virtuelle Telerealität") möglich. Konkurrierend hierzu wird aber eine Reihe dieser Anwendungen bereits im Schmalbandnetz realisierbar (siehe oben). Als längerfristige Vision eröffnet das Frequenzmultiplex-Verfahren geradezu gigantische Übertragungskapazitäten, die um das 50.000-fache höher liegen können als die heutigen.

Photonische Digitaltechnik

Diese und andere Systemanwendungen benötigen eine Vielfalt von neuen Bauelementen und Schaltkreisen, die auf den Entwicklungsarbeiten von Optoelektronik, Photonik, Mikroelektronik und Hochfrequenzelektronik aufsetzen. Mit dem Halbleiterlaser und dem Glasfaserkabel haben optische Kommunikationssysteme eine enorme Verbreitung gefunden. Mittelfristig wird in der ***photonischen Digitaltechnik*** das Laserlicht aber durch Solitonen (Wellenpakete, die keine Dispersion zeigen) abgelöst werden. Aus der optischen Signalverarbeitung werden sich langfristig neuronale Strukturen entwickeln, in denen Signale mit Informationen zur Selbstorientierung an intelligenten Schaltstellen verarbeitet werden. Während einfachste optoelektronische Realisierungen einer einzelnen Schaltzelle bereits erreicht wurden, ist deren Vernetzung die Aufgabe des nächsten Jahrzehnts. Das Schalten im Sinne der Verknüpfung logischer Elemente erfordert kombinierte Hard- und Softwarelösungen, wobei die Software gegenüber der herkömmlichen Kommunikationstechnik deutlich an Gewicht gewinnt. In der Weltraumkommunikation werden auch innerhalb der Satelliten neben kabelgebundenen Systemen optische Freistrahlsysteme eine Rolle spielen. Die optischen Verbindungen zwischen selbständigen elektronischen Einheiten bieten Vorteile wie Platz- und Gewichtsersparnis oder Unempfindlichkeit gegenüber elektromagnetischen Störfeldern. Sie lassen bei langfristigem Einsatz in Industrie- und Komsumgütern eine erhebliche Kostensenkung erwarten. Voraussetzung ist eine enge fachliche Zusammenarbeit zwischen Mikroelektronik, Mikrosystemtechnik, Photonik und dem Softwarebereich.

Hochauflösendes Fernsehen & Unterhaltungselektronik

Das ***Hochauflösende Fernsehen*** (HDTV) zeichnet sich durch eine hohe Detailauflösung aus. Das Bildformat ist außerdem besser an den Kinofilm angepaßt. Beim HDTV erscheinen Details auf einer gegenüber dem Standardfernsehen bis zur viermal größeren Bildfläche noch als scharf, wenn die bisherige Betrachtungsentfernung beibehalten wird. Zur Umsetzung in die Bildwiedergabe werden neben den bisherigen Kathodenstrahlröhren auch Flachbildschirme (siehe das Thema Display) zum Einsatz kommen. Trotz dieser offensichtlichen Bezüge zur Photonik ist HDTV und vor allem die Unterhaltungselektronik heute weitestgehend ein Thema der Mikroelektronik.

Die Entwicklung von HDTV verfolgt in erster Linie einen qualitativ neuen Fernsehdienst. Besonders in Verbindung mit der Datenverarbeitung wird die Technik aber auch viele professionelle Anwendungen haben. Erste Anwendungen gibt es in den Bereichen Medizin, Schulung und Werbung, Drucktechnik sowie Militärtechnik. Immer wenn Bilder und deren Verarbeitung eine Rolle spielen, wird HDTV zum Motor vielfältiger Innovationen. Die entscheidende Voraussetzung zur Verbreitung der HDTV-Technik wird der Stand der Aufzeichnungstechnik sein. Diese wird sich nach dem Jahr 2000 in zwei Alternativen aufspalten: Den Videokassettenrekorder mit Magnetband und den optischen Plattenspieler mit selbstbespielbaren Disketten. Markteinführung, Gebrauchseigenschaften und Preis (und damit Verbreitung) sind abhängig von den Entwicklungsfortschritten bei Speichermaterialien, kurzwelligen Halbleiterlasern, hochauflösenden Optik- und Magnetköpfen sowie hochgenauer Spurführungselektronik. Höchstwahrscheinlich werden über einige Jahre analoge und digitale Speichertechniken nebeneinander existieren, bis Integrationsfortschritte in der Signalverarbeitung zu eindeutigen Produktionsvorteilen der Digitaltechnik führen. Auch in der *Audiotechnik* werden künftig digitale Magnetbandkassetten und bespielbare CD's nebeneinander bestehen. Der Unterschied zwischen Audio-, Video- und Datenspeichern wird mit zunehmenden Fortschritten in der digitalen Signalverarbeitung zugunsten einer multimediafähigen, interaktiven Informationsspeicherung zurücktreten. Das DAB (Digital-Audio-Broadcasting) ist ein weiteres wichtiges Vorhaben der *Unterhaltungselektronik*. Es wird eine Hörqualität vergleichbar mit der Compactdisk (CD) auch im Rundfunk bieten und einen stets gleichbleibenden guten Empfang selbst im fahrenden Auto ermöglichen. Nach einer etwa fünfzehn Jahre währenden Einführungsphase mit Simultanaussendungen soll DAB den UKW-Rundfunk in Europa ganz ersetzen. Pilotrundfunkdienste werden in Europa ab Mitte 1995 erwartet.

Optische Rechner & Hochleistungsrechner

Optische Rechner und *Hochleistungsrechner* werden hier zusammen betrachtet. Das Hochleistungsrechnen betrifft Forschung und Entwicklung zur Anwendung von paralleler Hard- und Software, für die zum jeweiligen Zeitpunkt höchsten erfüllbaren Leistungsanforderungen. Mit dem Hochleistungsrechnen werden neue, vorher nicht bearbeitbare Aufgabenklassen der Behandlung durch Rechner zugängig gemacht, wozu auch neue methodische Konzepte erforderlich sind. Hochleistungsrechner wird es zunächst nur in vergleichsweise geringen Stückzahlen geben, bevor Nachfolgegenerationen mit gleicher Leistung aber größerer Stückzahl erscheinen. Der jeweilige Zusatz "Hochleistung" entfällt dabei in der Regel zu diesem Zeitpunkt. Die Entwicklung von neuen Hochleistungsrechnern erfordert neue algorithmische bzw. softwaretechnische Konzepte, insbesondere bei der Parallelisierung, um durch transparente Methoden bestehende Akzeptanzhürden bei Nutzern abzubauen. Eng damit verbunden müssen die Komponenten des Rechners - einschließlich der Ein- und Ausgabe und der Speichermedien - verbessert werden.

Die außerordentliche Vielfalt der Entwicklung von Hochleistungsrechnern und die zunehmende Vernetzung wird zukünftige Generationswechsel beim Hochleistungsrechnen verwischen. Zwischen den Entwicklungslinien massiv paralleler Rechner und den neuronalen Netzen bestehen enge Wechselbezüge; auch werden die Anwendungen für industrielles und für wissenschaftliches Hochleistungsrechnen ineinander übergehen. Dies gilt auch für die bisher übliche Unterscheidung in numerische und symbolische Verarbeitung (letztere mit starken Bezügen zur Bildverarbeitung und zur künstlichen Intelligenz). Die Entwicklungen auf dem Gebiet der Neuroinformatik mit subsymbolischer bzw. numerischer Verarbeitung und die Entwicklung von neuen Hochleistungsrechnern werden verschmelzen. Die vorrangige Aufgabe bis zum Jahr 2000 wird es sein, kognitive Aufgabenklassen und hochkomplexe numerische Anwendungen zu beherrschen. Von daher ist der fließende Übergang zum Thema "Simulation" (siehe im Abschnitt Software & Simulation) naheliegend. Mathematik und Hochleistungsrechner werden neue Lösungen bei der Vorhersage globaler klimatischer Veränderungen, der Simulation von fertigungstechnischen Prozessen, der Simulation von neuen Werkstoffen und chemischen Strukturen sowie bei der Beherrschung der Datensicherheit in den Netzen beitragen.

In der Logik dieses ganzen Kapitels zur Photonik muß nicht gesondert herausgestellt werden, daß neue Komponten aus der optischen Kommunikationstechnik die neuen Generationen der Hochleistungsrechner bestimmen werden. Die Integration von optischen Verarbeitungsstrukturen bis hin zum vorwiegend mit optischen Komponenten realisierten Rechner ist zu erwarten. Nachdem fast alle Wissensbereiche zum Hochleistungsrechnen beitragen, darf nicht überraschen, daß auch die Biologie zunehmend ins Gespräch gebracht wird. Neue Impulse auf dem Gebiet des Hochleistungsrechnens, die aus Forderungen zur Funktionssicherheit und Fehlertoleranz von Hardware und Software entstehen, werden anhand von biologischen Vorbildern in innovative Ansätze umgesetzt.

Bevor den Verflechtungen zwischen Photonik, Software und Simulation näher nachgegangen wird (Abschnitt 5.6), folgt zunächst eine Betrachtung der Systemtechnik von morgen (Abschnitt 5.5). Die molekularelektronischen und biotechnologischen Aspekte schließen sich an (Abschnitte 5.7 und 5.8).

5.5 Mikrosystemtechnik

Die Systemtechnik handelt weniger von einer gegenständlichen Technik, sondern bezeichnet mehr eine integrative Vorgehensweise, die verschiedene technologische Bereiche systemisch miteinander verbindet. Dabei besteht die Herausforderung nicht nur im Umgang mit komplexen und aufwendigen einzeltechnologischen Errungenschaften, die in ihrer Reife unterschiedlich weit entwickelt sind, sondern zusätzlich darin, daß bei ihrer Kombination zu neuartigen Lösungen neue Probleme auftreten können. Aufgrund der zunehmenden Miniaturisierung in vielen Bereichen (Mikroelektronik, Nanoelektronik, molekulare Werkstoffe, molekulare Biologie etc.) ist die heute in der Entwicklung befindliche Mikrosystemtechnik (MST) die potentielle "Keimzelle" der Systemtechnik von morgen. Auch andere Aspekte der Systemtechnik werden sich weiterentwickeln, so daß die Mikrosystemtechnik nicht als die alleinige zukünftige Systemtechnik angesehen werden sollte. Vielmehr soll der Sammelbegriff die Herangehensweise an den Bereich kleinster Abmessungen verdeutlichen.

Mikrosystemtechnik

In der Mikrosystemtechnik werden bisher getrennt arbeitende Fachdisziplinen der Natur- und Ingenieurwissenschaften zusammengeführt: Z. B. Physik und Biologie mit Elektrotechnik, Feinstwerktechnik mit Mikromechanik. Die technologischen Elemente der Mikrosystemtechnik setzen sich aus Verfahren und Strategien aus den erwähnten Bereichen und ihrer Verknüpfung zusammen und schaffen so die Voraussetzung für eine drastische Miniaturisierung der Systemtechnik und die Integration vieler Funktionen auf engstem Raum. Die wesentlichen beteiligten Mikrotechniken sind die Mikromechanik, die integrierte Optik, die Faseroptik, die Schichttechniken, die Mikroelekronik, die Keramiktechniken, die Leistungshalbleitertechniken, die Mikroaktorik, die Mikrosensorik (u. a. chemische Sensorik, Biosensorik).

Die Aufbau- und Verbindungstechniken (siehe unten) ermöglichen die Kombination einzelner Bauteile, so daß die Zuverlässigkeit bei gleichzeitiger Kostensenkung in der Fertigung gesteigert werden kann. Sie lösen Probleme der thermischen, mechanischen und sonstigen Belastung sowie der unerwünschten Effekte, die sich aus der engen räumlichen Nähe unterschiedlicher Materialien und Verfahren ergeben können. Systemarchitektur- und Signalverarbeitungskonzepte (siehe unten) unterstützen eine Integration verschiedener, mittels Mikrotechniken entwickelter und gefertigter Komponenten zu Systemen und stellen damit den Schlüssel zu deren Systemeinbindung dar. Auch die soft- und hardwaremäßige Realisierung von neuen Verfahren der Informationsbearbeitung (z. B. unscharfe Logik und neuronale Netze) erschließt in der Kombination mit der Mikrosystemtechnik weitere Möglichkeiten.

Die softwaregestützten Techniken werden im Abschnitt 5.6 behandelt, ebenso wie neuen Entwurfs- und Simulationstechniken, die für die Mikrosystemtechnik entscheidende Zeit- und Kostenvorteile bei komplexen Produktentwicklungen ermöglichen. Durch den Einsatz von rechnergestützten Analysen, neuen Entwurfswerkzeugen und Simulation- und Syntheseverfahren wird die Ablösung sequentieller Entwicklungsprozesse mit anschließenden Integrationsproblemen durch eine systemisch integrierte Vorgehensweise ermöglicht.

Abbildung 16: Überblick über die thematische Nähe der Mikrosystemtechnik und des Bereichs Software & Simulation (getönte Themen werden in diesem und dem folgenden Abschnitt diskutiert, ungetönte Themen sind thematisch verbunden, werden jedoch schwerpunktmäßig an anderer Stelle eingeordnet; die Abbildung ist ein Ausschnitt aus Abbildung 1, die Kurzbezeichnungen können aus Tabelle 3 und dem Anhang entnommen werden).

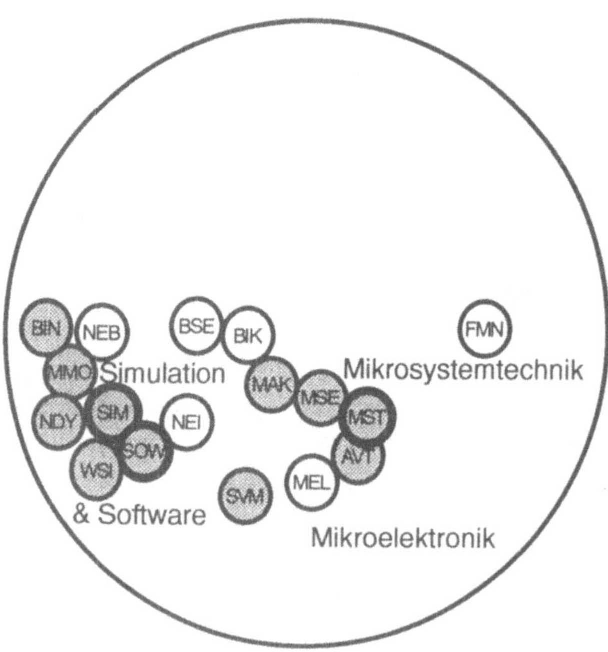

Durch die Anwendung mikrosystemtechnischer Strategien lassen sich Produktmerkmale realisieren, die für den Wettbewerbserfolg entscheidend sind. Die Miniaturisierung ermöglicht viele Funktionen auf kleinstem Raum, gleichzeitig werden Gewicht und Energieverbrauch reduziert. Die steigende Zuverlässigkeit führt zu robusten und langzeitstabilen Produkten mit der Möglichkeit zur Eigendiagnose. Durch Preissenkungen bei gleichzeitiger Leistungssteigerung können Märkte erschlossen werden, die bisher wegen des Fehlens wirtschaftlich zumutbarer Lösungen nicht angegangen wurden. Die Mikrosystemtechnik zielt in der Zukunft auf Produkte, die innovative Problemlösungen bisher unvorstellbarer Funktionalität ermöglichen. Sie liegen z. B. in der Medizintechnik (künstliche Organfunktionen, sanftes Operieren) und in der Umwelttechnik (preiswerte Meß- und Analysesysteme auf kleinstem Raum, die in Echtzeit arbeiten). Die Vorstufen dazu auf heutigem Stand sind intelligente Mikrosensoren und Mikroaktoren sowie Signalverarbeitungskomponenten.

Wegen der Impulse für die Mikrosystemtechnik aus der Mikroelektronik einerseits und aus Software- und Simulationsverfahren andererseits wird das Kapitel zur Mikrosystemtechnik an diese Stelle zwischen den genannten Bereichen plaziert. Die technologischen Ähnlichkeiten können der Abbildung 16 entnommen werden. Dort sind auch bereits die Themen zu Software und Simulation enthalten. Bezüglich der Verbindungen zur Mikroelektronik siehe auch Abbildung 12. Die Mikrosystemtechnik schöpft wesentliche Komponenten aus der Mikroelektronik (Verfahren, Materialien, Bauteile).

Mikroaktorik

Aktoren sind Energiewandler und Energiesteller. Sie schalten, steuern oder regeln physikalische Prozesse. Im engeren Sinne stellen sie die Verbindungsglieder zwischen dem informationsverarbeitenden Teil einer elektrischen Steuerung und einem zu regelnden Prozeß dar. Die Aktoren führen in der Mehrzahl ihrer Anwendungen eine mechanische Bewegung durch, die am Ausgang des Aktorelementes abgreifbar ist. In Verbindung mit der erforderlichen Hilfsenergie werden unterschiedliche physikalische Effekte zur Krafterzeugung ausgenutzt. Konventionelle Aktoren sind z. B. Elektromotoren, Elektromagnete, Unterdruck- oder Überdruckstelleinrichtungen.

Am Beginn des 21. Jahrhunderts gewinnen *Mikroaktoren* zunehmend an Bedeutung. Sie werden überwiegend mit neuer Miniaturisierungstechnologie hergestellt. Die wichtigsten Verfahren sind die Silizium-Mikromechanik, Dünn- und Dickfilmtechniken, die fortgeschrittene Hybridtechnologie, aber auch etwa die LIGA-Technik. Die Miniaturisierung von Aktoren z. B. bei Pumpen, Schaltern oder Motoren und einzelnen Komponenten wie Federn, Zahnrädern, Getrieben oder Greifern erreicht Dimensionen vom Zentimeter- bis hinunter in den Nanometerbereich. Vergleicht man den derzeitigen Entwicklungsstand der drei Mikrosystemkomponenten, Mikrosensorik, Signalverarbeitung und Mikroaktorik miteinander, so ergeben sich gravierende Unterschiede im Entwicklungsstand: Die Aktorik liegt gegenüber der Sensorik mit ca. 5 Jahren im Rückstand. Dies liegt daran, daß die Zahl der nutzbaren Effekte deutlich kleiner ist als in der Sensorik und im allgemeinen eine Umsetzung von (mechanischen) Leistungen und nicht von Informationen gefordert ist. Daher erweist sich der Aktor als der "Flaschenhals" bei der Entwicklung der Systemtechnik von morgen, aber auch als Komponente und Produkt mit einem großen Forschungs- und Entwicklungsbedarf sowie Anwendungspotential.

Noch befindet sich die überwiegende Zahl der mit mikromechanischer Technologie hergestellten Mikroaktoren als Labormuster in der angewandten Forschung, aber zukünftig werden neue Anwendungsfelder durch Mikroaktoren besetzt werden können (z. B. Mikropumpen). Am Beginn des 21. Jahrhunderts werden systemfähige Mikroaktoren aus mikromechanischen, mikrooptischen und mikroelektronischen Komponenten bestehen. Neue Herstellungsverfahren für Mikrokomponenten werden die heute gebräuchliche feinmechanische Technik ergänzen und neue Anwendungsgebiete z. B. in der Medizintechnik eröffnen (minimal invasive Chirurgie). Für große Stellkräfte und Stellwege werden auch zukünftig konventionelle Aktoren eingesetzt werden, so daß der Mikroaktorik weniger die Rolle der Verdrängung, als vielmehr der Ergänzung zur konventionellen Aktorik zufällt.

Signalverarbeitung in der Mikrosystemtechnik

Mikrosysteme verkoppeln elektrische und nichtelektrische Größen in Sensoren und Aktoren. Die ***Signalverarbeitung in der Mikrosystemtechnik*** steht als notwendiges Bindeglied zwischen Sensoren und Aktoren und zu den übergeordneten Ebenen von informationstechnischen Systemen. Sie bearbeitet und modifiziert ein Eingangssignal (vom Sensor) so, daß schließlich die gewünschte Nutzinformation zur Verfügung steht, die dann durch weitere Bearbeitung in ein Ausgangssignal umgesetzt wird, das die gewünschte Aktion (durch Ansteuerung eines Aktors) bewirkt oder zur Weiterverarbeitung an ein übergeordnetes System weitergegeben wird.

Für die Signalverarbeitung in der Mikrosystemtechnik gelten die gleichen Grundsätze wie für die Signalverarbeitung schlechthin, jeweils unter Betonung der Miniaturisierung. Die Weiterentwicklung in den nächsten zehn Jahren betrifft vorwiegend die Zusammenführung von Sensor und Signalverarbeitung am Ort der Messung bzw. von Aktor und Signalverarbeitung am Ort des Eingreifens in einen Prozeß sowie die intelligente Verarbeitung von Meßwerten. Dabei noch zu lösende Probleme liegen im Bereich der Herstellungsprozesse zur Gewährleistung dieser Integrationsschritte und in der Beherrschung der verstärkten gegenseitigen Beeinflussungen als Folge der Miniaturisierung (Biegespannungen im mechanischen Sensor, Verlustwärme etc.). Von entscheidender Bedeutung für die weitere Entwicklung ist die Verfügbarkeit von geeigneten Signalverarbeitungskonzepten und Entwurfswerkzeugen. Neben der Signalverarbeitung auf elektrischer Basis werden zunehmend Realisierungen nichtelektrischer Art benötigt (z. B. optische und akustische Signalverarbeitung und -übertragung, Ultraschall- und Oberflächenanwendungen, biokybernetische Systeme). In diesem Zusammenhang gewinnt die Hochtemperaturelektronik (siehe im Abschnitt zur Mikroelektronik) zunehmend an Bedeutung. Nach dem Jahr 2000 sind vollständige, intelligente Mikrosysteme verfügbar. Sie arbeiten als selbständige, lernfähige oder adaptionsfähige Systeme, besitzen Geometrien bis hinab in den Nanobereich, beziehen nichtelektrische Signalverarbeitungskomponenten ein und beruhen teilweise auf Materialien aus der Hochtemperaturelektronik.

Mikrosensorik

Jeder Sensor stellt ein Bindeglied zwischen der Umwelt oder einem technischen Prozeß und der informationsverarbeitenden Mikroelektronik dar. Der Sensor wandelt nichtelektrische Größen in ein elektrisches Signal um. Die Vielfalt der Sensorik ist u. a. daran zu bemessen, daß weit über hundert verschiedene zu messende Größen aufgezählt werden können. Diese lassen sich einteilen in mechanische, thermische, magnetische und elektromagnetische Signale, Kernstrahlung, akustische, chemische und biochemische Größen. Der seit einigen Jahren unübersehbare Trend zur Miniaturisierung bei gleichzeitiger Integration von Sensorelementen und Signalverarbeitungsfunktionen in einem Gehäuse führt zu einer neuen Qualität der Miniaturisierungstechniken. Ein mit Mikrotechniken gefertigter Sensor, der in der Regel einen - äußerlich sichtbar - hohen Miniaturisierungsgrad besitzt und Signalverarbeitungsfunktionen enthält, wird als *Mikrosensor* bezeichnet. Ein Mikrosensor ist - bei vergleichsweise hohen Stückzahlen - billig. Die zukünftig größten Steigerungsraten werden von Beschleunigungs- und Vibrationssensoren erwartet (Kfz-Anwendungen). Andererseits wird die Komplexität von Mikrosensoren enorm zunehmen. Meßmethoden, die heute ganze Anlagen erforderlich machen, werden zukünftig mit vergleichbarer Funktionalität und Komplexität in Form von Mikrosensoren zu einem Bruchteil des Preises zu kaufen sein. Für das Jahr 2000 erscheinen aufwendige Analysemethoden, wie z. B. die Gaschromatographie realistisch zu sein. Die Fließinjektionsanalyse kombiniert mit Biosensoren ist bereits Realität; das verwandte Gebiet der Biosensorik wird im Abschnitt 5.7 zur Molekularelektronik behandelt.

Mikrosensoren werden zukünftig besonders für Luft- und Wasserüberwachung und in der Medizintechnik benötigt. Sie sind Schlüsselelemente für den Einsatz künstlicher Organe (künstliche Bauchspeicheldrüse). Neben der Biotechnologie wird die integrierte Optik weitere Anwendungen ermöglichen, z. B. unter Ausnutzung optisch-interferometrischer Meßprinzipien in bisher unvorstellbarer Kompaktheit. Im Bereich thermodynamischer Meßmethoden wird die Miniaturisierung hundertfach kürzere Zeitkonstanten ermöglichen. Die neuen technologischen Optionen der zukünftig intelligenten, multifunktionellen Mikrosensoren werden schon bald als typische Schlüsseltechnologie auf die unterschiedlichsten Anwendungsfelder ausstrahlen. Auf die Unterstützung durch Fortschritte bei der Signalverarbeitung (siehe oben) und neue Fertigungsverfahren der Mikro- und Nanotechnik (siehe im Abschnitt 5.2 zur Nanotechnologie) wird der Vollständigkeit halber noch einmal hingewiesen.

Aufbau- und Verbindungstechnik

In Abbildung 16 weist die technologische Nähe der *Aufbau- und Verbindungstechnik* innerhalb der Systemtechnik mehr in Richtung Mikroelektronik und Photonik. Sie umfaßt die Gesamtheit der Prozeßtechnik und Entwurfswerkzeuge, die zur Realisierung von Mikrosystemen auf engstem Raum benötigt werden und bildet daher tatsächlich die Brücke zwischen mikro- und optoelektronischen Bauelementen sowie mikromechanischen Komponenten zum vollständigen System. Zu den wesentlichen Merkmalen der Aufbau- und Verbindungstechnik gehören die jeweils gebräuchlichen Gehäuseformen für integrierte Schaltungen bzw. andere elektronische Komponenten. Sie bestimmen letztlich den Miniaturisierungsgrad und die Leistungsfähigkeit der Gesamtsysteme. Die unterschiedlichen Klassen von Gehäuseformen hängen jeweils mit spezifischen Fertigungsprozessen zusammen und erfordern aus diesem Grunde von Generation zu Generation neuartige Geräte und Materialien. Anders als bisher werden zukünftig Systemgehäuse und das System selbst nicht mehr als unabhängig voneinander betrachtet werden können, d. h., sie müssen aufeinander abgestimmt entwickelt werden. Auf dem Weg zu steigenden Integrationsgraden wird die Kontaktierungstechnologie immer öfter auch ungehäuste Komponenten einsetzen. Für die hochkomplexen Strukturen der Mikrosystemtechnik werden Entwurfswerkzeuge entwickelt, die Fortschritte bei Simulation und Entwurf erfordern. Das Ziel ist die hochintegrierte Aufbau- und Verbindungstechnik, nämlich Multi-Chip-Module und vertikale Integrationstechniken, die sich in den nächsten Jahren etablieren werden.

Durch die Leistungsfähigkeit moderner Aufbau- und Verbindungstechnik wird weitgehend bestimmt, inwieweit die Fortschritte bei der Entwicklung von Komponenten in Produkte umgesetzt werden können. Für die Produktion elektronischer Systeme stellt die Aufbau- und Verbindungstechnik darüber hinaus einen wesentlichen Kostenfaktor dar und verdoppelt in der Regel den Preis für die elektronischen Komponenten. Produktvisionen zielen beispielsweise auf die minimal invasive Chirurgie, die mit miniaturisierten Antrieben, Mikromanipulatoren und Mikrosensoren die taktilen Eindrücke aus dem Körperinnern auf die Hand des Arztes überträgt. Solche Produktvisionen benötigen hochkomplexe elektronische Intelligenz vor Ort.

Abbildung 17: Voraussichtliche zeitliche Entwicklungsdynamik im Bereich der Systemtechnik von morgen. (Die Quadrate symbolisieren den Häufungswert beim Vorliegen unterschiedlicher Phasen innerhalb eines Themas, die Balken die tatsächliche Streubreite.)

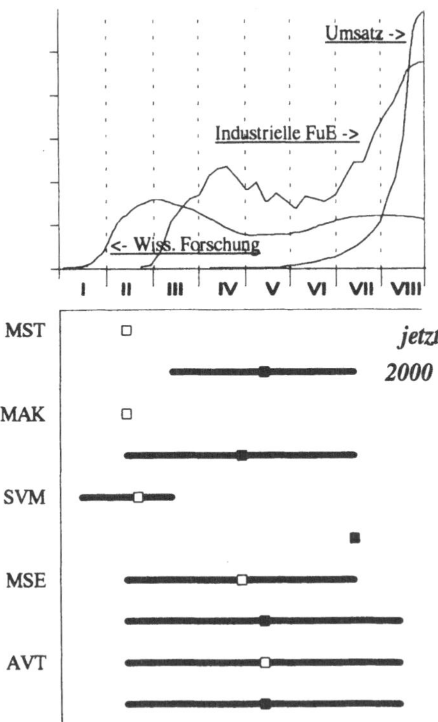

Die *zeitlichen Perspektiven der Systemtechnik von morgen* sind in Abbildung 17 veranschaulicht. Die Bandbreiten verdeutlichen die Einschätzungen, daß in der Mikrosystemtechnik jedes Thema noch einmal in Teilthemen zerfällt, die unterschiedlich einzuschätzen sind. Letztlich ist die Mikrosystemtechnik (MST) ein Gebiet, das praktisch alle Phasen von den wissenschaftlichen Grundlagen bis zu den kommerziellen Anwendungen umfaßt. Die zeitliche Dynamik der Aufbau- und Verbindungstechnik (AVT) wird heute noch überwiegend durch die Fortschritte bei der Miniaturisierung von integrierten Schaltungen vorgegeben. Ab dem Jahr 2000 ist damit zu rechnen, daß sich daraus eine Reihe von Standardtechnologien entwickelt hat. Zusammen mit der Mikrosensorik (MSE) ist sie in Teilbereichen heute bereits weiter fortgeschritten als die Signalverarbeitung, die Aktorik und die

Mikrosystemtechnik als integrales Gebiet. Bei der Mikrosystemtechnik hat eine weitgehende Entwicklung nur in Teilbereichen stattgefunden, weitere technologische und daraus resultierende ökonomische Durchbrüche sind zu erwarten. Die speziell auf die Erfordernisse der Mikrosystemtechnik zugeschnittene Signalverarbeitung (SVM) ist insbesondere hinsichtlich nicht-elektrischer Funktionen noch in einem frühen Entwicklungsstadium. Methoden und Werkzeuge sind bereits in Anfängen realisiert. Gerade hier wird jedoch ein großer Sprung in den nächsten zehn Jahren bis hin zu ersten wirtschaftlichen Anwendungen erwartet. Dieselbe Einschätzung betrifft die Mikroaktorik (MAK) in der momentanen Phase. Allerdings ist es wenig wahrscheinlich, daß sich im laufenden Jahrzehnt eine so rasche Entwicklung vollzieht, wie sie etwa in der Signalverarbeitung erwartet wird. Die Mikrosystemtechnik insgesamt unter Beachtung ihrer integrierenden Aspekte befindet sich somit, das ergibt sich aus der Betrachtung der Teilbereiche, zur Zeit noch in Phase II. Eine weitgehende Entwicklung in den nächsten Jahren trifft nur für einige Aspekte zu. Weitere Durchbrüche sind zu erwarten, allerdings stößt die Integration hin zu selbständig agierenden Systemen und also die Verknüpfung von Biologie und Mikrosystemtechnik noch auf gravierende Forschungsprobleme.

5.6 Software & Simulation

Es gibt vor allem in den USA eine Debatte darüber, ob die Erstellung von Software (das "Programmieren") einer FuE-Tätigkeit gleichzusetzen ist. Einerseits wird durch FuE oft der "Stand der Technik" in der "Software-Technologie" angehoben, also eine echte FuE-Leistung erbracht. Andererseits werden oft nur bekannte Programmierverfahren zum Schreiben und Verbessern von Programmen eingesetzt, was keinem FuE-Merkmal genügt. In den Vereinigten Staaten werden hierfür keine FuE-Steuererleichterungen gewährt, was heftig umstritten ist.

Mag man über Routineoperationen im Bereich der Software trefflich streiten, so steht es doch außer Frage, daß in den nächsten zehn Jahren von allen Seiten erhebliche Anforderungen an die Verbesserung der Software- und Simulationstechniken gerichtet werden. Dabei wird keiner der hier betrachteten technologischen Bereiche ausgelassen. Dies muß man in Europa umso deutlicher sagen, als bei der Softwareentwicklung eine spezifische, letztlich in kulturellen und Ausbildungsgegebenheiten begründete Schwäche des japanischen Forschungs- und Entwicklungssystems offen sichtbar ist. Hoher Ausbildungsstand und Kreativität vermögen in Europa evtl. gerade im Bereich der Software mehr Boden gutzumachen als in anderen Bereichen der modernen Informationstechnik.

Die Analyse technischer Ähnlichkeiten hat den Bereich der Software & Simulation zwischen Biotechnologie- und Molekularelektronik einerseits und Systemtechnik und Mikroelektronik andererseits gerückt (Abbildung 16). Während die Nähe von Software zur informationstechnischen Hardware der gängigen Einschätzung entspricht, mag man sich fragen, ob die unmittelbare Nähe zu Molekularelektronik und Biotechnologie gerechtfertigt ist. Die Antwort darauf lautet, daß in Abbildung 16 die voraussichtlichen Verhältnisse am Beginn des 21. Jahrhunderts abgebildet worden sind und es bis dahin immer transparenter werden wird, welche Bedeutung die Lebensvorgänge und ihr Studium für Software & Simulation haben (unscharfe Systeme, assoziatives Lernen u. a. m.). Bereits die einschlägigen Vokabeln (Bioinformatik, Neurobiologie, Neuroinformatik, künstliche Intelligenz, Bionik, etc.) legen diesen Zusammenhang assoziativ nahe.

Software

Die Software-Technologie ist eine Teildispizlin der Informatik und beschäftigt sich mit theoretischen Grundlagen, Prozessen, Methoden und Mitteln der Herstellung, Anwendung und Wartung von *Software*. Dabei tangiert sie verschiedene andere Teilgebiete der Informatik, so z. B. die Datenbanktechnik, die Compilertechnik, die Modellierung und Simulation, die künstliche Intelligenz und die Mensch-Maschine-Kommunikation. Software wird meist geteilt in System- und Anwenderprogramme. System-Software steuert Maschinen, während Anwenderprogramme Textsysteme, Computerspiele und anderes mehr umfassen. Ein Software-Produkt ist *angemessen*, wenn es seine Spezifikation erfüllt, ausreichend robust ist (Funktionsfähigkeit unter außergewöhnlichen Bedingungen) und Entwicklungszeiten sowie -kosten in vernünftiger Relation zum Nutzen stehen. *Korrekt* ist das Software-Produkt, wenn es fehlerfrei seine Aufgaben exakt so ausführt, wie sie durch Anforderungen und Spezifikation definiert sind.

Die Softwareentwicklung wird eine Hauptaufgabe der angewandten Informatik bis weit in das nächste Jahrhundert bleiben. Es sind keine spektakulären Sprünge zu erwarten, eher ein langwieriger und mühsamer Prozeß der Vereinheitlichung und ingenieurwissenschaftlichen Beherrschung. Die Gewährleistung der Qualität der Software ist eine der wichtigsten Aufgaben der nahen Zukunft. In der Programmierpraxis hat es sich erwiesen, daß Fehler in System- und Anwenderprogrammen zunächst unvermeidbar sind. Zwar dienen die Methoden der Qualitätssicherung, die Tests oder die simulierten Funktionen in einer definierten Umgebung zur Vorsorge gegen Fehlerhaftigkeit, damit kann aber letztendlich die Korrektheit des Produkts unter allen denkbaren Bedingungen nicht garantiert werden. Diese Erfahrung wird zuweilen mit dem Terminus "Softwarekrise" charakterisiert.

Seit den 80er Jahren werden bei der Softwareentwicklung verstärkt formalisierte Verfahren eingesetzt. Zum maschinellen Beweis der Korrektheit von Datentransformationen sind spezielle Algorithmen entwickelt worden. Nachteilig bei diesen Verfahren ist, daß aufgrund ihrer formalen Struktur die Problemstellungen stark schematisiert werden müssen und so selten die volle Komplexität abbildbar ist.

Neuere Ansätze beziehen sich u. a. auf die Erkenntnis, daß der Mensch komplexe Zusammenhänge am einfachsten in Form von Bildern erfassen kann. Graphische Entwicklungssysteme unterstützen - bislang nur zu Spezifikationszwecken - die auf Diagrammen basierte Programmierung durch deren Darstellung und Strukturüberprüfung. Auf diesem Feld sind gute Entwicklungsperspektiven bis zum Jahr 2000 zu sehen. Als Produktvisionen gelten voll integrierte, fehlertolerante Entwicklungssysteme zur Spezifikation und Verifikation höchst komplexer Software-Systeme, die über die interne formale Korrektheitssicherung hinaus Lösungsansätze zum Gültigkeitsproblem (Problemangemessenheit) liefern. Zur Erreichung dieser Ziele muß es mehr als bisher darum gehen, die Software-Technologie als Herausforderung anderer Teilgebiete zu verstehen (z. B. Datenbanken, künstliche Intelligenz, Mensch-Maschine-Kommunikation), sich an den Möglichkeiten der Software-Entwicklung zu orientieren.

Modellbildung und Simulation

Schon immer hat es Versuche gegeben, zu Ausbildungs- und Übungszwecken oder zu Zwecken der Planung das jeweilige Problem durch Schaffung einer modellhaften Repräsentation der Wirklichkeit anzugehen (Simulation). Es wurden und werden Modelle von Systemen gebaut, anhand derer z. B. Auslegungsvarianten diskutiert und geplant werden können. Auch bereits die Sandkastenspiele früherer Jahrhunderte im Rahmen militärischer Ausbildung und Planung stellten ein solches vereinfachtes Abbild der Wirklichkeit dar. Ziel der Simulation war und ist dabei immer, Vorgänge durchspielen (und damit durchdenken) zu können, ohne den Aufwand oder die Gefährdungen des realen Ablaufs in Kauf nehmen zu müssen. Modelle sind also Abstraktionen realer Systeme mit dem Ziel einer komplexitätsreduzierten Anschauung unter Beibehaltung wesentlicher struktureller und dynamischer Eigenschaften. Simulation ist dabei die experimentelle dynamische Nutzung von Modellen zur Lösung realer Problemstellungen. Erfolgreiche Simulation basiert auf der exakten Abgrenzung eines Systems zu seiner Umgebung und der möglichst vollständigen Erfassung der Beziehungen zwischen System und Umwelt.

In den letzten Jahrzehnten hat sich auf dem Gebiet der *Modellbildung und Simulation* eine stürmische Entwicklung vollzogen, die auf der Seite der Technik insbesondere durch die

Dynamik der Computerentwicklung und der Bildschirme geprägt ist, und deren Anwenderseite sich durch eine starke Nachfrage nach kostengünstigen, umweltschonenden und ungefährlichen Ausbildungs-, Planungs- oder Designhilfen für immer komplexer werdende Systeme und Problemstellungen auszeichnet. Auf diesen Anwenderdruck wurde in diesem Kapitel 5 schon mehrfach hingewiesen - angefangen bei den Werkstoffen und Fertigungsverfahren. Die wachsende Komplexität von Systemen mit vielfältigen Abhängigkeiten zwischen den Teilsystemen und ihren Komponenten bewirkt eine solche Steigerung des realexperimentellen Aufwandes in nicht mehr vertretbaren Größenordnungen, daß unter den zeitkritischen Bedingungen des internationalen Wettbewerbs Realerprobungen und -erfahrungen optimiert werden müssen, um nicht Gefahr zu laufen, zu spät auf den Markt zu kommen. In manchen Anwendungsfeldern sind zudem Realexperimente nicht ratsam (Flugsimulation), mit zu hohen Risiken behaftet (Kernreaktoren) oder aufgrund der sozialen Betroffenheit nicht befriedigend möglich (Ökonomie, Gesellschaft). Mit Hilfe der Simulation kann insbesondere das Zusammentreffen schlechtester Bedingungen untersucht werden.

Voraussetzung für die Simulation ist neben der Software die Verfügbarkeit eines Simulators, d. h. eines Systems aus sehr leistungsfähiger Hardware. Insbesondere in der Informationstechnik haben sich in der Vergangenheit sehr vielversprechende Hardware-Voraussetzungen ergeben. Die Leistungsfähigkeit von Simulatoren ist im allgemeinen jedoch noch darauf begrenzt, Teilaspekte des Systemverhaltens herauszugreifen und zu bearbeiten. Statt einer allgemeinen Beschreibung der zukünftigen Entwicklungen wird auf die nächsten Absätze und vor allem die am Ende des Abschnitts diskutierten Anwendungen verwiesen.

Molecular Modelling

An das Modellieren chemischer Systeme am Computer knüpft sich letztlich die Erwartung, hohen zeitlichen und damit zugleich teuren experimentellen Aufwand durch den Einsatz von Computerberechnungen verringern zu können. Realistischerweise kann beim heutigen Stand der Forschung jedoch noch nicht behauptet werden, daß sich die experimentelle Verifizierung von Vorhersagen über einzelne Moleküle, über ihre Wechselwirkungen untereinander und damit über die makroskopischen Eigenschaften von Flüssigkeiten und Festkörpern erübrigt. Dies wird auf absehbare Zeit nicht der Fall sein. Das potentielle Einsatzgebiet von *Molecular-Modelling-Verfahren* reicht von polymeren Werkstoffen über Katalysatoren bis hin zur Entwicklung von Wirkstoffen im Bereich der Pharma- und Pestizidforschung. Insbesondere das letztere Gebiet begründet das hohe Interesse der Industrie an der Weiterentwicklung der Methodik. In Anfängen zum Teil schon realisiert wird das Design von Molekülen bzw. molekularen Materialien am Computer in Analogie zu CAD/CAM im Ingenieurwesen bzw. in der Architektur. Durch Molecular Modelling mag dereinst ein weitgehender Verzicht auf chemische Experimente und Tierversuche möglich werden, kurzfristig ist damit nicht zu rechnen.

Bioinformatik

Mit der ***Bioinformatik*** hat sich ein interdisziplinäres Forschungs- und Entwicklungsgebiet herausgebildet, in dem sich die Methoden und Kenntnisse der Biowissenschaften mit denen der Informatik, Mathematik und Physik vereinen. Durch Lösung von Aufgaben mit extremen Anforderungen im Bereich der Biowissenschaften und die Nutzung biologienaher Lösungskonzepte werden innovative Impulse für die Entwicklung der Informatik insgesamt angestoßen. Damit grenzt das Gebiet an die Simulation dynamischer Prozesse zur Darstellung und Vorhersage von Struktur, Wechselwirkung und Funktion komplexer biologischer Makromoleküle (Molecular Modelling). Voraussetzung für die weitere Entwicklung der Bioinformatik sind Lösungsbeiträge aus der Informatikforschung (Modellbildung und Simulation, kombinatorische Optimierung, Datenbanktechnologie, Hochleistungsrechnen und künstliche Intelligenz).

Die Abgrenzung der ***Bioinformatik*** von der Neuroinformatik wie auch der molekularen Informatik ist nicht einfach, zu sehr sind die Disziplinen noch in der Profilbildung begriffen. An sich ist die Bioinformatik ein Oberbegriff, der im Sinne einer Akzentverschiebung dann zur Neuroinformatik wird, wenn es speziell um die Nachbildung von Nerven- oder Gehirnleistungen geht. Andere innovative Ansätze der Informatik, z. B. genetische Algorithmen und Forschungen zur Selbstorganisation und Selbstreparatur werden nicht zur Neuroinformatik gerechnet und machen somit das eigenständige an der Bioinformatik aus. Weitere Anwendungsfelder der Bioinformatik sind die Genomforschung, das Design von Biomolekülen, die Methoden der Mustererkennung zur Oberflächenbeschreibung von Biomolekülen, Methoden der formalen Sprachen zur Beschreibung zellulärer Kontrollprozesse und die Wirkstoffentwicklung. Die Erarbeitung der Grundlagen zum Verständnis von Gehirnfunktionen wird - dies ist eine weitere Akzentverschiebung - unter dem Begriff der Neurobiologie eingeordnet (zu Neurobiologie und Neuroinformatik siehe den Abschnitt 5.7 zur Molekularelektronik). Infolge der außerordentlichen Dynamik der Bioinformatik und der hohen Abhängigkeit von anderen Entwicklungen ist eine tragfähige Produktvision zur Zeit nicht realistisch.

*

Ein weiteres Grenzgebiet zwischen Biologie und Informationsverarbeitung ist die ***Bionik***. Ihre Entwicklungsmöglichkeiten ließen sich gleichermaßen in diesem Abschnitt darstellen, sind jedoch schwerpunktmäßig zur Biotechnologie (Abschnitt 5.8) zugeordnet worden, weil der gemeinsame Kern - die Beobachtung biologischer Muster - sich klarer fassen läßt als die disziplinär weit verzweigten potentiellen Anwendungen.

Werkstoffsimulation

Die ***Computersimulation in der Werkstoffkunde*** basiert auf den theoretischen und experimentellen Erkenntnissen in Werkstoffwissenschaft und -technik. Mit dem Computer werden stoffliche Vorgänge nachgeahmt, vorausberechnet, gespeichert und visualisiert. Sie vermittelt damit eine umfassendere Sicht sowie ein besseres Verständnis der Werkstoffphänomene. Die Computersimulation ersetzt nicht Experimente, sondern ergänzt diese in einem iterativen Prozeß, um eine bessere Steuerung der Prozesse und eine höhere Produktqualität zu ermöglichen. In den letzten zehn Jahren hat das Interesse an der Computersimulation in der Werkstoffkunde ständig zugenommen. Die Themen umfassen so unterschiedliche Aspekte wie die Modellbildung von Strömungen, die Korngrenzenwanderung, die Siliziumabscheidung, die Eigenspannungen beim Schweißen, die Gefügeausbildung bei Erstarrungsprozessen usw. Es gibt mittlerweile weltweit hervorragende Forschungszentren, die sich mit der Computersimulation in der Werkstoffkunde befassen, insbesondere in den Vereinigten Staaten. Werkstoff-, Bauteile- und Systemhersteller profitieren von einer verstärkten Computersimulation im Werkstoffbereich. Da neue Werkstoffe Schlüssel für die Technologie am Beginn des 21. Jahrhunderts sind, trägt damit auch eine fortgeschrittene Computersimulation zu ihrer Meisterung bei. Die Simulation im Werkstoffbereich könnte man als eine informationstechnische Anwendung verstehen, jedoch verweist Abbildung 18 auf die noch frühen Entwicklungsphasen.

Nichtlineare Dynamik

Die ***nichtlineare Dynamik*** von komplexen Systemen steht in enger Beziehung zu Synergetik und Chaosforschung. Der Ursprung der Nichtlinearen Dynamik ist die Mathematik, ihren Aufschwung hat sie durch die Verbreitung des Computers erfahren. Obwohl die nichtlineare Dynamik und die Chaosforschung der statistischen und mathematischen Physik entwachsen sind, haben sie heute bereits in Chemie, Biologie und Medizin Fuß gefaßt. Dabei hat sich die nichtlineare Dynamik nicht die Aufgabe gestellt, die Eigenschaften und das Verhalten bestimmter Objekte zu erschließen. Sie sucht vielmehr Gesamtheiten von nichtlinearen Systemen zu verstehen und zu beschreiben. Dabei studiert die nichtlineare Dynamik durchaus praktische Phänomene und nicht etwa Simulationen: Die Mehrzahl der Systeme und Prozesse, die wir als natürlich empfinden, ist durch ihre Nichtlinearität gekennzeichnet (Wetterentwicklung, biologisches Wachstum und Strukturbildung, Entstehen und Kontrol-

Abbildung 18: Voraussichtliche zeitliche Entwicklungsdynamik im Bereich von Software & Simulation. (Die Quadrate symbolisieren den Häufungswert beim Vorliegen unterschiedlicher Phasen innerhalb eines Themas, die Balken die tatsächliche Streubreite.)

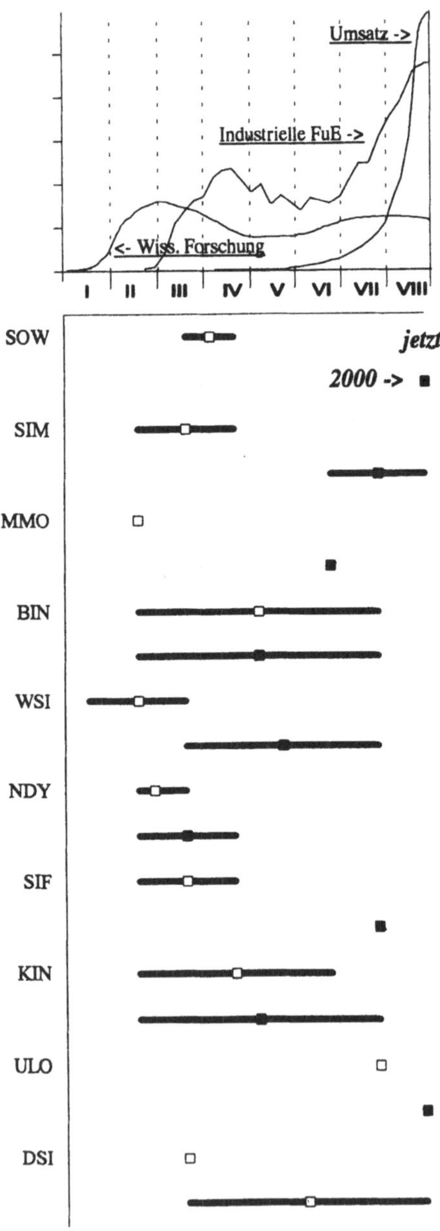

lieren von Krankheiten, kosmische Entwicklungen etc.). Sind die linearen Systeme die Domäne der heutigen Technik, so sind die nichtlinearen Systeme die Domäne der uns umgebenden natürlichen Welt. Bei der nichtlinearen Dynamik handelt es sich um eine grundlegende Strukturwissenschaft ähnlich der Thermodynamik oder der Quantentheorie. Eine Produktnennung im herkömmlichen Sinn ist nicht möglich.

*

Bevor auf die Anwendungen im Bereich der Software & Simulation eingegangen wird, soll ein Blick auf die *zeitliche Dynamik* erfolgen. Hierzu siehe Abbildung 18. In der Phase grundlegender Arbeiten befinden sich heute das Molecular Modelling und die nichtlineare Dynamik. Die Forschung ist in beiden Bereichen noch erheblich ausbaufähig. Interessant ist der Unterschied in der Einschätzung des Jahres 2000. Während dem Bereich der molekularen Modellierung eine baldige kommerzielle Zukunft vorausgesagt wird, so daß um das Jahr 2000 sich die industrielle FuE des Gebiets angenommen haben wird, werden Arbeiten im Bereich der nichtlinearen Dynamik mit gewissen Unsicherheiten auch dann noch im Forschungsstadium verharren. Generell haben niedrig dimensionale Systeme einen anwendungsnäheren Entwicklungsstand als hochdimensionale Systeme. Bei weitem noch nicht ausgereizt sind die Oberthemen Softwareentwicklung (inklusive Qualitätssicherung und Modellbildung/Simulation). In beiden Fällen wird jedoch ein so stürmisches Entwicklungstempo unterstellt, daß zum Beginn des 21. Jahrhunderts kommerzielle Anwendungen wenigstens in Teilbereichen erreicht sein werden. Der Bereich der Bioinformatik ist schwieriger einzuschätzen und überdeckt eine große Spannweite. Es wird auch noch weit nach dem Jahr 2000 Entwicklungsrichtungen geben, die sich in Phase II, und andere, die sich bereits in Phase VII befinden. Der Fortschritt wird von der Kooperationsfähigkeit der Fachdisziplinen und von Forschungen in der Industrie gleichermaßen abhängen.

Zu den *informationstechnischen Anwendungssystemen* gehören eine Reihe von Themen, die unten dargestellt werden. Im Prinzip könnte man auch die Telekommunikation und die Hochleistungsrechner als Anwendungen im Bereich Software & Simulation ansehen, diese Gebiete sind aber schwerpunktmäßig der Photonik zugerechnet worden. Zunächst ein Blick auf die zeitliche Dynamik dieser Anwendungen. Obwohl Anwendungen definitionsgemäß die höheren Phasen in FuE erreicht haben, zeigt ein Blick auf Abbildung 18 und insbesondere der Vergleich mit den Grundlagen des Gebiets, daß dies in diesem Fall weniger scharf zutrifft. Auch viele Anwendungen der Simulation sind durchaus noch grundlegend ungeklärt, so daß oft auch von einer Softwareanwendungskrise gesprochen wird. Im einzelnen sind die Simulation in der Fertigungstechnik (SIF) und die Datensicherheit in Netzen (DSI) noch nicht anwendungsreif (Phase III). Während sich diese Situation bei der Datensicherheit alsbald verbessern dürfte, wird nach dieser Einschätzung die Simulation in der Fertigungstechnik in zehn Jahren ihren kommerziellen Siegeszug angetreten haben. Die künstliche Intelligenz und die kognitiven Systeme (KIN) im bisherigen Verständnis werden ebenfalls gewisse Fortschritte machen, aber im Mittel nur mäßige. Dieser Bereich deckt im übrigen ein sehr breites Spektrum ab, so daß sich die zeitliche Dynamik einer exakten Darstellung entzieht. Unter den Anwendungen von Software & Simulation am weitesten fortgeschritten ist die unscharfe Logik (ULO). Bereits heute gibt es erste kommerzielle Anwendungen, in Kürze werden weitere Märkte durchdrungen sein.

Simulation in der Fertigungstechnik

Die Anwendung der Simulation in der Fertigungstechnik ist dann sinnvoll, wenn Neuland betreten wird oder wenn komplexe Wirkungszusammenhänge die menschliche Vorstellungskraft übersteigen. Ist ein Experimentieren am realen System nicht möglich oder zu teuer, soll das zeitliche Ablaufverhalten einer Anlage untersucht werden. Sind die Grenzen analytischer Untersuchungsmethoden erreicht, kann durch Einsatz der Simulationstechnik die Prozeßbeherrschung wesentlich verbessert werden. Obwohl die Simulationstechnik schon seit vielen Jahren eingesetzt wird, fehlt ihr immer noch eine breite Akzeptanz, weil die Handhabung der Programme zu wenig auf den Anwender zugeschnitten ist, dadurch sehr komplex erscheint und einen großen Schulungs- und Einarbeitungsaufwand erfordert. Sie spielt heute bereits eine Rolle bei Hochregallagern, fahrerlosen Transportsystemen, Linien- und Werkstattfertigungen, flexiblen Fertigungssystemen und anderem mehr. Zukünftig wird die Simulationstechnik durch steigende Leistung und sinkende Kosten von Hard- und Software sowie die Einführung neuer Signal- und Informationsprinzipien (z. B. Neuroinformatik, Parallelverarbeitung etc.) eine wesentlich breitere Anwendung finden. Dazu ist eine wesentliche Weiterentwicklung zu benutzerfreundlicheren Systemen notwendig, die keine Datenverarbeitungskenntnisse erfordern und in Realzeit Antworten geben.

Künstliche Intelligenz und kognitive Systeme

Künstliche Intelligenz oder wissensbasierte Systeme umfassen die Entwicklung von Rechnern und Rechnersystemen, die zur Bearbeitung von Problemen eingesetzt werden, für deren Lösung der Mensch ansonsten seine eigene Intelligenz gebrauchen würde. Traditionell basieren sie auf Symbolverarbeitung und Logik; Bezüge zur Linguistik sind vorhanden. Systeme der *künstlichen Intelligenz* sind wesentliche Bestandteile von *kognitiven Systemen*, wobei im Unterschied zu konventionellen Programmen der Informatik Wissen explizit in Wissensbasen gespeichert ist. Ihre Komponenten werden auch zur Erkennung und Interpretation von visuellen und akustischen Mustern - vor allem zum inhaltsorientierten Verstehen von Szenen, Bildern und Sprache - eingesetzt. Die Repräsentation, die Verarbeitung und der Erwerb von Wissen (auch von unsicherem Wissen - unscharfe Logik) sind zentrale Forschungsgebiete der künstlichen Intelligenz, die zunehmend von der Neuroinformatik unterstützt werden. Natürlichsprachige Systeme, intelligente Benutzerschnittstellen, bildverstehende Systeme, deduktive Systeme und Logikprogrammierung, Wissensbasen, modellbasierte Diagnose, lernende Systeme und intelligente Roboter gehören zu den Schwerpunkten von Forschung und Anwendung.

In dem zu betrachtenden Zeitraum wird erwartet, daß die künstliche Intelligenz noch weiter in die Ingenieurwissenschaften eindringt, bzw. in die dort verwendeten Techniken und Methoden integriert wird. Die wechselseitige Durchdringung wird eine scharfe Grenzziehung zwischen künstlicher Intelligenz und anderen Software-Techniken zukünftig noch weiter erschweren bzw. sie wird auch nicht mehr sinnvoll sein. Die kognitiven Ansätze werden wesentliche Impulse für die Gestaltung der Schnittstelle zum Menschen auslösen. So wird die Entwicklung auf den Gebieten der Expertensysteme Diagnosemöglichkeiten für technische Anlagen anbieten, die häufig nicht ausreichend aus menschlicher Erfahrung kodiert werden können. Für den Zeitraum bis zum Jahr 2000 werden wesentliche Durchbrüche in den Ingenieurwissenschaften - neben der Softwareentwicklung vor allem im Fahrzeugbau und im Maschinen- und Anlagenbau - erwartet. Außerhalb der Ingenieurwissenschaften ist im wirtschaftslenkenden Bereich eine sehr dynamische Entwicklung wahrscheinlich (Bank- und Versicherungsgewerbe).

Unscharfe Logik

Mit der *unscharfen Logik* (englisch: Fuzzy Logic) ist ein neuer mathematischer Ansatz entwickelt worden, der auf einer mathematischen Theorie basiert und Modelle bietet, um ungenaue, also unscharfe Eingabegrößen und -daten zu bearbeiten und zu entscheidungsrelevanten Ergebnissen zu gelangen. Im besonderen zielt der Ansatz darauf ab, sprachliche Unschärfe und Mehrdeutigkeit, die in der umgangssprachlichen Beschreibung von Wahrnehmungen und Einschätzungen unvermeidbar ist, zu bewältigen. Bestimmte Aspekte des Erfahrungswissens und Entscheidungsverhaltens werden modelliert und bei den auf Regelbasis abgeleiteten Ergebnissen kann auch deren Sicherheit mit ausgewiesen werden. Die Verfahren bieten damit prinzipiell für eine noch nicht bestimmbare Zahl von Möglichkeiten die informationstechnische Anschlußfähigkeit an komplexe, vieldeutige Verhältnisse realer Umfelder. Es besteht eine ziemliche Diskrepanz zwischen der öffentlichen Debatte um die unscharfe Logik und den Fakten, was eine sachgerechte Einschätzung nicht leichter macht.

Erste Anwendungen fand die unscharfe Logik in der Prozeßsteuerung. Breiter eingesetzt wurde sie zunächst im Konsumbereich (z. B. in Japan für das Reiskochen, das Staubsaugen, das Waschen und für Kameras). Seit Ende der 80er Jahre ist eine Trendwende hin zu Industrieanwendungen zu beobachten: In der Industrieautomation, Robotik, Verfahrenstechnik (biologische Prozesse, Umweltprozesse), bei Klassifikationsprozessen (z. B. in der Bildverarbeitung), in Expertensystemen (Wetter- und Börsengeschehen etc.), zur Datenanalyse, zur Ausgestaltung der Mensch-Maschine-Schnittstelle und generell bei Entscheidungsverfahren mit multipler Zielsetzung und unscharfem Wissen. Die Effizienz entsprechender Systeme hat sich inzwischen in vielen Anwendungen praktisch erwiesen. Bis zum Jahr 2000 ist mit einer weiten Verbreitung der unscharfen Logik zu rechnen. Weiterreichende Perspektiven hängen sowohl von der Kombination mit neuronalen Netzen ab, wobei die Lernfähigkeit der Neuro-Struktur ausgenutzt wird und so ein hervorragendes Korrekturverhalten erzielbar ist, als auch in der Verbindung mit der künstlichen Intelligenz.

Datensicherheit in Netzen

Von der Funktionsfähigkeit der Informationsverarbeitung sind alle Bereiche in Wirtschaft und Verwaltung unmittelbar oder mittelbar abhängig. Der Ausfall eines Rechners, Fehler in einem DV-Programm oder der Verlust bzw. die Manipulation von Daten können komplette Produktions- und Verwaltungsbereiche zum Erliegen bringen und weitreichende Folgeschäden bewirken. Zur Realisierung von Datenschutz, Datensicherheit und Sicherheit der Verarbeitungsintegrität stehen entsprechende Werkzeuge und Mechanismen in unterschiedlicher Qualität zur Verfügung.

Die *Datensicherheit in Netzen* betrifft die Sicherheit der Datenübertragung und die Benutzersicherheit. Die übertragungstechnische Sicherheit wird durch die Auslegung der Technik gewährleistet und hat heute schon ein hohes Niveau erreicht. Als Integritätsschutz der übertragenen Daten (vor Belauschung, Manipulation) werden unterschiedliche kryptographische Verfahren eingesetzt. Authentifikationsverfahren mit symmetrischen und asymmetrischen Schlüsseln und der Einsatz von intelligenten Chipkarten werden in diesem Gebiet die kommenden Jahre prägen. Zur breiten Durchsetzung von Kryptosystemen sind allerdings noch rechtliche Grundsätze, insbesondere zur juristischen Relevanz ("elektronische Signatur") zu erarbeiten. Intelligente Chipkarten, mit einer persönlichen Identifikationsnummer geschützt, sind ebenfalls noch auf sichere, d. h. manipulationsfreie technische Umgebungen angewiesen (Kartenleser, DV-System).

Der Einsatz derartiger Sicherheitssysteme bedarf zur vollen Wirksamkeit ordnungspolitischer Rahmenbedingungen. Da die Manipulation oder Ausspähung von persönlichen Daten Grundrechte der Bürger beeinflussen, steht die Verwirklichung der technischen Möglichkeiten in engem Zusammenhang mit den ordnungspolitischen Rahmenbedingungen und mit dem Konsens zwischen den beteiligten Akteuren mit unterschiedlichen Interessen. Vernetzte Funktionen werden bis zum Beginn des 21. Jahrhunderts in starkem Maße zunehmen und alle wirtschaftlichen und gesellschaftlichen Bereiche erfassen. Dadurch werden auch die Anforderungen an die Datensicherheit zunehmen, so daß die Entwicklung entsprechender Systeme als Daueraufgabe betrachtet werden muß. Neue Entwicklungsansätze wie z. B. biometrische Identifikationsverfahren lassen erkennen, daß die technischen Möglichkeiten, zur Datensicherheit in Netzen beizutragen, bei weitem noch nicht ausgeschöpft sind. Wiederum erweist sich eine technische Problemlösungsnähe zwischen softwarerelevanten Aspekten und biologischen Prinzipien, so daß auch an diesem Anwendungsbeispiel die Wahrnehmung der Software- und Simulationstechnologie zwischen Informationstechnik und Biologie gerechtfertigt erscheint.

Die geschilderten Anwendungen im Bereich der Software und Computersimulation werden - zusammengefaßt betrachtet - im Laufe der nächsten Jahrzehnte möglicherweise drastischere Auswirkungen haben als dazumal die Einführung des Fernsehens. Sie werden Veränderungen auf das Sozialverhalten bewirken und nicht nur für Kinder und Jugendliche eine starke Anziehungskraft haben. Die teilweise Aufhebung der Trennung von Subjekt und Objekt wird Begriffe wie Wirklichkeit und Authentizität drastisch verändern können. Unklar ist, wie Menschen im Privatbereich und am Arbeitsplatz auf den Verlust der Realität reagieren werden (vgl. das Thema Verhaltensbiologie). Insgesamt bergen die Möglichkeiten der Softwaretechnik und der Computersimulation große Chancen, aber auch noch einige zum Teil unabsehbare Risiken. Ihre Beherrschung wird wesentlich zu einer wirtschaftlichen Nutzung der Möglichkeiten beitragen können; die Klärung ethischer Fragen steht an.

5.7 Molekularelektronik

Die *Molekularelektronik* ist ein seit einigen Jahren aktuelles Forschungsgebiet, das sich um die Schaffung hochkomplexer Systeme bemüht, deren Schaltelemente und Vernetzungen auf molekularer Basis arbeiten. Für die Realisierung werden organische Materialien genutzt. In jüngster Zeit kommen zunehmend biologische Materialien zum Einsatz. Der relativ etablierte und häufig synonym gebrauchte Begriff *Bioelektronik* steht für einen Bereich, der sich mit molekularen Vorgängen in Biosystemen beschäftigt und insoweit eine Teilmenge der Molekularelektronik ist. Jedoch sind die Begriffe im Fluß, es gibt erhebliche Auffassungsunterschiede und Schulenbildung. Z. B. werden unter Bioelektronik auch Forschungsgebiete im Grenzbereich zwischen Biologie und Elektronik verstanden, wie etwa die weiten Gebiete der Biosensorik, der Ähnlichkeitsprozesse zwischen Gehirn und Elektronik sowie der Nachahmung des menschlichen Gehirns und seiner Verarbeitungsprozesse (neuronale Netze), die überwiegend nicht als Untermenge der Molekularelektronik aufgefaßt werden. Insoweit reicht Bioelektronik über die Molekularelektronik hinaus. Grundlagenforscher sind sogar geneigt, als Oberbegriff die Neurobiologie zu sehen, die jedoch aus technologischer Sicht eine Hilfswissenschaft ist, um molekulare Vorgänge wie z. B. den Transport elektrischer Ladungen entlang von Molekülketten zu verstehen. Einige der Substanzen der Molekularelektronik ermöglichen die Ausnutzung elektrooptischer Effekte, die im Hinblick auf die optische Informationsverarbeitung und damit die hardwaremäßige Grundlage für komplexe Modellsimulationen wichtig sind.

Abbildung 19: Überblick über die thematische Nähe der Molekularelektronik und der Zellbiotechnologie (getönte Themen werden in diesem Abschnitt diskutiert, ungetönte Themen sind thematisch verbunden, werden jedoch schwerpunktmäßig an anderer Stelle eingeordnet; die Abbildung ist ein Ausschnitt aus Abbildung 1, die Kurzbezeichnungen können aus Tabelle 3 und dem Anhang entnommen werden.

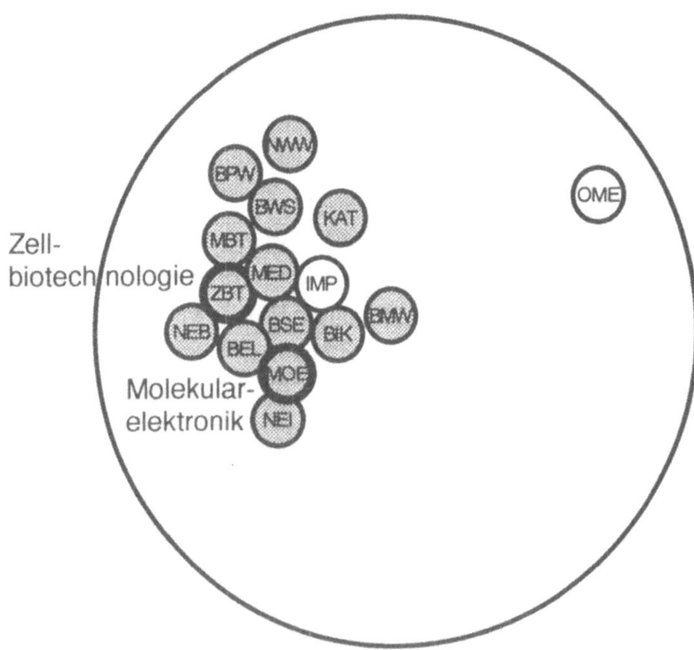

Da aus der Literatur eine eindeutige Hierarchisierung dieses Forschungsgebietes nicht möglich erscheint, ist in wohlverstandener Absicht die Molekularelektronik als ein Oberbegriff für die *Technologie* am Beginn des 21. Jahrhunderts eingeführt worden, um neben Mikro-

und Nanoelektronik den molekularen Zugang zu elektrischen Prozessen ins Zentrum zu rücken. Zur weiteren Absicherung dieses Gedankens wurde im Bereich der Molekularelektronik und verwandter Gebiete neben der üblichen technologischen Verflechtungsanalyse eine sogenannte bibliometrische Studie durchgeführt, um zusätzlich ein statistisches Abbild der in der wissenschaftlichen Literatur vor sich gehenden Definitionsprozesse zu bekommen. (Eine entsprechende Analyse ließe sich für die übrigen Themen dieser Untersuchung bei Bedarf ebenfalls anstellen.)

Abbildung 19 zeigt die Molekularelektronik mit ihren wesentlichen Bestandteilen bzw. Akzenten in Richtung auf die Neurobiologie, die Bioelektronik, die Neuroinformatik und die Biosensorik. Die Brücke zu den Werkstoffen läuft über Bionik und biomimetische Werkstoffe, diejenige zur biomedizinischen Forschung über die Sensorik. Die Biomedizin stellt das wichtigste anwendungsorientierte Gebiet zwischen Biotechnologie und Biosensorik dar. Die Klassifikationsgrundlage ist die Themenliste dieser Untersuchung (siehe Kapitel 4). Um der Frage der Begriffsbildung in diesem Bereich weiter nachzugehen, wurde zusätzlich eine statistische Auswertung wissenschaftlicher Publikationen aus den Jahren 1990 bis 1992 vorgenommen (auf der Basis einer Datenbankrecherche). Dafür wurden insgesamt 536 wissenschaftliche Publikationen hinsichtlich ihrer Klassifikation analysiert. Mehrfachklassifikationen wurden systematisch erhoben und dem Verfahren der multidimensionalen Skalierung unterzogen. Dabei wurden Ähnlichkeitsbeziehungen aufgedeckt, ähnlich wie es für die hier verwendete Themenliste im Abschnitt 4.1 erläutert ist.

Im Ergebnis zeigt sich dieselbe Struktur wie diejenige, die durch technologische Ähnlichkeitsangaben in der vorliegenden Studie erarbeitet wurde. Die Molekularelektronik ist ein noch relativ kleines Gebiet, das über Sensoren und biomedizinische Anwendungen mit Biologie und Biotechnologie verbunden ist (im Falle der Abbildung 20 wie auch der Abbildung 19 im Norden der Karte gelegen), während der Zugang in Richtung Informationsverarbeitung über neuronale Netze, künstliche Intelligenz und Computerarchitektur verläuft (im Falle der Abbildung 20 wie auch bei 19 im Südosten der Molekularelektronik; diese Himmelsrichtungen haben keine fachliche Bedeutung wie im Abschnitt 4.1 erläutert wurde). Das Bionik genannte Thema in der vorliegenden Untersuchung ist im Sinne der Klassifikation wissenschaftlicher Literatur unter dem Stichwort "Anwendungen der Systemtheorie in Biologie/Medizin" enthalten (welches im Falle der Abbildung 20 wie auch der Abbildung 19 im Osten der Molekularelektronik plaziert ist und gemessen an der Zahl der Publikationen derzeit von geringem Gewicht ist).

Die fein aufgelöste Karte, die aus den Mehrfachklassifikationen in aktueller wissenschaftlicher Literatur abgeleitet wurde, zeigt das Gebiet der Molekularelektronik noch relativ vereinzelt zwischen Biologie und Biosensorik einerseits und Informationsverarbeitung anderer-

Abbildung 20: Kartographische Veranschaulichung der Klassifikation wissenschaftlicher Aufsätze aus den Jahren 1990 bis 1992 im Umfeld der Molekularelektronik (durch multidimensionale Skalierung abgeleitet aus Mehrfachklassifikationen der Publikationen; große Nähe deutet auf häufige Mehrfachklassifikation, größere Entfernung auf seltenere Mehrfachklassifikation hin; die Größe der Kugeln entspricht der Zahl der Publikationen)

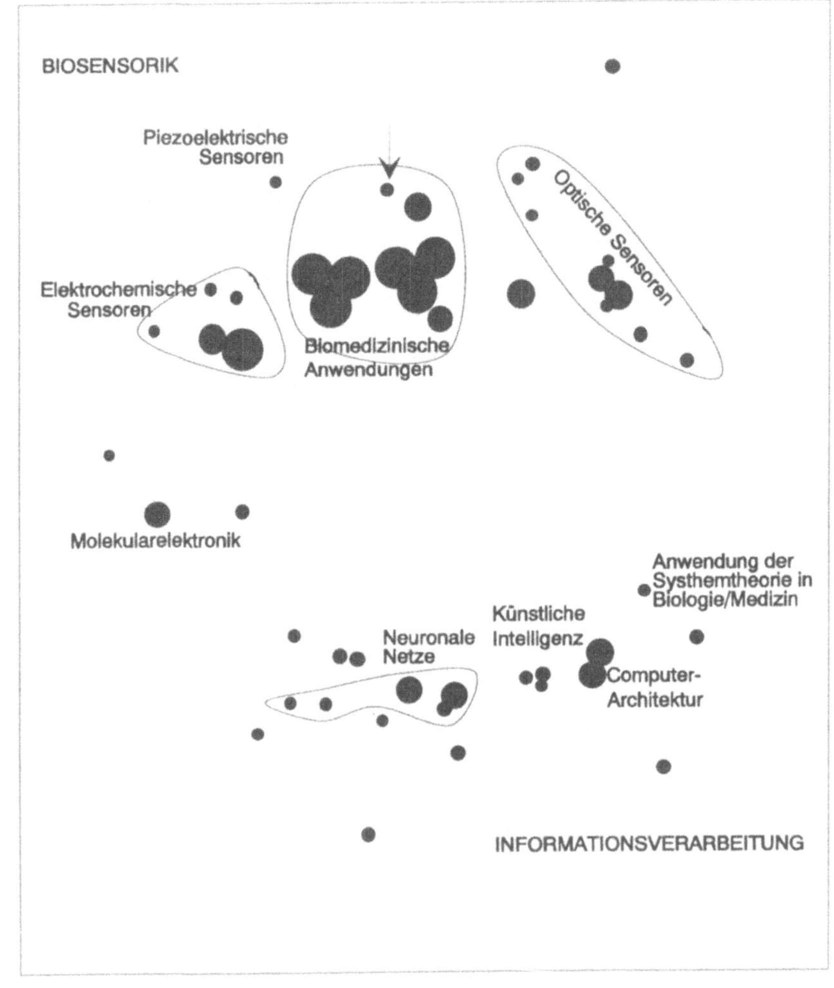

seits (ein Gebiet, das im vorliegenden Fall Software & Simulation genannt wird). Damit scheint die Molekularelektronik die Brückenfunktion zwischen den beiden Welten einzunehmen, was erneut darauf hindeutet, dieses Stichwort zur Charakterisierung der Technologie im beginnenden 21. Jahrhundert zu nehmen. Das Stichwort "Biomolekulare Elektronik" wird, wie auch im vorliegenden Fall, bei der Klassifikation der wissenschaftlichen Literatur als Untermenge der Molekularelektronik verstanden.

In Abbildung 20 ist mit einem Pfeil gekennzeichnet ein sehr interessantes neues Forschungsgebiet zu erkennen, das zunehmend an Bedeutung gewinnt und in der wissenschaftlichen Literatur vor 1990 noch nicht hervortritt. Es handelt sich dabei um Anwendungen der Biosensorik im Bereich der Umweltforschung.

Molekularelektronik

Aufgrund der Einführung in das Gebiet braucht nicht mehr gesondert darauf hingewiesen werden, daß die Molekularelektronik ein interdisziplinäres Fachgebiet darstellt, in das Mikro- und Optoelektronik, Nanoelektronik und Biologie, Biochemie und Chemie einfließen. Als Vorbild dienen - bisher auf künstlichem Wege nicht erreichte - Eigenschaften molekularer und biologischer Systeme wie Leistungsfähigkeit, Packungsdichte, Organisation, geringer Leistungsverbrauch und Herstellungsaufwand. Die Kontrolle und Steuerung molekularer Prozesse erzwingt neue Systemkonzepte, die als dominierenden Trend die massive Parallelität bei der Informationsverarbeitung beinhalten werden und somit die Möglichkeiten der Neuroinformatik bestimmen. Angestrebt wird der Ersatz bisheriger Mikroelektronik durch eine noch zu entwickelnde, molekularelektronische Technologie. Im Falle der Realisierung dreidimensionaler integrierter Schaltungen auf molekularer Ebene werden ähnliche technologische Umwälzungen erwartet, wie sie während der Verdrängung der Elektronenröhre durch den Transistor zustande kamen.

Derzeit werden molekulare Strukturen mit Strahlungs- und Abscheideverfahren aber auch bereits mit mikrobiologischen und Selbstorganisationstechniken hergestellt. Der zukünftige Einsatz molekularer Strukturen liegt in der Speichertechnologie, der Chemo- und Biosensorik, der Silizium-Organik-Kopplung, der Optoelektronik inklusive der Photosynthese und der optischen Computer, der Informationstechnik (Einelektronen-Tunneln, intermolekularer Elektronentransfer, molekulare Drähte und molekulare elektronische Bauelemente, molekulare zelluläre Automaten, Netzwerke mit natürlichen Neuronen), der Photovoltaik (Integration von organischen Photoleitern und energiewandelnden Schichten), der Display-Technik und in anderen Bereichen.

Bioelektronik

In der *Bioelektronik* werden (in Abgrenzung zur Molekularelektronik) komplette biologische Makromoleküle im Nanometerbereich verwendet, biologische Prinzipien der Leitung, Schaltung und Speicherung eingesetzt und biologische Systeme für die Strukturierung, Synthese und Produktion kompletter elektronischer Bauelemente benutzt. Neben molekularen Prozessen, die eine Beherrschung von Molekularbiologie und Gentechnik voraussetzen, haben für die Bioelektronik intra- und interzelluläre Elektronenleitungsphänomene, wie sie in biologischen Systemen in Elektronentransportketten realisiert werden, besondere Bedeutung. Gemeinsam und ergänzend zur Molekularelektronik dienen der molekularen Schaltung und Speicherung in der Bioelektronik auch kurz- und langreichweitige Veränderungen von Biomolekülen.

Anwendung findet die Bioelektronik bisher vornehmlich in der Biosensorik zur Umwandlung chemisch und physikalisch induzierter Reize in meßbare Signale. Ein erstes Produkt könnte der Biochip sein, der ein kompaktes, hochintegriertes, aktives oder passives elektronisches Bauelement ist, welches auf biologischen Strukturen beruht, biologisch hergestellt wird und biologische Prinzipien der Messung, Regelung, Steuerung und Informationsverarbeitung anwendet. Es gibt bereits einige Ansätze zur Konstruktion von Biochips für die Biosensorik, aber noch ist diese Technologie wie kaum eine andere außerordentlich visionär. Biologische Schalter, Dioden, Trioden, Transistoren und sogar Prozessoren würden als Bestandteile zum Biochip gehören. Diskutiert werden in diesem Zusammenhang auch bereits biomolekulare Computer und Maschinen. Prinzipien der Neurobiologie und Neuroinformatik können bei der Entwicklung des Biochips eine entscheidende Rolle bei der Informationsübertragung, -speicherung und -verarbeitung spielen. Techniken der Lokalisierung von Biokomponenten im Chip, der Immobilisierung ganzer biologischer Baugruppen auf natürlichen oder künstlichen Membranen sowie der bioverträglichen Verkapselung sind bisher aber noch sehr unvollständig entwickelt.

Biosensorik

Durch *Biosensoren* und nachgeordnete Komponenten der Mikrosystemtechnik erfolgt die Umwandlung biologischer Parameter in physikalisch meßbare Signale. Komplexe biologische Prozesse der selektiven Erkennung von Molekülen bis zu sehr geringen Konzentrationen durch Bindungs- oder Bioenzymprozesse werden dabei ausgenutzt. Wesentliche Eigenschaften eines Biosensorsystems sind hohe Selektivität, preiswerte, stark lokalisierte, schnelle, zuverlässige, nahezu kontinuierliche und in einigen Anwendungen bisher exklusive Meßmöglichkeiten und hohe Miniaturisierung durch den Einsatz der Mikrosystemtechnik für Signalwandler und Signalverarbeitungskomponenten.

Der gegenwärtige, kurz- und mittelfristige Einsatz von Biosensoren erfolgt vorrangig im Gesundheitswesen (klinische Diagnostik, Medizintechnik, On-line-Überwachung von Patienten) und in der Umwelttechnik (Schadstoffdetektion). Neben Anwendungen in der Biotechnologie selbst (Prozeßtechnik etc.) müssen auch die wehrtechnischen Anwendungen beachtet werden. Längerfristig, d. h. nach dem Jahr 2000, wird die Biosensorik eine wichtige Sensortechnologie für eine große Anwendungsbreite sein. Die gegenwärtigen Probleme bei Lebensdauer, Sterilität, Biokompatibilität und die oft nicht ausreichenden Kenntnisse molekularbiologischer Prozesse im lebenden Organismus müssen noch durch intensive Forschungsarbeit beseitigt werden.

Neurobiologie

Diejenigen Beobachter der Forschung, die für die 80er Jahre die schlagwortartige Bezeichnung "Jahrzehnt des Gens" prägten, haben für die 90er Jahre das Schlagwort vom "Jahrzehnt des Gehirns" eingeführt[1], um auf den zentralen Stellenwert der Neurowissenschaften aufmerksam zu machen. Die ***Neurobiologie*** gehört zu den Wissenschaften, die sich gegenwärtig besonders schnell entwickeln. Der heutige Erkenntnisstand ist unter Berücksichtigung der Komplexität neurobiologischer Forschung relativ niedrig, obwohl umfangreiches Detailwissen vorhanden ist. Die Forschung fächert sich in zwei Hauptbereiche auf, die Neurobiologie der zellulären und molekularbiologischen Ebene und die Neurobiologie von Gesamtsystemen. Die erste Linie ist verwandt mit der Molekularelektronik und der Zellbiologie, die andere mit einer mehr ganzheitlichen Auffassung biologischer Vorgänge. Beide Schulen arbeiten zur Zeit noch relativ getrennt voneinander, werden aber in naher Zukunft enger zusammenkommen, da das Verständnis einer Richtung die Kenntnis der jeweils anderen Richtung voraussetzt.

Im Vordergrund der zellulären und molekularen Neurobiologie stehen die Reparatur- und Regenerationsmöglichkeiten, die Nervenbahnen, die Beeinflussung von Nervenzellen, die Wiederherstellung von Gehirnfunktionen, die Klärung der Bedeutung einzelner Gene für das Nervensystem und die Bedeutung und Funktion von Membranen, Kanälen und Signalketten. In der Neurobiologie auf Systemebene bestehen vergleichsweise viele ungeklärte Fragen. Die Untersuchung der Systemeigenschaften hängt eng mit dem Informationsaspekt zusammen. Die systematische Lernforschung ist bereits heute ein ausgeprägt interdisziplinäres Forschungsgebiet. Einige Schwerpunkte dabei sind die Informationsübertragung zwischen Nervenzellen, die Gedächtnisbildung, die Kontrolle des Abrufs von gespeicherten Informationen, zelluläre Mechanismen der neuronalen Selbstorganisation, Assoziationen und operative Anpassung von Regulationssystemen.

---

1 Siehe z. B. Deutsche Forschungsgemeinschaft, *Perspektiven der Forschung und ihrer Förderung*, VCH Verlagsgesellschaft, Weinheim, 1992, S. 151

Die neurobiologische Forschung ist besonders auf Methoden der Molekularbiologie, der Chemie und Physik angewiesen. Ihre weitere Entwicklung hängt aber auch von den Fortschritten auf dem Gebiet der bildgebenden Verfahren und der dreidimensionalen Repräsentation ab. Untersuchungen der Funktion des menschlichen Gehirns können nur im Modell erfolgen und erfordern dementsprechend eine effiziente Computersimulation. Dieser Zusammenhang belegt erneut die Nähe zwischen biologischen Vorgängen und Fragen der Weiterentwicklung von Software und Simulation. Die Kartierung der Gehirne von höheren Lebewesen ist Voraussetzung für die Lösung der Fragestellungen. Über technische Visionen der Neurobiologie können gegenwärtig nur sehr unvollständige Aussagen gemacht werden.

Neuroinformatik

Wie die Bioinformatik (siehe Abschnitt 5.6) zur Biologie steht, so steht die Neuroinformatik zur Neurobiologie. Die Bioinformatik versucht alle möglichen biologischen Vorgänge für die Informationswissenschaften nutzbar zu machen und umgekehrt, die moderne Informationstechnik in Hard- und Software zur biologischen Forschung einzusetzen. Neurobiologie und Neuroinformatik nehmen dieselbe Wechselbeziehung in bezug auf Nerven- und Gehirnvorgänge ein. Eine eindeutige Definition des Gebiets der ***Neuroinformatik*** erscheint aufgrund zahlreicher mit diesem Feld befaßter Disziplinen und der gegenwärtig noch nicht abgeschlossenen Abgrenzung zwischen diesen Disziplinen nur bedingt möglich. Festgehalten werden kann jedoch, daß sowohl die Neuroinformatik wie auch die Erforschung der künstlichen Intelligenz danach streben, typische Leistungen der Informationsverarbeitung von Mensch und Tier (wie z. B. Mustererkennung, Assoziation, Navigation, Prädiktion, Bewegungssteuerung) durch technische Systeme zu erbringen.

Es ist für die Neuroinformatik spezifisch, daß ihre wichtigste Konzeptquelle die Funktion und Struktur biologischer neuronaler Systeme ist. Da die neuronalen Vorgänge sich auf zellulärer oder molekularbiologischer Ebene abspielen (siehe oben) ist es im Rahmen der allgemeinen Begriffsunsicherheit durchaus zu vertreten, die Neuroinformatik in Zusammenhang mit der Molekularelektronik zu sehen. Ähnlich wie die unscharfe Logik sich der traditionellen Mikroelektroniksysteme bedient, versucht die Neuroinformatik die Anpassungsfähigkeit zellulärer und molekularer Systeme nachzubilden. Das Erlernen von bestimmten Funktionen nach dem biologischen Vorbild soll die explizit algebraisch-analytische Repräsentation der gewünschten Funktionen überflüssig machen, wie sie bisher für traditionell softwaregetriebene Computer benötigt wird.

Es gibt gegenwärtig eine Reihe von technischen Anwendungsgebieten neuronaler Netze in unterschiedlichen Entwicklungsstadien zwischen Labormodell und kommerziellem Endprodukt. Denkbar für die Zukunft sind hybride Computersysteme, die herkömmliche Computer mit künstlichen neuronalen Computern verbinden. So kommen unter dem Schlagwort "Neuronale Netze" die Interessen von Physik und Informatik, Biologie und Medizin zusammen. Letztlich kann man die Erforschung der neuronalen Netze als ein wichtiges Anwendungsgebiet der nichtlinearen Dynamik (siehe im Abschnitt 5.6 zu Software & Simulation) verstehen, also in Verbindung mit Synergetik und Chaosforschung bringen. Der leistungsfähige neuronale Computer wird nicht nur eine bessere Rechentechnik ermöglichen, sondern einen Beitrag zum Verständnis der Leistungsfähigkeit des Gehirns erbringen und damit die Neurobiologie und das Verständnis molekularer Vorgänge befruchten.

Abbildung 21: Voraussichtliche zeitliche Entwicklungsdynamik im Bereich der Molekularelektronik. (Die Quadrate symbolisieren den Häufungswert beim Vorliegen unterschiedlicher Phasen innerhalb eines Themas, die Balken die tatsächliche Streubreite.)

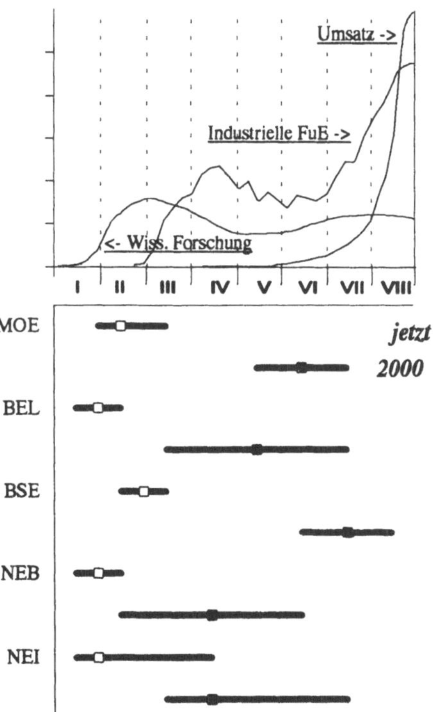

Im Sinne einer noch vagen Assoziation soll an dieser Stelle darauf hingewiesen werden, daß im *Gesamtbereich der Molekularelektronik* die Frage der Biokompatibilität zu lösen ist. Möglicherweise erwächst ein Lösungsansatz aus der Verwendung organischer Materialien mit elektrischen Eigenschaften. Auf solche Materialien wurde im Abschnitt 5.1.2 im Zusammenhang mit den Mikroelektronikwerkstoffen hingewiesen. Innerhalb der Forschung zu den elektrischen organischen Materialien verfolgt man besonders das Ziel, dünne Polymerschichten im Maßstab molekularer Dimensionen herzustellen und für die jeweilige technische Anwendung zu funktionalisieren. Im Zusammenhang mit dem Anliegen der Neuroinformatik muß auch auf vergleichbare Aktivitäten hingewiesen werden, die unter dem Stichwort ***Bionik*** verstanden werden (siehe im Abschnitt 5.8). Gegenstand der bionischen Forschung ist ebenfalls die Beobachtung und Nachahmung von Naturvorgängen. Als medizinrelevantes Forschungs- und Anwendungsgebiet steht die Neurobionik am Anfang ihrer Entwicklung.

Abbildung 21 belegt eindrucksvoll, daß alle Aspekte und Thematiken im Umfeld der Molekularelektonik derzeit noch in einem sehr frühen Entwicklungsstadium sind. Schwerpunktmäßig sind die Aktivitäten im Bereich der Forschung lokalisiert, die noch ausgebaut werden kann. Lediglich Teilaspekte der Neuroinformatik (Mustererkennung, Spracherkennung, Steuerung) sind bereits im Bereich wirtschaftlicher Umsetzung, wo allerdings Schwierigkeiten erkennbar werden. Ebenso deutlich ergibt sich aus Abbildung 21, daß in allen damit verbundenen Gebieten im Verlauf der nächsten zehn Jahre große Entwicklungssprünge zu erwarten sind. Die wirtschaftliche Umsetzung (Phase IV) wird wohl in jedem Fall erreicht werden, wobei die Schwierigkeiten der Umsetzung des Forschungsstands in Innovationen im Bereich der Molekularelektronik und der Biosensorik am ehesten überwunden werden können. Der Zeitpunkt für die Fertigstellung eines neuronalen Netzes, das flexibel für verschiedene Anwendungsbereiche genutzt werden kann, ist gegenwärtig noch schwer abzuschätzen. Ansätze dafür zeichnen sich zwar schon ab, ob diese jedoch den zu erwartenden breiten Marktdurchbruch erzielen, ist offen. Auch in der Neurobiologie läßt sich die vermutliche Entwicklung um das Jahr 2000 schwieriger einschätzen; sie hängt sehr stark von den Fortschritten in der Molekularbiologie ab.

5.8 Zell-Biotechnologie

Man könnte diesen Abschnitt ohne weiteres mit "Biotechnologie" überschreiben. Warum dann *Zell-Biotechnologie?* Dahinter steckt die Überzeugung, daß die Biotechnologie von morgen wesentlich auf der Anwendung zellbiologischen Wissens beruhen wird. Zellbiologie umfaßt hierbei die Aufklärung von Struktur-Funktionsbeziehungen sowohl auf dem Integrationsniveau ganzer Zellen als auch auf der Ebene biologischer Makromoleküle, die die wichtigsten Zellkomponenten darstellen. Die Zellbiologie wird sich in den nächsten Jahren verstärkt als eigenständiges Fach innerhalb der Biowissenschaften etablieren und eine wichtige, wenn nicht die wichtigste Brückenfunktion zwischen Molekulargenetik, Biochemie und Medizin einnehmen. Am Beginn des 21. Jahrhunderts mag der Obertitel "Zell-Biotechnologie" weniger überraschend klingen als heute. Damit soll aber auch gesagt werden, daß die Unterteilung im Bereich der Biotechnologie recht willkürlich ist und auch zukünftig keine Klärungen absehbar sind. Mit der Überschrift "Zell-Biotechnologie" soll desweiteren ein Hinweis darauf gegeben werden, daß die Biotechnologie am Beginn des 21. Jahrhunderts nicht auf den Begriff "Gentechnik" reduziert werden kann, sondern wesentlich vielfältiger und komplexer sein wird. Auch von daher ist die Akzentsetzung auf die Zell-Biotechnologie im Rahmen dieser Untersuchung bewußt vorgenommen worden.

Ein Blick zurück auf Abbildung 9 ruft in Erinnerung, daß die wesentliche Brücke zwischen Zell-Biotechnologie und Molekularelektronik über medizinische Anwendungen und die Biosensorik verläuft; der Bereich der Werkstoffe wird durch Katalysatoren und Biokatalysatoren erschlossen. Bionik und biomimetische Werkstoffe zeigen auch in Richtung Simulation und Systemtechnik.

Zell-Biotechnologie

Die Existenz eines Organismus ist durch die Aufrechterhaltung eines komplexen Kommunikationsnetzwerkes gewährleistet, dessen kleinste lebensfähige Einheit die Zelle ist, ein sich selbst regulierendes offenes System, das mit seiner Umgebung durch ständigen Austausch in Verbindung steht und durch Stoffwechsel, Vermehrungsfähigkeit und gerichtete Erregbarkeit charakterisiert ist. Das Verständnis der ***Zell-Biotechnologie*** ist eine wichtige Voraussetzung zur Nutzbarmachung von Leistungen ganzer Zellen und ihrer Bestandteile sowie zur Aufklärung der Zellprozesse (bzw. ihrer Störungen und damit der Rückführung von Krankheiten auf ihre biologischen Ursachen). Unter anderem sind nanoanalytische Methoden notwendig, um hohe räumliche mit hoher zeitlicher Auflösung zu verbinden und dabei die funktionellen Eigenschaften der Biomoleküle zu erhalten ("Molekülkino").

Derzeit im Zentrum steht die Untersuchung der Nukleinsäuren, der Proteine und der Zucker sowie die Analyse komplexer zellbiologischer Vorgänge. Hierzu müssen nichtinvasive und nichtdestruktive Analyseverfahren weiterentwickelt und im Hinblick auf ihre Erfassungsgrenzen zum Beispiel für Verunreinigungen oder Inhomogenitäten validiert werden. Erste industrielle Anwendungen auf der Basis zellbiotechnologischer Forschungsarbeiten sind biotechnologisch gewonnene Biotherapeutika.

Molekulare Biotechnologie / Genomforschung

Das Genom ist die Summe der genetischen Informationen eines Organismus und umfaßt beim Menschen bis zu etwa 100.000 Informationseinheiten. Die Erforschung des Genoms soll zukünftig auf mehreren Ebenen ablaufen. Die Datengewinnung für die Genomsequenzierung und die Entwicklung der dazu notwendigen Techniken werden zum Teil schon bearbeitet und sind vergleichsweise kurzfristig, d. h. im Verlauf weniger Jahre realisierbar. Dasselbe gilt für die Datenspeicherung und -verarbeitung, welche den Einsatz moderner Hochleistungsrechner erfordern und durch Methoden der Mathematik und Informatik unterstützt werden. Äußerst komplex, somit schwieriger sprich langwieriger zu bearbeiten ist die Dateninterpretation (die funktionelle Genomforschung). Zur Analyse der Sprache der Gene sind zum Teii neue Methoden zu entwickeln ("Molekülkino", siehe oben bei Zellbiotechnologie), die beispielsweise über Gensequenz-Funktions-Korrelationen und deren Beeinflussung durch endogene und exogene Parameter Auskunft geben. Noch schwieriger ist die Bewerkstelligung des Datentransfers in die Anwendungen. Hierbei erwartet man entscheidende Impulse von der synthetischen Molekular-Biotechnologie. Mit ihrer Hilfe werden - quasi im Reagenzglas - basierend auf den Mechanismen der biologischen Evolution (Mutation, Multiplikation, Selektion) molekülfunktionsorientierte Synthesestrategien entwickelt, die auch zu völlig neuartigen Molekülen führen können (siehe unten bei "Neue biologische Produktionssysteme ..."). Die Bedeutung liegt hier insbesondere bei den Sektoren Pharmazeutik und Diagnostik. Zusätzliche Chancen entspringen aus der Verknüpfung der molekularen Biotechnologie mit der Naturstofforschung zum Zweck der Erschließung neuer, höchst potenter Wirkstoffklassen.

Mittel- und langfristig ist der Aufbau einer weitestgehenden Automatisierung zwingend notwendig, um den Kostendruck zur Entdeckung und Synthese neuer Substanzen zu reduzieren und die Chancen für das Auffinden von (leistungsstärkeren, nebenwirkungsärmeren, ökologisch verträglicheren, spezifischeren) Wirkstoffen zu erhöhen.

Biomedizin

Die Biologie beschäftigt sich mit den Regeln, nach denen sich Leben entwickelt und abspielt, während die Medizin als eines der existentiell bedeutendsten Anwendungsfelder der Biologie sich mit der Heilung von gestörten Regelprozessen befaßt. Interpretiert man Krankheit als Funktionsstörungen des "Systems Mensch", wird die *Biomedizin* zur Basis der modernen Medizin. Medizinische Forschung ist weitgehend klinische Forschung, d. h., die Aufgabe der Biomedizin ist es, beispielsweise zell- und molekularbiologischen Erkenntnissen zur Anwendung in der klinischen Forschung zu verhelfen.

Auch in der Biomedizin wächst der Zellbiologie eine zentrale Rolle zu, da viele Krankheiten sich auf der Ebene von Zellvorgängen abspielen. Im Laufe der letzten 30 Jahre, in denen sich die moderne Biologie entwickelt hat, wurden zahlreiche Erkenntnisse für die Medizin gewonnen (moderne Impfstoffentwicklungen, Bedeutung von Wachstumsfaktoren, Behandlung defekter Gene z. B. bei Krebs etc.). Dieser Trend wird sich fortsetzen, wenn die Anzeichen nicht trügen, womöglich mit exponentiellem Wachstum. Umgekehrt stellt die Biomedizin den zahlreichen biologischen Fachdisziplinen, wie z. B. der Molekularbiologie, aber auch der Neurobiologie (mit Schwerpunkt im Abschnitt 5.7 zur Molekularelektronik eingeordnet) neue Aufgaben.

Das Feld der medizinischen Anwendungen ist so riesig und unüberschaubar, daß es im Rahmen dieser Studie, wie auch andere anwendungsorientierte Bereiche (etwa Bautechnik, Energietechnik, Lebensmitteltechnik etc.), nicht detailliert behandelt wurde. Im Kerngebiet der biomedizinischen Entwicklung der nächsten Jahre liegt die strukturelle und funktionelle Charakterisierung von biologischen System-Einzelkompontenten und ihre Einordnung in das Gesamtsystem des menschlichen Organismus: Die Analyse von Interaktionen in vitro bis auf die molekulare Ebene, das Studium der interzellulären Kommunikation und ihre Stellung im Gesamtsystem, die Validierung von Funktionshypothesen z. B. durch gezielte Störungen des Systems und die Ableitung von Korrekturstrategien für die letztendlich kausale biologische Therapie. Entwicklungsbiologische Untersuchungen (z. B. Zelldifferenzierung, Zellalterung, Zellwachstum und Wachstumsentartungen usw.) können zur Aufklärung von Entwicklungsabläufen und ihren Störungen beispielsweise im Hinblick auf Pharmakagabe dienen.

Auf der biophysikalischen Ebene werden apparative Entwicklungen zur nichtinvasiven oder zumindest nichtdestruktiven Funktionsanalyse mit hoher zeitlicher und räumlicher Auflösung eine größere Bedeutung erlangen (Festkörper-Kernresonanzspektroskopie, Röntgenstrukturanalyse, Rastertunnelelektronenmikroskopie). Diese Verfahren können auch zur Analyse von zellulären Prozessen im intakten Gewebeverband dienen (konfokale Mikroskopie, Mikrospektrophotometrie, etc.). Die Analytik biologischer Makromoleküle und Naturstoffe sowie das Design von Biosubstanzen z. B. als Therapeutika wird sich auf die Erkenntnisse der Molekularbiologie stützen können.

Die Möglichkeiten für künstliche Organe und Implantatmaterialien werden in einem gesonderten Thema angesprochen. Die Biomedizin wird jedoch auch Anleihen bei der Mikroelektronik, der Mikrosystemtechnik und dem Softwarebereich suchen, etwa um die Schnittstellenproblematik bei der Kopplung von biologischem Material mit der zugehörigen Elektronik zur Entwicklung intelligenter und steuerbarer Prothesen zu lösen. Die Möglichkeiten von Software und Simulation dürften bei der Entwicklung synergistischer Methoden zur Visualisierung physiologischer Zustände, welche die Analyse vieler Parameter voraussetzen, zur Anwendung kommen.

Katalyse & Biokatalyse

Die Katalyse mag als traditionelles Gebiet der chemischen Technik erscheinen. Sie beginnt jedoch in den letzten Jahren infolge der Wissenserweiterung durch die Biologie zunehmend neue Anwendungsgebiete zu erschließen (vgl. auch Abbildung 21). Der "Kat" im Auspuffrohr ist zu einem gesetzlich erzwungenen Massenartikel geworden, der jedermann vor Augen führt, daß sich Umweltschutz ohne den Verbrauch teurer Materialien realisieren läßt.

Mehr als 80 % aller industriell angewandten chemischen Reaktionen benutzen einen oder mehrere Katalysatoren, welche die Reaktionsgeschwindigkeit sowie die Reaktionsbedingungen beeinflussen. Sie ermöglichen die selektive Herstellung der gewünschten Zielprodukte bei minimalem Rohstoff- und Energieverbrauch und Vermeidung unerwünschter Nebenprodukte sowie die Umwandlung von Schadstoffen. Wichtige Zielgrößen bei der Katalysatorentwicklung sind Aktivität, Selektivität, Standzeit, Regenerierbarkeit und Abtrennbarkeit vom Produkt.

Da die Wirkungsweise eingesetzter Katalysatoren in vielen Fällen nicht hinreichend bekannt ist, müssen sie bis heute auf der Basis von Analogievorstellungen bzw. in umfangreichen Versuchsreihen entwickelt werden. Zukünftige Forschungsarbeiten müssen sich dem Thema der rationalen Katalysatorentwicklung zuwenden.

Die Katalysatorsysteme der Natur sind die Enzyme, in die für die Zukunft erhebliche Erwartungen gesetzt werden. Die Vorteile der biokatalysierten Verfahren liegen in der hohen Selektivität bei gleichzeitig milden Reaktionsbedingungen. Neue Trends gehen in Richtung der Entwicklung von Multi-Enzymsystemen und vor allem auch von Antikörpern sowie RNA-Molekülen als katalytisch aktive Spezies. Evolutive Techniken bieten die Möglichkeit zur Optimierung katalytischer Systeme. Zukünftige Anwendungsfelder liegen bei der Erzeugung hochreiner, pharmazeutischer bzw. agrochemischer Wirkstoffe, bei Materialien mit ungewöhnlichen Eigenschaften, z. B. für die Informationsspeicherung und -verarbeitung, der Photokatalyse für die Wasserspaltung, der Metallisierung nichtleitender Oberflächen der Sensorik und in der Umwelttechnik (Abgas-, Wasserreinigung, Bodensanierung, Polymer-Recyclierung).

Neue biologische Produktionssysteme für Biosubstanzen und Wirkstoffe

Von Katalyse und Biokatalyse - verstanden als Verfahrenstechnik zur selektiven Herstellung gewünschter Stoffmischungen - ist es thematisch nur ein kleiner Sprung zur Produktion von Substanzen durch biologische Systeme. Man kann sich dabei entweder ganzer Zellen bzw. Organismen als Produzenten bedienen oder zellfreier Systeme. Benutzt man Zellen als Produzenten, so ist zukünftig eine zielgerichtete Erweiterung der Spezieskenntnis speziell bei Mikroorganismen beispielsweise zur besseren Ausnutzung des Substanzpotentials notwendig. Zu den gewünschten Substanzen zählen u. a. Natur- und Werkstoffe (dazu siehe ein eigenes Thema), Pharmaka, Herbizide und Insektizide (siehe auch das Thema Pflanzenzüchtung und -schutz) und Vitamine. Ein Beispiel, das Bakteriorhodopsin, ist ein dem menschlichen Sehpigment verwandtes Molekül. Es ist vorwiegend in Bakterien, die in Salztümpeln der Wüstenregionen leben, zu finden. In den letzten Jahren wurden technikrelevante, optoelektronische Eigenschaften dieses Moleküls aufgedeckt, die der weiteren Entwicklung der Photonik grundsätzlich neue Wege eröffnen ("Hochtechnologie aus dem Salztümpel"). Photosynthetisch aktive Mikroorganismen können zu einem idealen nachwachsenden Rohstoff in Richtung einer verbesserten Energie- und Kohlendioxidbilanz werden (dazu siehe die Ausführungen zur biologischen Wasserstoffgewinnung). Die Gentechnik der Zukunft kann zur Übertragung komplexer, vielstufiger Biosynthesen in technisch gut handhabbare Mikroorganismen verhelfen. Die Schaffung transgener Pflanzen und Tiere zur Wirk- und Wertstoffproduktion (z. B. Pharmaka) ist angelaufen. Nachwachsende Rohstoffe können am Beginn des 21. Jahrhunderts auch als Produzenten insbesondere zur Entwicklung intelligenter Wirkstoffe angesehen werden, bei denen eine spezifische Zusatzinformation genutzt wird. Zur Erinnerung sei gesagt, daß die Conterganproblematik auf der damaligen Nichtunterscheidung der optischen Aktivität von Wirkstoff und Schadstoff beruhte; genau solche Zusatzinformationen sind hier gemeint.

Die biologische Produktion mittels zellfreier Systeme entwickelt sich zur evolutiven Biotechnologie oder synthetischen Molekularbiologie (siehe auch oben unter "Molekulare Biotechnologie"). Darunter versteht man die Kombination klassisch-chemischer Synthesestrategien mit den modernen Methoden der Molekularbiologie u. a. durch Einsatz evolutionsstrategischer und genetischer Algorithmen. Ziel ist die Suche nach neuen Stoffen und Strukturen mit neuen Funktionen z. B. zur Ressourcenerweiterung im Bereich der pharmazeutischen Wirkstoffe, der technischen Chemie, der Lebensmittelchemie oder zur Entsorgung. Als Alternative zur akzeptanzbelasteten Gentechnik zur Produktion von grundsätzlich neuen Molekülen mit erhöhter Effizienz könnte schließlich die RNA-Technologie herangezogen werden und dies ohne sich des Umwegs über die Synthesemaschinerie einer Zelle bedienen zu müssen. Die zellfreie Methodik ermöglicht auch die Produktion stark abnormer bzw. zelltoxischer Substanzen. Der direkte Einsatz von bestimmten RNAs (z. B. Antisense-RNA) in der Medizin ist denkbar.

Das Thema "Neue biologische Produktionssysteme" mag momentan noch etwas diffus erscheinen. Stellt man weitere Fortschritte und möglicherweise Querbefruchtungen aus anderen FuE-Richtungen in Rechnung, kann es sich bis zum Beginn des 21. Jahrhunderts durchaus zu einer übergreifenden Technologie mit hohem Anwendungspotential entwickeln.

Bionik

Als ***Bionik*** wird das Forschungsgebiet bezeichnet, das sich systematisch mit der wissenschaftlichen Untersuchung biologischer Systeme im Hinblick auf die Übertragbarkeit und praktische Umsetzung der Erkenntnisse auf anthropogene Systeme befaßt. Sie folgt dem Prinzip, von der Natur für eigenständiges technisches Gestalten zu lernen ("angewandte Analogieforschung"). Obwohl es auf den ersten Blick unzählige Analogien zwischen Natur und Technik gibt, zeigt sich bei genauerer Analyse, daß die Fälle einer direkten Übertragbarkeit von natürlichen Lösungen auf technische Systeme selten sind. Eine einfache Kopie scheitert in der Regel schon an der nicht direkten Skalierbarkeit in andere Dimensionen. Ein wesentlicher Grundsatz der Bionik ist daher nicht der Versuch einer Kopie des natürlichen Vorbilds, sondern das Verstehen des grundlegenden Prinzips, um zu einer technisch sinnvollen Nachahmung zu kommen. Die Evolution selbst ist ebenfalls Gegenstand der bionischen Grundlagenforschung, die theoretische Beschreibungen und rechnergestützte Simulationen von Evolutionsstrategien anstrebt.

Historisch gesehen ist der Denkansatz der Bionik fast so alt wie die Technikgeschichte, wobei in der Regel das Prinzip des Vogelflugs erwähnt wird, welches über Jahrhunderte als Vorbild für Flugmaschinen diente. Die Erwartungen in das Leistungsvermögen der Bionik dürfen dabei nicht überspannt werden, denn der technische Prozeß führt immer wieder zu Prinzipien, die nicht aus biologischen Vorbildern ableitbar sind. Wie in allen modernen, neu entstehenden Wissenschaftsdisziplinen gibt es auch für die moderne Bionik noch keine einheitliche Terminologie und Untergliederung, was zum Teil auch durch die unterschiedlichen Blickwinkel der am bionischen Forschungsprozeß Beteiligten begründet sein dürfte. Die konstruktive Bionik (auch Strukturbionik, Biomechanik) befaßt sich mit strukturellen und mechanischen Aspekten als Vorbilder für Pneus, Netzkonstruktionen, Brückenbauwerke, Zeltdachkonstruktionen etc. Gegenstand der funktionalen Bionik sind biologische Funktionen, die beispielsweise in Biokraftwerken umgesetzt werden können (Solarkraftwerke, die bei hohem Wirkungsgrad die Photosyntheseeigenschaften direkt nutzen, wären eine Produktvision). Die Systembionik beschäftigt sich im weitesten Sinn mit Organisationsformen wie Transportmechanismen der Blutbahnen, Rückkopplungshierarchien in der Informationsverarbeitung, Selbstregulation, Mehrfachnutzung oder an die Umwelt angepaßte Formgebung. Um die Nähe zur Neuroinformatik anzudeuten, ist auch bereits der Begriff Informationsbionik oder Neurobionik geprägt worden.

Eines der eindrucksvollsten Beispiele ist die Entwicklung sogenannter Riblet-Folien in Analogie zur Haut von schnellschwimmenden Haien. Mit diesen Folien läßt sich eine Verminderung des turbulenten Strömungswiderstandes von Oberflächen erzielen. Produktvisionen der Bionik sind etwa Prothesen, die aus Materialien hergestellt sind, die ein Einwachsen in das noch intakte Knochengewebe ermöglichen. Vorstellbar ist die Reinigung schadstoffhaltiger Abwässer durch biologische Membranen, die zum selektiven oder richtungsorientierten Durchlaß fähig sind und Neuronencomputer, die sich mittels der Evolutionsstrategie entsprechend dem Anwendungsziel strukturieren ließen.

Biomimetische Werkstoffe

Unter biomimetischen Werkstoffen versteht man synthetische Werkstoffe, deren Baustrukturen bzw. Funktionen biologischen Vorbildern nachempfunden sind. Insofern läßt sich diese Technologie analog der Struktur- und Informationsbionik auch als Werkstoffbionik bezeichnen. Ebenso könnte man das Gebiet zur Werkstofforschung zählen (was in dieser Studie im Hinblick auf die verwendeten biologischen Methoden unterbleibt). Zu den biomimetischen Werkstoffen gehören auch biosynthetische Werkstoffe, die von (evtl. gentechnisch veränderten) Pflanzen oder Mikroorganismen hergestellt werden, wie z. B. Polyester von Mikroorganismen. Moderne Analysemethoden erlauben uns heute den Einblick in kleinste biologische Strukturen, die für die Materialwissenschaftler in der Tat Erstaunliches zu bieten haben. Die Natur liefert die molekulare Architektur für viele neuartige Werkstoffkonzepte. Aus einfachen und reichlich verfügbaren Ausgangsmaterialien entstehen in komplexen biologischen Prozessen hochwertige Werkstoffe, wie z. B. Muschelschalen, Seeigelstacheln, Rattenzähne oder Spinnenseide, die sich durch hohe Festigkeit, Zähigkeit und Härte bzw. enorme Elastizität bei gleichzeitig geringem Gewicht auszeichnen. Darüber hinaus lehrt die Natur durch ihren sparsamen Umgang mit Ausgangsstoffen ein ressourcenschonendes Herstellen und Konstruieren. Es gilt nun, die innovativen Konzepte der Natur in interdisziplinärer Zusammenarbeit zwischen Biologen, Chemikern und Werkstoffwissenschaftlern zu identifizieren, zu analysieren und technisch nachzuahmen.

Die Bezüge der biomimetischen Werkstoffe zur Werkstofftechnik sind ebenso offensichtlich wie diejenigen zur Bionik. Die Positionierung des Gebiets in Abbildung 19 verdeutlicht desweiteren die Nähe zur molekularen Biotechnologie und zur Nanotechnik. In den komplexen biologischen Wachstumsprozessen (Schalen, Gehäuse u. a. m.) entstehen aus einfachen Ausgangsmaterialien wohldefinierte Keramik-Polymer-Verbundstoffe auf molekularer Ebene, die frei von Poren oder anderen Fehlern sind. Im Gegensatz zur konventionellen Keramikherstellung wird das fehlerfreie und sehr feine biologische Gefüge durch eine sich bewegende organische Phasengrenze erzeugt, in der die Mineralisierung nanostrukturiert abläuft.

Im Hinblick auf Anwendungen wäre die Nachahmung der hochfesten und gleichzeitig leichten Insektenpanzerung äußerst interessant, die noch dazu elastische und sensorische Eigenschaften aufweist. Chitin erreicht eine vierfach höhere Festigkeit als die besten Stähle. Aber nicht nur die Materialien selbst sind nachahmenswert, welche die Pflanzen- und Tierwelt hervorbringt, sondern auch deren Strukturen, die für ihren Einsatzzweck als Kraftträger (Knochen, Astwerk der Bäume, Krallen etc.) hochgradig massen- und festigkeitsoptimiert sind. Mit dem biologischen Wachstum als Vorbild lassen sich heute bereits Computersimulationen durchführen, die Maschinenbauteile in ihrer Gestalt sehr effektiv optimieren. So liefert z. B. die Simulation des Holzfaserverlaufs um einen eingewachsenen Ast herum die Vorlage für den festigkeits- und gewichtsoptimierten Faserverlauf für den synthetischen Verbundwerkstoff. Es gibt eine Reihe von weiteren physikalisch-chemischen Effekten, welche die Natur als innovative Konzepte anbietet (z. B. Farbanpassung an die Umgebung, akustische und elektromagnetische Orientierungssysteme, elektrobiologische Energiespeicher). Bezüglich der zu schaffenden Produktionsprozesse besteht ein großer Unterschied zur konventionellen Materialsynthese, indem der Werkstoffaufbau grundsätzlich nahe der Raumtemperatur und noch dazu relativ langsam verläuft, denn Zeit und Produktivität spielen in der Natur keine übergeordnete Rolle.

Biologische Wasserstoffgewinnung

Pflanzen und manche Mikroorganismen besitzen die besondere Eigenschaft, im Photosyntheseprozeß Kohlendioxid und Wasser unter Einsatz von Sonnenenergie in energiehaltige Chemikalien zu überführen. Da Wasserstoff als zukünftig bedeutender Energieträger gilt, für dessen effektive Nutzung Fragen der Produktion, der Speicherung, des Transports und der Endnutzung hinreichend geklärt sein müssen, interessiert besonders, inwieweit biologische Systeme es ermöglichen, Wasserstoff zu synthetisieren. Grundsätzlich ist die ***biologische Wasserstoffgewinnung*** auf dreierlei Wegen erreichbar: Biophotolytisch mit Grünalgen, mit phototrophen Bakterien aus Biomasse oder Cyanobakterien und durch Gärung aus Biomasse. Schwerpunkte der gegenwärtigen Forschung und Entwicklung bei allen drei Methoden sind vielfältige Optimierungen auf molekularer und zellulärer Ebene u. a. des Elektronen- und Ionentransports (Bezüge zur Molekularelektronik), die Minimierung der Folgekosten (Entsorgung von Neben- und Abfallprodukten), die Fixierung des entstehenden Kohlendioxid und des Stickstoffdioxids, die Schaffung von Möglichkeiten zur externen Steuerung der komplizierten Regelungsmechanismen und die Immobilisierung von funktionsfähigen Photosystemen auf nichtbiologischen Matrizen.

Zur Anwendung kommen dabei neben den Methoden der Untersuchung und Auswahl natürlicher Systeme zur Wasserstoffgewinnung molekularbiologische und molekulargenetische Methoden zur Optimierung der beteiligten Enzymsysteme. Ein weiteres Ziel ist die Entwicklung vielseitig einsetzbarer bioelektrochemischer Brennstoffzellen mit hohem Wirkungsgrad, hoher Produktlebensdauer und Produktionsausbeute sowie hoher Stabilität. Von größerer Bedeutung wird jedoch der Einsatz bionischer und biomimetischer Methoden zur Imitation der enzymatischen Prozesse sein. Die Konstruktion chemischer Katalysatoren nach dem Vorbild natürlicher Hydrogenasen ist denkbar.

Nachwachsende Wirk- und Werkstoffe

Der Anbau von Pflanzen als nachwachsende Rohstoffe bzw. Rohstoffproduzenten und die Verwendung von Naturstoffen als Ausgangssubstanzen für hochveredelte Wertstoffe können entscheidende Beiträge zur Verbreiterung des Spektrums an Wirk- und Werkstoffen und zur Verbesserung der Umweltsituation leisten. Dabei können die Pflanze oder der Mikroorganismus bzw. Bestandteile davon als Ausgangssubstanzen für die weitere biotechnologische, chemische oder physikalische Bearbeitung angesehen werden (z. B. Holz, Pharmaka, Fette, Öle, Proteine). Die biologischen Systeme können aber auch als Produzenten verstanden werden z. B. für die photosynthetische Produktion von hochspezifischer Biomasse oder das "Pharming".

Die derzeitigen Forschungsschwerpunkte liegen in den Bereichen Grundlagenforschung, Pflanzenzüchtung, molekulare Naturstoffchemie und bei der Technologie zur Umwandlung von Naturstoffen. Gegenwärtig werden Produkte wie Zucker, Stärke, Öle, Fette, Holz, Pflanzenfasern, energetische Stoffe, Heilstoffe und Gewürze hinsichtlich der Kosten und Umweltverträglichkeit optimiert. Bis zum Beginn des 21. Jahrhunderts wird nach neuen Verfahren zur enzymatischen und chemischen Umwandlung herkömmlicher Naturstoffe in neue Produkte und (durch Züchtung und Anwendung von Biotechnologie und Gentechnik) nach neuen Naturstoffen gesucht. Eine entscheidende Rolle spielt die Naturstoffchemie (Fettchemie, Zuckerchemie, Zellulose- und Stärkechemie). Notwendig ist die Aufklärung von Mechanismen der Synthese und Regulation (Kommunikation, Signalempfang und -wandlung) in Pflanze bzw. Mikroorganismus. Die zielorientierte, systematische naturstoffchemische Untersuchung von extremen Biotopen ist bisher noch wenig fortgeschritten; hier besteht u. U. ein großes Reservoir an möglichen Wert- und Wirkstoffen.

Umweltbiotechnologie

Die *Umweltbiotechnologie* wird hier als integrales Anwendungsgebiet der Biotechnologie verstanden, wobei nicht spezifische Methoden, sondern die Problemlösung die Definition bestimmt. Die Umweltbiotechnologie befaßt sich somit mit allen biotechnologisch orientierten Methoden und Verfahren zur Umweltentlastung, wie der Verwertung von Reststoffen, der Vermeidung von Schadstoffanfall, der Sanierung von Umweltschäden und der langfristigen Reduzierung von Kohlendioxid. Ihr Fernziel ist ein natürlicher Stoffkreislauf als produktionsintegrierter Umweltschutz (Ökobilanzierung).

Aktuelle Forschungsansätze mit Ausbaupotential bis zum Beginn des 21. Jahrhunderts sind die Reinigung von Umweltmedien durch (evtl. gentechnisch) optimierte Mikroorganismen, die Untersuchung und Kontrolle von Sekundärstoffen, das systematische Aufsuchen (Screening) neuer Mikroorganismen mit bislang unbekannten Potenzen zur Stoffumwandlung, die Standardisierung biologischer Reinigungs- und Sanierungsverfahren bis zum "Cleaning Kit". Die Möglichkeiten um Nachweis und zur Überwachung umweltgefährdender Stoffe mittels Mikroorganismen oder Biosensoren ist zuvor schon angesprochen worden, ebenso wie der Ersatz chemischer Problemstoffe bzw. Synthese-Stufen durch biogene Produkte und Verfahren (Farbstoffe, Pflanzenschutzmittel, Kunststoffe). Der Hinweis auf die Problematik des Pflanzenschutzes führt unmittelbar in ein weiteres Anwendungsgebiet, das nicht durch wissenschaftliche Methoden, sondern durch die Zielrichtung definiert ist.

Pflanzenzüchtung und -schutz

Durch molekular- und zellbiologische Techniken ist der Pflanzenzüchtung ein breites Methodenspektrum zur Verfügung gestellt worden. Mittels der Biotechnik ist es möglich, Kreuzungsbarrieren zu überwinden, eine Genotypenerweiterung zu ermöglichen, sowie effizientere Selektionsmaßnahmen zu treffen. Bei der Erzeugung von transgenen Pflanzen zur Produktion von Wirk-, Wert- und Werkstoffen werden die Nachbarbereiche Pharmaforschung und nachwachsende Rohstoffe berührt.

Die wichtigsten Forschungsfelder liegen in der Erweiterung des Anbauspektrums in extremen Umweltbereichen, der Untersuchung von Entwicklung und Funktion pflanzlicher Zellen im Hinblick auf biotechnologische Gewebekulturtechniken, der molekularen Markierung (Gensonden) von Erbgemeinschaften zur Steigerung der Effizienz züchterischer Selektionsmaßnahmen, der Identifizierung wirtschaftlich und ökologisch wichtiger Gene, der Identifizierung und Charakterisierung von Resistenzgenen zur Ertragsoptimierung und -sicherung sowie zur Minimierung des Einsatzes von Pflanzenschutzmitteln und der Genomsequenzierung und funktionellen Genomforschung als Informationsbibliothek zur Unterstützung der genannten Forschungsfelder.

Biologischer *Pflanzenschutz* ist die durch den Menschen gesteuerte Nutzung von evtl. gentechnisch veränderten Organismen zum Schutz von Pflanzen gegenüber biotischen und abiotischen Schadstoffaktoren. Biologische Verfahren können dazu beitragen, integrierte Verfahren voranzutreiben und damit schädigende chemische Pflanzenschutzmittel einzusparen. Das würde zur Umweltentlastung beitragen. Auch bei biologischem Pflanzenschutz sind aber optimierte Wirksamkeit sowie mögliche Auswirkungen auf Gesundheit von Mensch und Tier sowie Grundwasser und Naturhaushalt zu untersuchen. Die Aktivierung pflanzeneigener Abwehrmechanismen bietet ebenfalls Forschungsansätze zum Ausbau des biologischen Pflanzenschutzes und damit zur Umweltentlastung. Gute Ansätze zum biologischen Pflanzenschutz befinden sich bereits im marktnahen Entwicklungsstadium, Auswirkungen auf die Produktion sind in speziellen Einzelfällen in den nächsten Jahren zu erwarten. Mit dem Ersatz einiger schädigender Pflanzenschutzmittel bis zur Jahrtausendwende ist zu rechnen. Großflächige Auswirkungen erfordern längere Zeiträume.

*

Die ***zeitlichen Phasen im Gesamtbereich der Biotechnologie*** inklusive ihrer Anwendungen sind in Abbildung 22 angegeben. Daraus läßt sich, ohne ins Einzelne zu gehen, zweierlei schließen. Fast alle behandelten Themen zeigen eine erhebliche Streubreite, d. h. Einzelaspekte unterscheiden sich in ihrem Reifegrad. Trotz dieser Unsicherheit erreicht fast kein Einzelthema die Phase VIII (breite wirtschaftliche Nutzung; Ausnahme Katalysatoren), bezüglich des Schwerpunkts der Aktivitäten wird auch im Jahr 2000 die Phase V (zeitweilige Stagnationen in Wissenschaft und Technik, Umorientierungen) kaum überschritten.

Im einzelnen liegen die Zellbiotechnologie (ZBT) als Ganzes, die Biomedizin (MED), die Bionik (BIK) und die Biowasserstoffgewinnung (BWS) zur Zeit schwerpunktmäßig im Bereich der Grundlagenforschung. In Teilbereichen etwas weiter fortgeschritten sind die biologischen Produktionssysteme (BPW), die Umweltbiotechnologie (UMB) und Pflanzenschutz und -züchtung (PFZ). Völlig am Anfang stehen die biomimetischen Werkstoffe (BMW).

Bei der Zellbiotechnologie handelt es sich um ein sehr komplexes Gebiet, welches von der Grundlagenforschung bis zu ersten industriellen Anwendungen, z. B. im Einsatz von biologisch gewonnenen Biotherapeutika, reicht. Im Bereich der molekularen Zellbiotechnologie sind bereits einzelne Gene sequenziert und analysiert, ebenso sind erste gentechnisch ge-

Abbildung 22: Voraussichtliche zeitliche Entwicklungsdynamik im Bereich der Zellbiotechnologie. (Die Quadrate symbolisieren den Häufungswert beim Vorliegen unterschiedlicher Phasen innerhalb eines Themas, die Balken die tatsächliche Streubreite.)

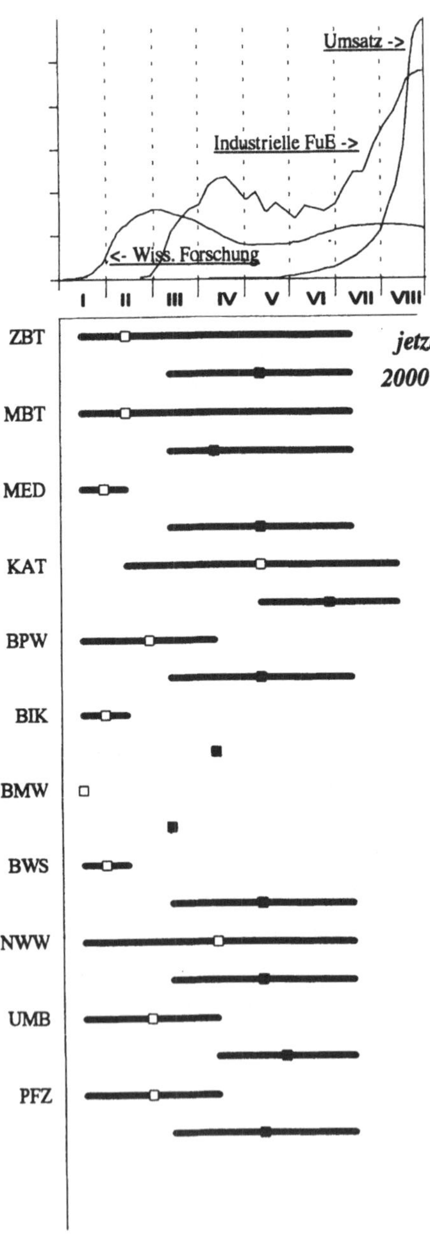

wonnene Produkte auf dem Markt; vollständige Sequenzierungen größerer Genome sind noch nicht erfolgt. Die synthetische Molekularbiologie befindet sich ebenfalls noch in den ersten Anfängen. Molekular- und Zellbiotechnologie werden zeitlich ähnlich eingeschätzt, wobei die Zellbiotechnologie wegen ihres sehr komplexen grundlegenden Charakters auch 2000 noch frühe Phasen umfaßt.

Angaben zur zeitlichen Dynamik der Biomedizin sind ebenfalls sehr schwierig, da es sich um einen äußerst komplexen und weit verzweigten Forschungsbereich handelt. Im Bereich der biotechnologischen Produktion von Antikörpern zur Diagnostik ist die Phase VIII bereits realisiert, während die genetische Kausaltherapie und viele andere Bereiche noch sehr grundlegend arbeiten. Die traditionelle Katalyse ist selbstverständlich weit vorgedrungen (Phase VIII), während die Biokatalyse zur Zeit auf eine gut entwickelte Forschung zurückblickt, die sich erst bis zum Jahr 2000 an erste wirtschaftliche Umsetzungen herantasten wird. Die Bioproduktionsmethoden mittels evolutiver und RNA-Technologie befinden sich noch in den Anfängen, bei der Substanzproduktion mittels transgener Mikroorganismen gibt es bereits erste kommerzielle Anwendungen, jedoch noch keine gentechnologisch übertragenen komplexen Biosynthesen. Die Bionik umfaßt als interdisziplinäre Querschnittstechnologie ein breites Spektrum anwendungsorienter Einzeldisziplinen. Der Entwicklungsstand einzelner Bereiche, wie beispielsweise die Widerstandsverminderung durch Rillenstrukturen, ist teilweise erheblich weiter fortgeschritten. Insgesamt dürfte sich die Bionik um das Jahr 2000 weiterentwickelt haben, jedoch werden die Schwierigkeiten bei der wirtschaftlichen Umsetzung noch nicht überwunden sein. Weiter zurück liegen die biomimetischen Werkstoffe, wo zur Zeit allererste Explorationen stattfinden und wo sich im Jahr 2000 allenfalls die Forschung entfaltet haben wird. Vielleicht gibt es bis dorthin auch schon erste technische Realisierungen. Demgegenüber wird der biologischen Wasserstoffgewinnung, die sich zur Zeit in einem ähnlich frühen Stadium wie die Bionik oder die biomimetischen Werkstoffe befindet, ein schnelleres Entwicklungstempo zugesprochen, das im Jahr 2000 in einigen Bereichen zu Funktionsmustern auf Laborebene führen kann. Der Anbau nachwachsender Rohstoffe und die Verwendung und Verarbeitung von Naturstoffen sind, anders als die Erzeugung von Biowasserstoff, in einigen Bereichen bereits voll im Gange. Eine Verbreiterung der Vielfalt erfordert jedoch auch weiterhin groß angelegte Grundlagenforschung.

Die durch Anwendungen definierten Themen im Bereich der Biotechnologie erreichen nicht den Reifegrad wie andere Anwendungsbereiche in dieser Studie. Im Bereich der Umweltbiotechnologie sind einzelne Mikroorganismen zur Detektion und zum Abbau von Schadstoffen bereits bekannt. Die Thematik ist jedoch höchst komplex, so daß das Fernziel eines natürlichen Stoffkreislaufes zur Realisierung des produktionsintegrierten Umweltschutzes (Ökobilanzierung) erst weit nach 2000 - wenn überhaupt - erreichbar sein wird. Gentechnisch veränderte oder optimierte Pflanzen sowie Schad- und Nutzorganismen können auf breiter Ebene im Laufe von fünf bis zehn Jahren realisiert werden, ebenso wie transgene Pflanzen zur Synthese komplexer Wirkstoffe. Die Stickstoff- und Kohlendioxidfixierung wird erst nach Beginn des 21. Jahrhunderts möglich werden.

Insgesamt hat das Gebiet der Biotechnologie ein großes Zukunftspotential. Legt man die Meßlatte aber in die mittelfristige Zukunft, d. h. exakt an den Beginn des 21. Jahrhunderts, kann sie sich noch nicht entfaltet haben. Dies sollte nicht zu dem Schluß verleiten, daß das Voranbringen der entsprechenden technologischen Aktivitäten (neben den Forschungsaktivitäten) noch Zeit hat.

5.9 Produktions- & Managementtechnik

An das Ende des Durchgangs durch die Themenliste wurden wichtige Bereiche gestellt, die sich der in der Natur- und Ingenieurwissenschaften üblichen Zuordnungen zu Fachgebieten entziehen. Sie sind hier als ***Produktions- & Managementtechnik von morgen*** betitelt, meinen aber nicht Produktion und Management als Untermenge der Betriebswirtschaften im engeren Sinne. Vielmehr wird aus den obigen Abschnitten deutlich, daß die Beherrschung der Technologie am Beginn des 21. Jahrhunderts mehr als das Erledigen von Laborarbeiten bedeutet. Akzeptanzfragen, organisatorische Innovationen, das Zusammenführen bisher getrennter Forschungs-, Entwicklungs- oder Produktionsabteilungen, eine Neudefinition der Bedeutung von Software & Simulation für Labor und Produktion und vieles andere mehr gehören untrennbar dazu. Die sieben Themenbereiche zur Produktions- & Managementtechnik von morgen, die an dieser Stelle dargelegt werden, können im Sinne technologischer Verflechtung in die Cluster-Analyse nicht einbezogen werden. Angaben zur zeitlichen Realisierung lassen sich in diesem Fall nur bedingt machen.

Managementtechniken und Personalführung

Das Thema ***Managementtechniken und Personalführung*** wird im folgenden auf Fragen der zweckmäßigen Rationalisierung der industriellen Produktion am Beginn des 21. Jahrhunderts beschränkt. In den letzten Jahrzehnten wurde bei der industriellen Fertigung überwiegend eine die Arbeit fragmentierende Rationalisierungsstrategie verfolgt, die letztlich zu einer Vergeudung volkswirtschaftlicher Ressourcen - vor allem menschlicher Fähigkeiten - führte. Um Produktionsbetriebe bis zum Beginn des 21. Jahrhunderts effizienter zu machen und wettbewerbsfähig halten zu können, bedarf es neuer, flexiblerer Arbeitsstrukturen und des Umdenkens bei Managern wie Beschäftigten, letztlich aber auch bei den Tarifvertragsparteien. Die durch Strukturierung in Funktionssblöcke erreichbaren Verbesserungen führen zu der gewünschten größeren Flexibilität. Das betriebliche Geschehen wird übersichtlicher und bei dezentralisierterer Auslegung des Steuerungssystems und angepaßter Qualifikation der Mitarbeiter können Teilaufgaben der Produktionsplanung und -steuerung in die operative Ebene zurückverlagert werden. Dies führt zu kürzeren und schnelleren Entscheidungswegen und zu weniger Hierarchiestufen. Um Aufträge schnell genug bearbeiten zu können, erhalten Fertigungsbetriebe auf diese Weise immer mehr den Charakter von Dienstleistungsbetrieben.

Bei der hier diskutierten soziotechnischen Innovation geht es nicht nur um strukturelle Verbesserungen innerhalb der einzelnen Betriebe, sondern bei der zunehmenden weltweiten Vernetzung und Kooperation ganz wesentlich auch um die Neugestaltung von Kunden-zu-

Lieferanten- und Unter- zu Hauptlieferanten-Beziehungen. Das zu fordernde, auf ganzheitliche Strukturen abzielende Technologiemanagement kann nur dann erfolgreich sein, wenn die organisatorischen Managementtechniken, zu denen die Personalführung gehört, integriert werden.

Modellbildung für die Produktion

Zur Erhaltung der internationalen Wettbewerbsfähigkeit exportorientierter Produktionsbetriebe über das 20. Jahrhundert hinaus ist der integrierte Einsatz von Informationstechniken in allen mit der Produktion zusammenhängenden internen und externen Unternehmensfunktionen zu optimieren (***Modellbildung, Schnittstellen, Informationsnetzwerke für die Produktion***). Wichtige übergeordnete Ziele sind dabei ein hoher Qualitätsstandard, Materialeinsparung, Verkürzung von Durchlaufzeiten und Flexibilisierung. Ganzheitliche Lösungsansätze zum Erreichen derart anspruchsvoller Zielsetzungen sind bisher an der Komplexität der Systemzusammenhänge gescheitert. Die zur Realisierung rechnerunterstützter Produktionssysteme verfügbaren Informationsnetze sind zwar für den innerbetrieblichen Einsatz zum Aufbau von CIM-Lösungen geeignet, an den Schnittstellen zur Informationsübertragung muß aber noch gearbeitet werden. Für den überbetrieblichen Bereich müssen die ISDN-Dienste und andere Fernkommunikationstechniken schneller verfügbar gemacht werden, weil sie Voraussetzung für die Kommunikation zwischen verschiedenen Unternehmen bzw. verschiedenen Standorten sind.

Fertigungsleittechnik

Wegen der zunehmenden Automatisierung der Fertigungsvorgänge und der unzureichenden Planungsgenauigkeit der installierten Produktionsplanungs- und Steuerungssysteme werden in der ***Fertigungsleittechnik*** immer mehr Leitstände eingesetzt. Die Fertigungsleittechnik gewinnt auch im Hinblick auf die wichtiger werdende dezentrale Entscheidungsfindung an Bedeutung (siehe oben bei Managementtechniken). Zukünftige Leitstände sollen interaktive Kommunikationssysteme sein, die für ihren speziellen Einsatzzweck konfigurierbar sind. Ziel ist es, ein intelligentes, lernfähiges Werkzeug zu entwickeln, das als entscheidungsunterstützendes Hilfsmittel dem Menschen Lösungsvorschläge im Sinne eines Baukastens anbietet. Gleichzeitig stellen solche Leitstände ein wesentliches Instrument zur Qualitätssicherung in Unternehmen dar. Ein systemübergreifendes Produkt- bzw. Unternehmensdatenmodell, das für alle betrieblichen Funktionen und Fertigungsbereiche zur Verfügung steht, ist eine notwendige Basis für die Weiterentwicklung der Leitstandtechnik.

Bei der Konzeption von Leitstandsoftware werden künftig Methoden der künstlichen Intelligenz und die unscharfe Logik eine stärkere Rolle spielen. Damit kann in jedem Fertigungsbereich eine dynamische Kapazitätsplanung, die evtl. auch das Personal umfaßt, erfolgen. Ein moderner Leitstand ist somit ein hervorragendes Mittel zur Unterstützung von Meistern, Gruppenführern und Produktionsarbeitern, deren Erfahrungswissen dabei voll zum Tragen kommt. Eine besondere Herausforderung für die Technologie des 21. Jahrhunderts stellt die Gestaltung der Benutzeroberflächen dar, damit der Qualifikation der Benutzer Rechnung getragen wird.

Produktionslogistik

Die ***Produktionslogistik*** beschäftigt sich mit der ganzheitlichen Planung und Steuerung des Informations- und Materialflusses in der industriellen Fertigung. Sie ist Bestandteil der unternehmenslogistischen Kette zwischen Beschaffung und Distribution. Ihre Hauptfunktionen bestehen aus der Planung und Steuerung von Betriebsaufträgen, im Abruf von Zukaufteilen, im Management von Störungen sowie in einem umfassenden Logistik-Controlling. Die wesentlichen Anforderungen an die Produktionslogistik der Zukunft bestehen darin, daß sie einerseits als wichtiges Instrument des Unternehmenserfolgs ausgebaut werden muß, andererseits ihre Integration mit den übrigen Unternehmensfunktionen immer wichtiger wird. Dabei steht eine menschen- und ablaufgerechte Gestaltung von Organisation und Technik im Vordergrund.

Absehbare Entwicklungen in den nächsten Jahrzehnten lassen sich durch folgende Stichworte beschreiben: Verbesserte Konstruktionsmethodik für Entwurf und Vorabprüfung logistischer Systeme, neue Planungs- und Steuerungsverfahren, verknüpftes Controlling, Visualisierung der produktionslogistischen Abläufe mit Hilfe von Prozeßgraphiken, Qualitätsmanagement für logistische Prozesse, Einbeziehung von Entsorgungs- und Wiederverwertungskreisläufen, Regeln zur logistikgerechten Gestaltung von Produktaufbau, Fertigungstechnologie und Gestaltung der Produktion, Entwicklung modularer Produktionsplanungs- und Steuerungssysteme und simulationsgestützter Instrumente für die logistische Qualitätssicherung in der unternehmensübergreifenden Prozeßkette. Insgesamt wird die Produktionslogistik (in enger Verflechtung mit der Beschaffungs- und Distributionslogistik) für die Wettbewerbsfähigkeit der Produktionsunternehmen eine der CAD-Technik vergleichbare Bedeutung erlangen.

Umwelt- und ressourcenschonende Produktion

Bei der bisherigen Gestaltung der Umwelttechnik waren vor allem Entsorgungsanlagen vorherrschend. Mit diesen additiven ("end of the pipe") Umweltschutzmaßnahmen konnte relativ schnell eine wirksame Entlastung erreicht werden. Damit wurde aber die Menge der anfallenden Reststoffe nicht reduziert, sondern nur den Vorschriften entsprechend entsorgt. Bei immer höher gesteckten Umweltschutzanforderungen stoßen diese additiven Maßnahmen an ökonomische und technologische Grenzen.

In der zukünftigen Phase der Umweltschutzbemühungen, dem ***produktionsintegrierten Umweltschutz***, sollen die Reststoffströme bei der Herstellung von Produkten durch bessere Prozeßtechnik reduziert und die dann noch anfallenden Reststoffe, soweit möglich, im Produktionsverbund genutzt werden. In der Chemieproduktion und bei der Rezyklierung von Metallspänen und von Formsänden in Gießeren sind mit dieser Strategie bereits erhebliche Fortschritte erzielt worden. Ein Beispiel für die Entwicklung von neuen Verfahren ist die Verwendung wasserverdünnbarer Lacke im Automobilbau, bei denen eine vollständige Rückgewinnung des sogenannten Oversprays möglich erscheint. Ein besonders wichtiger Bestandteil des produktionsintegrierten Umweltschutzes ist die Substitution gefährlicher Stoffe und umweltbelastender Produktionsverfahren. Dabei muß man sich bewußt sein, daß auch Ersatzstoffe Umweltgefahren mit sich bringen können, die möglicherweise erst nach einiger Zeit erkannt werden.

Neben produktionsintegrierte Prozesse tritt zukünftig der ***produktorientierte Umweltschutz***. Anreiz für die Rezyklierung von Produkten ist zunächst die Verminderung des Ressourceneinsatzes und die Reduzierung des Entsorgungsaufwandes. Eine rein betriebswirtschaftliche Bilanzierung, welche die Systemgrenzen der Betrachtung nicht über die Produktionsstandorte hinaus erweitert, wirkt sich meistens kontraproduktiv auf die Entscheidung bezüglich der gewünschten Kreislaufwirtschaft aus. Deshalb dürfen bei der Entstehung von Umweltbilanzen die Transporte zwischen Betrieben, beim Einsammeln von zu rezyklierendem Material und die Mehrwegtransportbehälter selbst nicht vernachlässigt werden. Erweiterte Werkstoff- und Konstruktionskataloge sowie Datenbanken, die z. B. mit CAD-Systemen verknüpft werden, sollten Angaben zur Wiederverwertbarkeit, Entsorgungsfähigkeit, zum Energiebedarf und zu möglichen, weniger umweltbelastenden Substitutionsmaterialien enthalten. Konstruktionen werden zukünftig demontagegerecht sein (siehe auch die von einigen Automobilproduzenten ausgesprochenen Rücknahmegarantien für ihre Fahrzeuge).

Forschungsgebiet Verhaltensbiologie

Diese Untersuchung befaßt sich überwiegend mit natur- und ingenieurwissenschaftlichen Ansätzen für die Technologie des 21. Jahrhunderts. Häufig wurden die Nachahmung belebter Vorgänge, die Computer-Simulation und evolutionäre Prinzipien angesprochen, ohne daß Verhaltensaspekte ausdrücklich genannt werden.

Langfristig kann die das Verhalten beeinflussende Interaktion der Lebewesen mit ihrer Umwelt aus einer naturwissenschaftlichen Analyse nicht ausgeklammert werden. Verhaltensweisen von Lebewesen sind physiologischen Ursachen zuzuordnen, die letztendlich evolutive Werdegänge besitzen. Der Mensch als Produkt der Evolution besitzt neben seinem umweltangepaßten Trieb- und Instinktsystem die Möglichkeit, sein Verhalten zu überdenken und zu steuern. Aus dem Verständnis der zugrunde liegenden Verhaltensbiologie lassen sich künftig möglicherweise Hinweise für eine bessere Gestaltung des sich ständig wandelnden Wechselspiels zwischen Mensch, Technik und Natur ableiten. Die Biologie des menschlichen Verhaltens kann darüber hinaus Informationen zur Entwicklung technischer Systeme (Neurocomputer, künstliche Intelligenz, computergesteuerter Verkehr und unscharfe Logik) liefern.

Die Verhaltensphysiologie kann beispielsweise Informationen über die Regelung der Individualdistanz im Zusammenhang mit der Koordinierung eines Schwarms (Vögel, Insekten) liefern und somit zur Entwicklung und Beherrschung der oben erwähnten technischen Linien beitragen. Diese Erkenntnisse können als Lösungsbeiträge zur Verwirklichung des computerisierten Straßenverkehrs zur Verfügung gestellt werden. Beiträge zur Aufklärung von Belastungsfaktoren durch die zunehmende Urbanisierung (Lärm, Enge, Anonymität, Kriminalität und Erkrankung) sind ebenfalls zu erwarten, um ein Wohnumfeld mit positiven Auswirkungen zu schaffen. Die Verhaltenswissenschaften berühren die in diesem Bericht dargelegten Themen besonders eng bei der Entwicklung von künstlicher Intelligenz bzw. von Neurocomputern. Durch die Aufklärung komplexer biologischer informationsverarbeitender Prozesse wie Mustererkennung, Sprache, Wahrnehmen, Lernen, Fehlerkorrektur und -toleranz können die oben genannten Forschungsgebiete neue Anreize erhalten.

Ethik in Forschung und Technologie

Ethik ist normativ und befaßt sich mit der Frage, wie der Mensch handeln sollte. Die moralischen Beurteilungskriterien ("geboten, verboten, erlaubt") sind eng mit der ethischen Bewertung neuer Technologie verknüpft, da die Befriedigung der Bedürfnisse, der die Technologie dienen soll, von ethisch unterschiedlicher Qualität sein kann. Bei der ethischen Bewertung von Forschung und Technologie für das 21. Jahrhundert stellt sich die Frage nach der Akzeptanz oder Nichtakzeptanz, auf welche die neue Technologie voraussichtlich stoßen wird. Mit ihrer Akzeptanz ist unweigerlich der Erfolg der Technologie - zumindest in wirtschaftlicher Hinsicht - verflochten. Bei der ethischen Betrachtung der Technologie sind stets mindestens zwei Aspekte zu beachten, die Frage nach der Wünschbarkeit und die Frage nach der Erlaubtheit der jeweils "neuen" Technologie. Beide Fragen sind sehr komplex und schwierig zu beantworten, vor allem im Hinblick auf die über die intendierten Folgen der Technik hinausgehenden Sekundärfolgen und die zeitliche Reichweite der Betrachtung.

Abbildung 23: Voraussichtliche zeitliche Entwicklungsdynamik im Bereich der Managementtechnik von morgen. (Die Quadrate symbolisieren den Häufungswert beim Vorliegen unterschiedlicher Phasen innerhalb eines Themas, die Balken die tatsächliche Streubreite.)

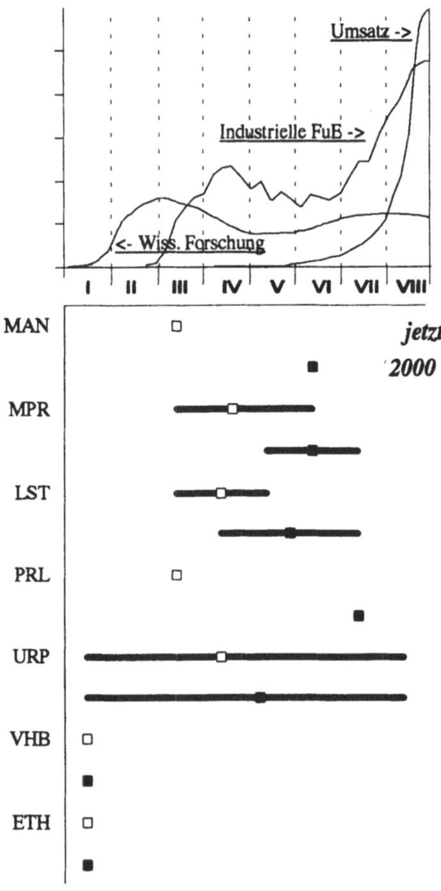

Eine Bewertung neuer Technologie unter Beachtung ethischer Kriterien durch die wissenschaftliche Gemeinschaft darf künftig nicht mehr fehlen. Eine ethische Reflexion (z. B. im Rahmen von forschungsbegleitenden Studien zur Technikfolgenabschätzung) sollte durch interdisziplinäre Gespräche von Anfang an die wissenschaftliche Urteilsbildung von Wissenschaftlern begleiten. Nur so kann die Gemeinschaft der Forscher das für die öffentliche Akzeptanz verhängnisvolle Vorurteil entkräften, daß die Wissenschaft mit ihren technischen Möglichkeiten Mittel für beliebige Zwecke zur Verfügung stellt.

Die Bestimmung von Phasen für technische oder wirtschaftliche "Anwendung" haben im Zusammenhang mit dem Themenkreis "Produktion & Management" eine andere Bedeutung als im technologischen Bereich. Ein Blick auf Abbildung 23 zeigt z. B., daß für Gebiete wie Verhaltensbiologie oder Ethik solche Angaben nicht sehr sinnvoll sind. Allenfalls ließen sich Aussagen über den Umfang des zu erwartenden künftigen Einflusses dieser Forschungsgebiete auf die technische Entwicklung treffen. Die Übertragung verhaltensphysiologischer Regelgrößen auf *technische* Systeme ist zunächst noch die Ausnahme. Auch die Forderung nach Beachtung ethischer Grundsätze in Forschung und Technik ist nicht weit durchgedrungen. Die anderen fabrikorientierten Themen sind in mittleren Phasen zu lokalisieren, d. h. es findet derzeit weder Grundlagenforschung statt, weil ihre Ergebnisse bekannt ist, noch breite Nutzung. Für das Jahr 2000 wird geschätzt, daß die produktionsorientierten Managementtechniken weiter in Richtung auf Anwendungen vordringen, von industrieller Seite auch gute Einsatzmöglichkeiten gesehen werden, aber eine breite kommerzielle Anwendung dennoch nicht gegeben ist. Die Schaffung umweltgerechter und ressourcenschonender Produktionsmethoden ist ein kontinuierlicher Prozeß, der alle Phasen überstreicht. Additive Umweltschutzmaßnahmen sind weit verbreitet, während der prozeßintegrierte Umweltschutz von der Grundlagenforschung bis in erste Anwendungen reicht und der produktintegrierte Umweltschutz noch zurückhaltender beurteilt werden muß.

5.10 Bedingungen und Voraussetzungen für technische Anwendungen in Problemgebieten des 21. Jahrhunderts

Die bisherige Darstellung der Technologie am Beginn des 21. Jahrhunderts wurde zweigeteilt in technologische Voraussetzungen und Anwendungen. Die Teilung ist plausibel, aber weder eindeutig noch unstrittig. Wichtiger als ein ausgefeiltes Klassifiktionsschema ist die Beantwortung der Frage, durch *welche* Nutzungen *welche* technologischen Voraussetzungen bedingt werden. Hierzu finden sich in den internen Unterlagen der Projektträger Angaben, die zwischen notwendigen und nichtnotwendigen Voraussetzungen unterscheiden.

Abbildung 24 veranschaulicht das fast unübersehbare Gewirr von Nutzungsmöglichkeiten, obwohl nur beispielhafte Hinweise enthalten sind. Sie betreffen wohlgemerkt nur diejenigen Anwendungssysteme, die in diesem Bericht als solche behandelt werden ("äußerer Ring"). Darüber hinaus müßten eigentlich vielfältige weitere Anwendungen und Produktvisionen angesprochen werden, die jedoch nicht als eigenständiges Thema definiert sind und entsprechend in Abbildung 24 nicht erscheinen können. Die Zusammenhänge in Abbildung 24 lehren zweierlei. Obwohl die überwiegend informationstechnischen Systeme wie auch die Produktions- und Managementsysteme im äußeren Kreis so angeordnet wurden, daß sie etwa

Abbildung 24: Vernetzungsvielfalt der technologischen Voraussetzungen und der Nutzungsmöglichkeiten in den hier definierten Informations-, Produktions- und Managementsystemen

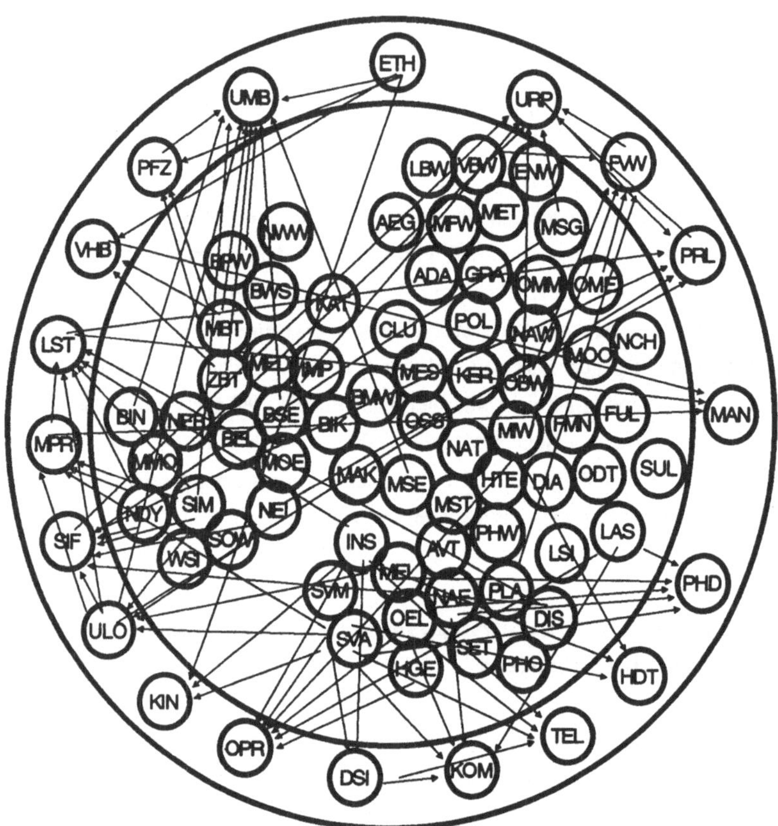

dort liegen, wo die hauptsächlich unterstützenden technischen Einzelthemen plaziert sind, werden sie, erstens, auch aus "fernerliegenden" Themenbereichen unterstützt bzw. ermöglicht. Zum zweiten gibt es nicht nur Abhängigkeiten vom inneren Kreis nach außen, d. h. von den technischen Voraussetzungen zu den Anwendungsystemen, sondern auch zwischen Systemen. So ist beispielsweise die Datensicherheit gleichermaßen eine Bedingung für Breitbandkommunikation und Telekommunikation, gleichzeitig aber abhängig von Informationsspeicherung und Signalverarbeitung. Diese Betrachtung belegt wiederum, daß die wichtigen technologischen Themen am Beginn des 21. Jahrhunderts eher in ihrer Gesamtheit zu sehen sind als in konkurrierenden Einzelteilen.

Zwischen den technologischen Themen (im inneren Kreis) gibt es weitere, vielfältige Nutzungszusammenhänge. Beispielsweise können die neuen biologischen Produktionssysteme (BPW) für die Umweltbiotechnologie große Bedeutung erlangen (was in Abbildung 24 durch einen Pfeil gekennzeichnet ist), sie sind aber auch für die weitere Entwicklung der Biomedizin wichtig (was in Abbildung 24 nicht kenntlich gemacht ist). Wegen der schier unübersehbaren Vielfalt des Bedingungsgeflechts muß es mit diesen selektiven Beispielen sein Bewenden haben.

An dieser Stelle soll auf die Frage eingegangen werden, ob eine große, hochentwickelte Volkswirtschaft wie diejenige im vereinten Deutschland *alle* technologischen Voraussetzungen selbst schaffen muß, um ihrer produzierenden Industrie die diversen neuen Anwendungen zu ermöglichen. Reicht es nicht aus, zum gegebenen Zeitpunkt technische Lösungen von anderen Volkswirtschaften zu übernehmen? Andere Untersuchungen haben gezeigt, daß im Rahmen unternehmerischer Innovationsstrategien neben dem Ausbau der unternehmensinternen Entwicklungskapazitäten zunehmend das Management von FuE-Kooperationen und der Fremdbezug innovativer Technologie wichtig werden. Die "Außenorientierung" eines Unternehmens korreliert sogar positiv mit seinem Innovationserfolg. Verkürzte Innovationszyklen und steigende Kosten für Forschung und Entwicklung zwingen heute auch Unternehmen mit überdurchschnittlicher Ressourcenausstattung ihre FuE-Aufwendungen auf einzelne, strategisch besonders wichtige Technologiefelder zu konzentrieren.

Der Zugang zu externem Know-how kann unternehmensinterne Forschungs- und Entwicklungskapazitäten jedoch nur in begrenztem Maße ersetzen. Nahezu alle empirischen Untersuchungen belegen, daß das von Unternehmen genutzte externe Know-how vorwiegend *komplementären Charakter* hat, indem durch FuE-Kooperationen und Auftragsforschung die unternehmensinternen Entwicklungskapazitäten erweitert und ergänzt werden, aber nur selten eigene Kompetenz durch externe Leistungen ersetzt werden kann. Dahinter verbirgt sich die Erkenntnis, daß eigene FuE-Kapazitäten unerläßlich sind, um extern erarbeitetes Wissen bewerten und voraussehen zu können. Ohne eigene Detailkenntnisse sind fremde FuE-Ergebnisse im eigenen Unternehmen nur schwer umzusetzen. Ohne Eigenkompetenz, die auch nach außen dokumentiert wird, ist ein deutsches Unternehmen aus Sicht der anderen auch kein "attraktiver" Partner für Kooperationen.

Wer aus dem Ausland neue Ideen erwartet, muß auch selbst innovatives Wissen bieten können. Eine wesentliche Voraussetzung für FuE-Kooperationen zwischen Unternehmen ist deshalb das Gleichgewicht im technischen Niveau der Partner. So gesehen muß aus Standortgründen im nationalen System das Wissen um die Technologie am Beginn des

21. Jahrhunderts breit verankert sein, auch wenn Großunternehmen zunehmend international verflochten sind und damit Zugang zu den nationalen FuE-Systemen anderer Länder bekommen.

Eine breite Verankerung der wichtigsten Themenbereiche in Forschung und Technologie ist auch im Zusammenspiel mit dem Ausbildungssystem zu sehen; ein rohstoffarmes Land wie die Bundesrepublik bringt als wesentlichen komparativen Vorteil in den internationalen Technologiewettbewerb den hohen Ausbildungsstand seiner Beschäftigten auf allen Ebenen (berufliche Bildung bis Hochschulbildung) ein. Dies bedeutet nicht, daß jedes noch so kleine Einzelgebiet mit mutmaßlicher Relevanz für die Technologie am Beginn des 21. Jahrhunderts in allen seinen filigranen Forschungsrichtungen in Deutschland permanent gepflegt werden muß, aber zumindest die Sekundärkenntnis über wichtige Forschungsrichtungen im Ausland und ihre technischen Potentiale muß fest im deutschen FuE-System verankert sein, um gegebenenfalls Kooperationen überhaupt stiften zu können. Wenn aufgrund begrenzter finanzieller Mittel eine Eigenbefassung mit jedwedem Teilgebiet nicht möglich erscheint, so ist jedoch mindestens eine "teilnehmende Beobachtung" unabdingbar.

Die bisherigen Ausführungen gelten für technische Anwendungen am Beginn des 21. Jahrhunderts im Sinne von Konsum- und Investitionsgütern allgemeiner Natur. Hier beschränkt sich gemäß dem Selbstverständnis des Staates die Aufgabe der öffentlichen Forschungs- und Technologiepolitik auf die Bereitstellung der Grundfunktionen in Forschung und Ausbildung. Daneben gibt es eine Reihe von Problembereichen, deren Lösung als öffentliche Aufgabe angesehen wird (etwa Verkehrs- oder Energieproblematik). Denkbare Lösungen sind zum Teil organisatorischer Natur oder bestehen darin, die Gesellschaft zum Verzicht auf gewisse Ansprüche zu bewegen (erzieherische Aufgabe). Diese Thematik bleibt in dieser Studie ausgeklammert. Häufig sind jedoch auch technische Möglichkeiten vorhanden, um diese wichtigen Zukunftsaufgaben anzugehen. Insbesondere die "Infrastrukturtechnik" im Bereich Energie oder Verkehr hat ein noch unausgeschöpftes Potential. In Deutschland wird speziell "Vorsorgeforschung" betrieben, um zusätzliche Belastungen gar nicht erst entstehen zu lassen und momentane abbauen zu können.

Zur Aufklärung des Beitrags, den die in diesem Bericht vorgestellten thematischen Bereiche zur Lösung wichtiger gesellschaftlicher Engpässe bieten können, wurden die untersuchten Themen systematisch daraufhin abgeklopft, welchen Lösungsbeitrag sie in die

- Bautechnik
- Energietechnik
- Lebensmitteltechnik (inklusive "Agrotik")
- Medizintechnik

- Explorationstechnik und Rohstoffsicherung (inklusive Rezyklierung)
- Umwelttechnik und
- Verkehrstechnik

einbringen können. Das soll auf den nächsten Seiten dargestellt werden. Des weiteren wäre ein Ausweisen der

- Informationstechnik

im Zusammenhang mit den unverändert steigenden Problemen der Informations- und Wissensflut und deren Verarbeitung denkbar. Statt einer kursorischen Behandlung in diesem Abschnitt sind die wichtigsten informationstechnischen Systeme aber als Einzelthemen im Hauptteil dieser Studie mit ihrem jeweiligen Problemlösungspotential dargestellt worden (siehe insbesondere die Abschnitte 5.3, 5.4 und 5.6), so daß eine zusammengefaßte Wiederholung an dieser Stelle keine neuen Argumente bringen könnte.

Die entsprechenden Zusammenhänge werden in den nachfolgenden Abbildungen verdeutlicht. Die Gliederung der Themen folgt dabei dem Abschnitt 4.2, wobei die eigentlich erforderlichen Mehrfachzuordnungen unterbleiben.

Die Fragestellung dieses Abschnitts darf nicht damit verwechselt werden, welche positiven oder negativen Umweltwirkungen aus den Themenbereichen dieser Studie folgen, was im Kapitel 6 angegangen wird. In diesem Abschnitt geht es vielmehr um den Nutzungszusammenhang, welcher sich aus der Technologie am Beginn des 21. Jahrhunderts für die oben erwähnten querschnittsartigen Anwendungen ergibt. Sie sind technologisch inhomogen, nutzen einen Mix von Einzeltechnologien und sind deshalb im Rahmen der bisherigen Betrachtung nicht ausgewiesen worden.

Bautechnik von morgen

In der *Bautechnik von morgen* können zwei grundsätzlich verschiedene Richtungen ausgemacht werden. Die Übervölkerung in vielen Teilen der Erde führt zum Wunsch nach immer höheren Gebäuden in den Ballungszentren, die völlig neue Anforderungen an die Baustoffe, an die Stabilität und damit die Qualität statischer Berechnungen stellen. Zudem werden die Baustoffe der Zukunft umweltverträglich sein müssen. Ein Blick auf Abbildung 25 zeigt dementsprechend, daß Leichtbauwerkstoffe, Aerogele, die Simulationsverfahren und Nachwachsende Stoffe zur Bautechnik von morgen beitragen können. Die Lasertechnik wird für Vermessungsaufgaben eingesetzt.

Eine andere Zukunftslinie der Bautechnik geht in Richtung auf das "intelligente Haus". Unter Begriffen wie "Domotik" sind in den letzten Jahren eine Reihe von Aktivitäten zu

Abbildung 25: Bedeutung der Technologie am Beginn des 21. Jahrhunderts für die Bautechnik der Zukunft.

Gebiet/Thema (Kurzbezeichnung)	Relevant	Gebiet/Thema (Kurzbezeichnung)	Relevant
Neue Werkstoffe		Telekommunikation	
Hochleistungskeramik	✔	Breitbandkommunikation	
Hochleistungspolymere		Photonische Digitaltechnik	
Hochleistungsmetalle		Hochauflösendes Fernsehen, U-Elektronik	
Funktionelle Gradientenwerkstoffe		Optische Rechner	
Energetische Werkstoffe		***Mikrosystemtechnik***	
Organische Materialien magnetisch		Mikroaktorik	
Organische Materialien elektrisch		Signalverarbeitung für MST	
Oberflächen- & Dünnschichttechnik		Mikrosensorik	✔
Oberflächenwerkstoffe		Aufbau- & Verbindungstechnik	
Diamantschichten & -filme		***Software & Simulation***	
Molekulare Oberflächen		Software	
Nichtklassische Chemie		Modellbildung & Simulation	✔
Mesoskopische Polymersysteme		Molecular Modelling	
Organisierte supramolekulare Systeme		Bioinformatik	
Cluster		Werkstoffsimulation	✔
Adaptronik	✔	Nichtlineare Dynamik	
Multifunktionale Werkstoffe		Simulation in der Fertigungstechnik	
Leichtbauwerkstoffe	✔	Künstliche Intelligenz	
Verbundwerkstoffe		Unscharfe Logik	
Aerogele	✔	Datensicherheit in Netzen	
Fullerene		***Molekularelektronik***	
Materialsynthese in der Gebrauchsform		Bioelektronik	
Implantatmaterialien		Biosensorik	✔
Fertigungsverfahren für neue Werkstoffe		Neurobiologie	
Nanotechnologie		Neuroinformatik	
Nanoelektronik		***Zell-Biotechnologie***	
Single-Electron-Tunneling		Molekulare Biotechnologie	
Nanowerkstoffe		Biomedizin	
Fertigungsverfahren Mikro/Nanotechnik		Katalyse & Biokatalyse	
Mikroelektronik		Biologische Produktionssysteme	
Informationsspeicherung		Bionik	✔
Signalverarbeitung		Biomimetische Werkstoffe	
Mikroelektronik-Werkstoffe		Biologische Wasserstoffgewinnung	
Hochgeschwindigkeitselektronik		Nachwachsende Wirk- & Werkstoffe	✔
Plasmatechnologie		Umweltbiotechnologie	
Supraleitung		Pflanzenzüchtung & -schutz	
Hochtemperaturelektronik		***Produktions- & Managementtechnik***	
Photonik		Managementtechniken & Personalführung	
Optoelektronik		Modellbildung für die Produktion	
Photonische Werkstoffe		Fertigungsleittechnik	
Lasertechnik	✔	Produktionslogistik	
Display, flacher Bildschirm		Umwelt- & ressourcenschonende Produktion	
Leuchtendes Silizium		Forschungsgebiet Verhaltensbiologie	
		Ethik in Forschung & Technologie	

verzeichnen, die sich alle mit den zunehmenden Möglichkeiten der Integration moderner Informationstechnik im häuslichen Bereich befassen (aber auch in Dienstleistungseinrichtungen wie etwa Krankenhäusern; Stichwort: "computerintegriertes Krankenhaus"). Hierbei wird die Nutzung von Telekommunikation, Sensorik, Optoelektronik und Computertechnik für die Bautechnik wichtig. Hauptziel ist dabei, das Leben im Haus in Zukunft sicherer, komfortabler, energiesparender und umweltschonender zu gestalten. Adaptronische Verfahren können lichtregulierte Fenster und dergleichen ermöglichen. In Abbildung 25 sind die entsprechenden technischen Bereiche (außer der Mikrosensorik und der Biosensorik) nicht verzeichnet, weil die entsprechenden Anwendungen weniger zur Bautechnik im engen Sinne als vielmehr zum Bereich Sanitär und Ausstattung gehören. Dies ist aber eine reine Definitionsfrage.

Energietechnik von morgen

Das Energiesystem unseres Landes ist so komplex und so weit verästelt, daß die gesamte Volkswirtschaft und praktisch alle Lebensbereiche betroffen sind. Das macht die Definition des Begriffs "Technologie" sehr schwierig. Oft wird darunter die Gesamtheit von Gebieten wie Kerntechnik, Bergwerkstechnik, Heizungstechnik oder Photovoltaik verstanden. Aber auch dies sind nur Oberbegriffe, die ihrerseits wieder auf technischen Fortschritten im Sinne der in diesem Bericht diskutierten Themen beruhen. Für die Photovoltaik ist etwa die Dünnschicht- und Oberflächentechnik entscheidend, die Kerntechnik ist in weiten Bereichen eine Materialfrage (vor allem wenn man die nukleare Entsorgung einschließt). Für den Zeitraum bis zum Beginn des 21. Jahrhunderts werden für den Energiebereich zwei generelle Herausforderungen gesehen. Einerseits müssen die Primär- und Sekundärenergien mit den wachsenden Umwelt-, Sicherheits- und Akzeptanzfragen in Einklang gebracht werden, damit auch weiterhin die Energieversorgung gesichert bleibt. Andererseits muß dafür Sorge getragen werden, daß in Zukunft so wenig Energie wie möglich verbraucht und dabei erheblich geringere Mengen an Treibhausgasen emitiert werden als bisher, ohne dabei die für ein sicher funktionierendes Energiesystem notwendige Flexibilität zu verlieren.

Abbildung 26 kennzeichnet diejenigen Themenbereiche mit mutmaßlicher Auswirkung auf die *Energietechnik von morgen*. Unterstützende Technologie wächst der Energieversorgung aus dem Werkstoffbereich aber auch aus den Bereichen Mikrosystemtechnik, Sensorik, Biotechnologie und Simulation zu. Die informationstechnischen Möglichkeiten können zur Steuerung von Energieanlagen, aber auch zum Ersatz von stark energieverbrauchenden Tätigkeiten dienen.

Abbildung 26: **Bedeutung der Technologie am Beginn des 21. Jahrhunderts für die Energietechnik der Zukunft.**

Gebiet/Thema (Kurzbezeichnung)	Relevant	Gebiet/Thema (Kurzbezeichnung)	Relevant
Neue Werkstoffe		Telekommunikation	✔
Hochleistungskeramik	✔	Breitbandkommunikation	✔
Hochleistungspolymere	✔	Photonische Digitaltechnik	
Hochleistungsmetalle	✔	Hochauflösendes Fernsehen, U-Elektronik	
Funktionelle Gradientenwerkstoffe	✔	Optische Rechner	
Energetische Werkstoffe	✔	***Mikrosystemtechnik***	✔
Organische Materialien magnetisch		Mikroaktorik	✔
Organische Materialien elektrisch	✔	Signalverarbeitung für MST	
Oberflächen- & Dünnschichttechnik	✔	Mikrosensorik	✔
Oberflächenwerkstoffe	✔	Aufbau- & Verbindungstechnik	
Diamantschichten & -filme		***Software & Simulation***	
Molekulare Oberflächen		Software	
Nichtklassische Chemie		Modellbildung & Simulation	✔
Mesoskopische Polymersysteme		Molecular Modelling	
Organisierte supramolekulare Systeme	✔	Bioinformatik	✔
Cluster		Werkstoffsimulation	✔
Adaptronik		Nichtlineare Dynamik	
Multifunktionale Werkstoffe		Simulation in der Fertigungstechnik	
Leichtbauwerkstoffe	✔	Künstliche Intelligenz	
Verbundwerkstoffe	✔	Unscharfe Logik	
Aerogele		Datensicherheit in Netzen	
Fullerene	✔	***Molekularelektronik***	
Materialsynthese in der Gebrauchsform		Bioelektronik	✔
Implantatmaterialien		Biosensorik	✔
Fertigungsverfahren für neue Werkstoffe		Neurobiologie	
Nanotechnologie		Neuroinformatik	
Nanoelektronik		***Zell-Biotechnologie***	✔
Single-Electron-Tunneling		Molekulare Biotechnologie	✔
Nanowerkstoffe	✔	Biomedizin	
Fertigungsverfahren Mikro/Nanotechnik		Katalyse & Biokatalyse	✔
Mikroelektronik		Biologische Produktionssysteme	✔
Informationsspeicherung		Bionik	✔
Signalverarbeitung		Biomimetische Werkstoffe	
Mikroelektronik-Werkstoffe		Biologische Wasserstoffgewinnung	✔
Hochgeschwindigkeitselektronik		Nachwachsende Wirk- & Werkstoffe	✔
Plasmatechnologie	✔	Umweltbiotechnologie	✔
Supraleitung	✔	Pflanzenzüchtung & -schutz	✔
Hochtemperaturelektronik		***Produktions- & Managementtechnik***	
Photonik		Managementtechniken & Personalführung	
Optoelektronik		Modellbildung für die Produktion	
Photonische Werkstoffe		Fertigungsleittechnik	
Lasertechnik		Produktionslogistik	
Display, flacher Bildschirm		Umwelt- & ressourcenschonende Produktion	
Leuchtendes Silizium		Forschungsgebiet Verhaltensbiologie	
		Ethik in Forschung & Technologie	

Abbildung 27: **Bedeutung der Technologie am Beginn des 21. Jahrhunderts für die Lebensmitteltechnik der Zukunft.**

Gebiet/Thema (Kurzbezeichnung)	Relevant	Gebiet/Thema (Kurzbezeichnung)	Relevant
Neue Werkstoffe		Telekommunikation	
Hochleistungskeramik		Breitbandkommunikation	
Hochleistungspolymere		Photonische Digitaltechnik	
Hochleistungsmetalle		Hochauflösendes Fernsehen, U-Elektronik	
Funktionelle Gradientenwerkstoffe	✔	Optische Rechner	
Energetische Werkstoffe		***Mikrosystemtechnik***	
Organische Materialien magnetisch		Mikroaktorik	
Organische Materialien elektrisch		Signalverarbeitung für MST	
Oberflächen- & Dünnschichttechnik		Mikrosensorik	✔
Oberflächenwerkstoffe		Aufbau- & Verbindungstechnik	
Diamantschichten & -filme		***Software & Simulation***	
Molekulare Oberflächen		Software	
Nichtklassische Chemie		Modellbildung & Simulation	✔
Mesoskopische Polymersysteme		Molecular Modelling	
Organisierte supramolekulare Systeme		Bioinformatik	✔
Cluster		Werkstoffsimulation	
Adaptronik		Nichtlineare Dynamik	
Multifunktionale Werkstoffe		Simulation in der Fertigungstechnik	
Leichtbauwerkstoffe		Künstliche Intelligenz	
Verbundwerkstoffe		Unscharfe Logik	
Aerogele		Datensicherheit in Netzen	
Fullerene		***Molekularelektronik***	
Materialsynthese in der Gebrauchsform		Bioelektronik	
Implantatmaterialien		Biosensorik	✔
Fertigungsverfahren für neue Werkstoffe		Neurobiologie	
Nanotechnologie		Neuroinformatik	
Nanoelektronik		***Zell-Biotechnologie***	✔
Single-Electron-Tunneling		Molekulare Biotechnologie	✔
Nanowerkstoffe		Biomedizin	
Fertigungsverfahren Mikro/Nanotechnik		Katalyse & Biokatalyse	✔
Mikroelektronik		Biologische Produktionssysteme	✔
Informationsspeicherung		Bionik	
Signalverarbeitung		Biomimetische Werkstoffe	
Mikroelektronik-Werkstoffe		Biologische Wasserstoffgewinnung	
Hochgeschwindigkeitselektronik		Nachwachsende Wirk- & Werkstoffe	✔
Plasmatechnologie		Umweltbiotechnologie	
Supraleitung		Pflanzenzüchtung & -schutz	✔
Hochtemperaturelektronik		***Produktions- & Managementtechnik***	
Photonik		Managementtechniken & Personalführung	
Optoelektronik		Modellbildung für die Produktion	
Photonische Werkstoffe		Fertigungsleittechnik	
Lasertechnik		Produktionslogistik	
Display, flacher Bildschirm		Umwelt- & ressourcenschonende Produktion	
Leuchtendes Silizium		Forschungsgebiet Verhaltensbiologie	
		Ethik in Forschung & Technologie	✔

Lebensmitteltechnik von morgen

Die *Lebensmitteltechnik* ist ein Teilgebiet der Verfahrenstechnik, das sich mit der Erarbeitung und Anwendung von Methoden und Verfahren zur Erzeugung und Verarbeitung von Lebensmitteln sowie Roh- und Zwischenprodukten befaßt. Mit Hilfe der Lebensmitteltechnik wird ein Großteil der Nahrungs- bzw. Lebensmittel handwerklich bzw. industriell hergestellt und veredelt. Nur wenige Nahrungsmittel werden heute noch unverarbeitet konsumiert. Die Ernährung stellt - neben der Atmung - den intensivsten Kontakt des Menschen mit der Umwelt dar. Die Techniken zur Herstellung von Lebensmitteln haben eine jahrtausendelange Tradition (Brotsäuerung, Bierbrauen, Weinherstellung). In diesem Abschnitt soll auch die Land- (und Forst-) Wirtschaft mit eingeschlossen sein, in der sich vor dem zur Zeit bestehenden Subventions- und Rationalisierungsdruck neue Technik herausbilden wird (gelegentlich wird bereits der Begriff "Agrotik" verwendet).

Derzeit und in der nahen Zukunft werden die Verfahren zur Haltbarmachung und zur Verpackung eine größere Rolle spielen, wobei auch bioabbaubare Kunststoffe in Betracht gezogen werden. Mit neuen Produkt- und Verfahrensentwicklungen werden sogenannte energiereduzierte Lebensmittel (Light-Produkte), Lebensmittel mit erhöhtem Anteil an Naturfasern und texturierte Produkte (Sojafleisch, Tofu) angestrebt. Die Membrantrenntechnik (alkoholfreie Getränke, Magermilchkonzentrierung, Rückgewinnung von "Bioalkohol" aus Abwässern) wird immer wichtiger. Wie Abbildung 27 ausweist, werden die wesentlichen neuen Impulse für die Lebensmitteltechnik in erster Linie aus den Entwicklungen in der Biotechnologie erwartet. Gerade ihre Nutzung zur Lebensmittelgewinnung und -verarbeitung hat eine lange Tradition. Aber auch die Mikrosensorik kann nutzbringend eingesetzt werden, denn es ist zu beachten, daß es sich bei den Ausgangsstoffen der Lebensmittelproduktion um biologisch aktive Stoffe handelt, die physikalischen, chemischen, biochemischen und mikrobiologischen Prozessen unterworfen und daher meist nur begrenzt haltbar sind und deren Qualitäts- und Verarbeitungseigenschaften stark variieren. Bei der Gestaltung spezifischer Prozesse werden Simulationsverfahren ebenso wichtig wie in der übrigen Verfahrens- und Fertigungstechnik.

Medizintechnik von morgen

Den Kern des Gesundheitswesens bilden die unterschiedlichsten Sektoren der Gesundheitsdienstleistungen wie stationäre und ambulante medizinische Praxen, Heil- und Hilfsmittel (Apotheken, Drogerien) und Arzneimittel (Pharmaindustrie). Diese wiederum stehen im Kontakt mit weiteren Bereichen wie etwa dem Versicherungswesen, den Sozialversicherungen und Patienten.

Abbildung 28: **Bedeutung der Technologie am Beginn des 21. Jahrhunderts für die Medizintechnik der Zukunft.**

Gebiet/Thema (Kurzbezeichnung)	Relevant	Gebiet/Thema (Kurzbezeichnung)	Relevant
Neue Werkstoffe		Telekommunikation	✔
Hochleistungskeramik	✔	Breitbandkommunikation	✔
Hochleistungspolymere	✔	Photonische Digitaltechnik	
Hochleistungsmetalle	✔	Hochauflösendes Fernsehen, U-Elektronik	
Funktionelle Gradientenwerkstoffe	✔	Optische Rechner	
Energetische Werkstoffe		***Mikrosystemtechnik***	✔
Organische Materialien magnetisch		Mikroaktorik	✔
Organische Materialien elektrisch		Signalverarbeitung für MST	
Oberflächen- & Dünnschichttechnik		Mikrosensorik	✔
Oberflächenwerkstoffe		Aufbau- & Verbindungstechnik	
Diamantschichten & -filme		***Software & Simulation***	
Molekulare Oberflächen	✔	Software	
Nichtklassische Chemie		Modellbildung & Simulation	✔
Mesoskopische Polymersysteme		Molecular Modelling	
Organisierte supramolekulare Systeme	✔	Bioinformatik	✔
Cluster		Werkstoffsimulation	✔
Adaptronik	✔	Nichtlineare Dynamik	
Multifunktionale Werkstoffe		Simulation in der Fertigungstechnik	
Leichtbauwerkstoffe		Künstliche Intelligenz	
Verbundwerkstoffe		Unscharfe Logik	✔
Aerogele		Datensicherheit in Netzen	
Fullerene	✔	***Molekularelektronik***	
Materialsynthese in der Gebrauchsform	✔	Bioelektronik	✔
Implantatmaterialien	✔	Biosensorik	✔
Fertigungsverfahren für neue Werkstoffe		Neurobiologie	✔
Nanotechnologie		Neuroinformatik	
Nanoelektronik		***Zell-Biotechnologie***	✔
Single-Electron-Tunneling		Molekulare Biotechnologie	✔
Nanowerkstoffe		Biomedizin	✔
Fertigungsverfahren Mikro/Nanotechnik	✔	Katalyse & Biokatalyse	
Mikroelektronik		Biologische Produktionssysteme	✔
Informationsspeicherung		Bionik	✔
Signalverarbeitung		Biomimetische Werkstoffe	
Mikroelektronik-Werkstoffe		Biologische Wasserstoffgewinnung	
Hochgeschwindigkeitselektronik		Nachwachsende Wirk- & Werkstoffe	✔
Plasmatechnologie	✔	Umweltbiotechnologie	
Supraleitung		Pflanzenzüchtung & -schutz	✔
Hochtemperaturelektronik		***Produktions- & Managementtechnik***	
Photonik		Managementtechniken & Personalführung	
Optoelektronik		Modellbildung für die Produktion	
Photonische Werkstoffe		Fertigungsleittechnik	
Lasertechnik	✔	Produktionslogistik	
Display, flacher Bildschirm		Umwelt- & ressourcenschonende Produktion	
Leuchtendes Silizium		Forschungsgebiet Verhaltensbiologie	
		Ethik in Forschung & Technologie	✔

Abbildung 29: Bedeutung der Technologie am Beginn des 21. Jahrhunderts für die Explorationstechnik (Rohstoffsicherung inklusive Rezyklierung) der Zukunft.

Gebiet/Thema (Kurzbezeichnung)	Relevant	Gebiet/Thema (Kurzbezeichnung)	Relevant
Neue Werkstoffe		Telekommunikation	
Hochleistungskeramik		Breitbandkommunikation	
Hochleistungspolymere		Photonische Digitaltechnik	
Hochleistungsmetalle		Hochauflösendes Fernsehen, U-Elektronik	
Funktionelle Gradientenwerkstoffe	✔	Optische Rechner	
Energetische Werkstoffe		***Mikrosystemtechnik***	
Organische Materialien magnetisch		Mikroaktorik	
Organische Materialien elektrisch	✔	Signalverarbeitung für MST	
Oberflächen- & Dünnschichttechnik		Mikrosensorik	✔
Oberflächenwerkstoffe	✔	Aufbau- & Verbindungstechnik	
Diamantschichten & -filme		***Software & Simulation***	
Molekulare Oberflächen		Software	
Nichtklassische Chemie	✔	Modellbildung & Simulation	
Mesoskopische Polymersysteme	✔	Molecular Modelling	
Organisierte supramolekulare Systeme	✔	Bioinformatik	
Cluster		Werkstoffsimulation	
Adaptronik		Nichtlineare Dynamik	
Multifunktionale Werkstoffe		Simulation in der Fertigungstechnik	
Leichtbauwerkstoffe		Künstliche Intelligenz	
Verbundwerkstoffe		Unscharfe Logik	
Aerogele		Datensicherheit in Netzen	
Fullerene		***Molekularelektronik***	
Materialsynthese in der Gebrauchsform		Bioelektronik	
Implantatmaterialien		Biosensorik	✔
Fertigungsverfahren für neue Werkstoffe		Neurobiologie	
Nanotechnologie		Neuroinformatik	
Nanoelektronik		***Zell-Biotechnologie***	✔
Single-Electron-Tunneling		Molekulare Biotechnologie	✔
Nanowerkstoffe		Biomedizin	
Fertigungsverfahren Mikro/Nanotechnik		Katalyse & Biokatalyse	✔
Mikroelektronik		Biologische Produktionssysteme	✔
Informationsspeicherung		Bionik	
Signalverarbeitung		Biomimetische Werkstoffe	✔
Mikroelektronik-Werkstoffe		Biologische Wasserstoffgewinnung	✔
Hochgeschwindigkeitselektronik		Nachwachsende Wirk- & Werkstoffe	✔
Plasmatechnologie		Umweltbiotechnologie	✔
Supraleitung		Pflanzenzüchtung & -schutz	✔
Hochtemperaturelektronik		***Produktions- & Managementtechnik***	
Photonik		Managementtechniken & Personalführung	
Optoelektronik		Modellbildung für die Produktion	
Photonische Werkstoffe		Fertigungsleittechnik	
Lasertechnik		Produktionslogistik	
Display, flacher Bildschirm		Umwelt- & ressourcenschonende Produktion	✔
Leuchtendes Silizium		Forschungsgebiet Verhaltensbiologie	
		Ethik in Forschung & Technologie	

Alle diese Sektoren nutzen "*Medizintechnik*". Da sie häufig schnell und rund um die Uhr kommunizieren müssen, spielen Informationstechniken, vor allem mobile Systeme z. B. für die medizinische Rufbereitschaft oder Kontakte zu Rettungsdiensten seit vielen Jahren eine Rolle. Mit dem Fortschritt der Informationstechnik wird auch die Medizintechnik voranschreiten (Ferndiagnose, Vorbereitung von Operationen während des Transports des Unfallopfers, etc.). Informationstechnik verbindet den engeren Bereich der Medizintechnik mit den zugehörigen Verwaltungaufgaben.

Laserskalpelle und Endoskope sind medizintechnische Anwendungen der Photonik; in Implantaten, "künstlichen Knochen" und zur Überwachung ist die Mikrosystemtechnik in all ihren Ausprägungen präsent. Biokompatible Werkstoffe und die Biotechnologie insgesamt tragen zur Medizintechnik der Zukunft bei. Gemäß Abbildung 28 wird gerade auch der Grenzbereich zwischen Biotechnologie und Informationstechnik, nämlich Simulation, Neurobiologie und Bioinformatik sowie die unscharfe Logik wichtig.

Explorationstechnik und Rohstoffsicherung von morgen

Gemäß Abbildung 29 tragen einige Themenbereiche der neuen Technologie zur Explorationstechnik und damit zur Rohstoffsicherung bei. ***Rohstoffsicherung*** kann nicht nur mit der Erschließung neuer Rohstoffe, sondern auch durch Rezyklierung angegangen werden, wobei im letzteren Fall meist ein bedeutender und positiver Umwelteffekt entsteht. Es gibt in der angelsächsischen Literatur bereits Voraussagen, daß die "drei großen R" zu einem industriellen Erfordernis ersten Ranges werden. Damit ist der verstärkte Einsatz der

- Rückgewinnung,
- Rezyklierung und
- Wiederherstellung ("Rehabilitierung")

gemeint.

Im Falle der Kraftfahrzeugindustrie können die drei großen R bedeuten, daß die Kraftfahrzeuge, die im 21. Jahrhundert gebaut werden, so zusammengesetzt sind, daß sie leicht repariert und zerlegt werden können, d. h. eher genietet als geschweißt. Auch in der Computerindustrie geht der Trend in Richtung auf Modularität. Die Gesetzgebung dürfte zunehmend die Verantwortung für die Entsorgung den Herstellern der Produkte zuweisen.

Umwelttechnik von morgen

Die Umweltproblematik wird als eines der größten zeitgenössischen Probleme verstanden; viele in der öffentlichen Debatte stehende Persönlichkeiten äußern sich besorgt und ent-

Abbildung 30: **Bedeutung der Technologie am Beginn des 21. Jahrhunderts für die Umwelttechnik der Zukunft.**

Gebiet/Thema (Kurzbezeichnung)	Relevant	Gebiet/Thema (Kurzbezeichnung)	Relevant
Neue Werkstoffe		Telekommunikation	✔
Hochleistungskeramik	✔	Breitbandkommunikation	✔
Hochleistungspolymere	✔	Photonische Digitaltechnik	
Hochleistungsmetalle	✔	Hochauflösendes Fernsehen, U-Elektronik	
Funktionelle Gradientenwerkstoffe	✔	Optische Rechner	
Energetische Werkstoffe	✔	***Mikrosystemtechnik***	✔
Organische Materialien magnetisch		Mikroaktorik	✔
Organische Materialien elektrisch	✔	Signalverarbeitung für MST	
Oberflächen- & Dünnschichttechnik		Mikrosensorik	✔
Oberflächenwerkstoffe		Aufbau- & Verbindungstechnik	
Diamantschichten & -filme		***Software & Simulation***	
Molekulare Oberflächen		Software	
Nichtklassische Chemie	✔	Modellbildung & Simulation	✔
Mesoskopische Polymersysteme	✔	Molecular Modelling	
Organisierte supramolekulare Systeme	✔	Bioinformatik	
Cluster		Werkstoffsimulation	✔
Adaptronik	✔	Nichtlineare Dynamik	
Multifunktionale Werkstoffe		Simulation in der Fertigungstechnik	
Leichtbauwerkstoffe	✔	Künstliche Intelligenz	
Verbundwerkstoffe	✔	Unscharfe Logik	✔
Aerogele	✔	Datensicherheit in Netzen	
Fullerene	✔	***Molekularelektronik***	
Materialsynthese in der Gebrauchsform		Bioelektronik	✔
Implantatmaterialien		Biosensorik	✔
Fertigungsverfahren für neue Werkstoffe		Neurobiologie	
Nanotechnologie		Neuroinformatik	✔
Nanoelektronik		***Zell-Biotechnologie***	✔
Single-Electron-Tunneling		Molekulare Biotechnologie	✔
Nanowerkstoffe		Biomedizin	
Fertigungsverfahren Mikro/Nanotechnik		Katalyse & Biokatalyse	✔
Mikroelektronik		Biologische Produktionssysteme	✔
Informationsspeicherung		Bionik	✔
Signalverarbeitung		Biomimetische Werkstoffe	
Mikroelektronik-Werkstoffe		Biologische Wasserstoffgewinnung	✔
Hochgeschwindigkeitselektronik		Nachwachsende Wirk- & Werkstoffe	✔
Plasmatechnologie	✔	Umweltbiotechnologie	✔
Supraleitung		Pflanzenzüchtung & -schutz	✔
Hochtemperaturelektronik	✔	***Produktions- & Managementtechnik***	
Photonik		Managementtechniken & Personalführung	
Optoelektronik		Modellbildung für die Produktion	
Photonische Werkstoffe		Fertigungsleittechnik	
Lasertechnik	✔	Produktionslogistik	✔
Display, flacher Bildschirm		Umwelt- & ressourcenschonende Produktion	✔
Leuchtendes Silizium		Forschungsgebiet Verhaltensbiologie	
		Ethik in Forschung & Technologie	✔

täuscht, was die Lösungspotentiale angeht. Soweit sie im persönlichen, wirtschaftlichen und politischen Verhalten liegen, gehören sie nicht zum Thema dieser Untersuchung. Ohne Einstellungsänderungen auf individueller und kollektiver Ebene wird es kaum Fortschritte geben, dennoch liegt ein weiteres Potential in technischen Lösungen. Nur um letztere geht es an dieser Stelle. Zur weiteren Unterscheidung des Anliegens muß betont werden, daß mit Abbildung 30 Lösungsbeiträge der Technologie am Beginn des 21. Jahrhunderts zur *Umwelttechnik* markiert sind, aber nicht die Umweltauswirkungen (positiv wie negativ) bei der Anwendung der jeweiligen Technologie. Zu diesem Kriterium siehe Abschnitt 6.17. Generell umfaßt die Umwelttechnik von morgen neben Ansätzen zur Beseitigung von Umweltbelastungen vor allem auch Vermeidungsverfahren.

Ein Blick auf Abbildung 30 zeigt, daß die Umwelttechnik der Zukunft Unterstützung aus praktisch allen Bereichen bekommt. Die Informationstechnik, die Werkstoffe, die neue Biotechnik, Simulation & Software und die Mikrosystemtechnik tragen hierzu bei. Dies ist nicht nur ein Ausdruck der Breite der Umwelttechnik (von Verfahrenstechnik über bioabbaubare Werkstoffe bis zu technischen Maßnahmen zur nachträglichen Beseitigung von Schäden), sondern auch von dem hohen Bewußtseinsstand, alle im Entwicklungsstadium befindlichen Technologien im Hinblick auf ihre Brauchbarkeit im Umweltbereich auszuloten.

Verkehrstechnik von morgen

Gewerbliche Verkehrsleistungen bilden eine notwendige Bedingung für die Herstellung, Beschaffung und Verteilung von Produktionsfaktoren, von Zwischen- und Endprodukten in einer arbeitsteiligen Wirtschaft. Sie sind Voraussetzung für die Funktion von Beschaffungs- und Absatzmärkten. Kulturelle und soziale Entwicklungstrends - erinnert sei an den Trend zur Individualisierung, an die Entstehung der sogenannten Freizeitkultur und an wachsende Mobilitätsbedürfnisse (Erholungs-, Vergnügungs- und Urlaubsfahrten) - haben jene Verkehrstechnologie gefördert, mit der eine räumliche und zeitliche Verfügbarkeit verbunden wird: das Automobil.

Die technologischen Innovationen, welche die *Verkehrstechnik* bisher hervorgebracht hat, waren vornehmlich auf die Verbesserung von Effizienz, Wirtschaftlichkeit und Komfort einzelner Teilsysteme bzw. Fahrzeuge gerichtet und weniger auf system- bzw. netzbezogene Innovationen und damit die Integration und Koordination der einzelnen Verkehrsträger. Sie führten insbesondere im Straßen- und Luftverkehr zu einem starken Wachstum der Verkehrsleistungen und zum Entstehen vielfältiger Problembereiche, die Anlaß geben zu einer Kritik, die vorwiegend soziale und ökologische Folgekosten des Verkehrs themati-

Abbildung 31: Bedeutung der Technologie am Beginn des 21. Jahrhunderts für die Verkehrstechnik der Zukunft.

Gebiet/Thema (Kurzbezeichnung)	Relevant	Gebiet/Thema (Kurzbezeichnung)	Relevant
Neue Werkstoffe		Telekommunikation	✔
Hochleistungskeramik	✔	Breitbandkommunikation	✔
Hochleistungspolymere	✔	Photonische Digitaltechnik	
Hochleistungsmetalle	✔	Hochauflösendes Fernsehen, U-Elektronik	
Funktionelle Gradientenwerkstoffe	✔	Optische Rechner	
Energetische Werkstoffe	✔	***Mikrosystemtechnik***	✔
Organische Materialien magnetisch		Mikroaktorik	✔
Organische Materialien elektrisch	✔	Signalverarbeitung für MST	
Oberflächen- & Dünnschichttechnik		Mikrosensorik	✔
Oberflächenwerkstoffe	✔	Aufbau- & Verbindungstechnik	
Diamantschichten & -filme		***Software & Simulation***	
Molekulare Oberflächen		Software	
Nichtklassische Chemie		Modellbildung & Simulation	✔
Mesoskopische Polymersysteme		Molecular Modelling	
Organisierte supramolekulare Systeme		Bioinformatik	
Cluster		Werkstoffsimulation	
Adaptronik	✔	Nichtlineare Dynamik	
Multifunktionale Werkstoffe	✔	Simulation in der Fertigungstechnik	
Leichtbauwerkstoffe	✔	Künstliche Intelligenz	
Verbundwerkstoffe	✔	Unscharfe Logik	
Aerogele		Datensicherheit in Netzen	
Fullerene	✔	***Molekularelektronik***	
Materialsynthese in der Gebrauchsform		Bioelektronik	
Implantatmaterialien		Biosensorik	✔
Fertigungsverfahren für neue Werkstoffe		Neurobiologie	
Nanotechnologie		Neuroinformatik	
Nanoelektronik		***Zell-Biotechnologie***	
Single-Electron-Tunneling		Molekulare Biotechnologie	
Nanowerkstoffe	✔	Biomedizin	
Fertigungsverfahren Mikro/Nanotechnik		Katalyse & Biokatalyse	
Mikroelektronik		Biologische Produktionssysteme	
Informationsspeicherung		Bionik	✔
Signalverarbeitung		Biomimetische Werkstoffe	
Mikroelektronik-Werkstoffe		Biologische Wasserstoffgewinnung	
Hochgeschwindigkeitselektronik	✔	Nachwachsende Wirk- & Werkstoffe	✔
Plasmatechnologie	✔	Umweltbiotechnologie	
Supraleitung		Pflanzenzüchtung & -schutz	
Hochtemperaturelektronik	✔	***Produktions- & Managementtechnik***	
Photonik		Managementtechniken & Personalführung	
Optoelektronik		Modellbildung für die Produktion	
Photonische Werkstoffe		Fertigungsleittechnik	
Lasertechnik	✔	Produktionslogistik	
Display, flacher Bildschirm		Umwelt- & ressourcenschonende Produktion	
Leuchtendes Silizium		Forschungsgebiet Verhaltensbiologie	
		Ethik in Forschung & Technologie	

siert. Hinzu kommen die in jüngerer Zeit vermehrt auftretenden Reisezeitverlängerungen durch Stauentwicklung, die in urbanen Bereichen oft schon mit dem Stichwort "Verkehrsinfarkt" beschrieben wird.

Bei der Gestaltung der zukünftigen Verkehrstechnik und damit auch zur Vermeidung verkehrsbedingter Belastungen werden von der Informationstechnik erhebliche Potentiale erwartet (siehe Abbildung 31). Dies schließt sowohl die Hardware, etwa Sensoren und Mikrosystemtechnik, wie auch die Software etwa für Steuerung und Simulation von Verkehrszuständen etc. ein. Der Werkstoffsektor kann leichtere und leichter rezyklierbare Materialien anbieten. Am Treibstoffproblem wird mit Verfahren auf Basis der nachwachsenden Rohstoffe gearbeitet. Ebenso ist der Luftfahrtsektor dringend auf neue Materialien angewiesen, allerdings aus zum Teil anderen Gründen als der terrestrische Verkehr. Die Raumfahrt ist ohne Spezialmaterialien nicht denkbar.

Der Durchgang durch die anwendungsorientierten Mischtechnologiebereiche mit gesellschaftlichem Problemdruck zeigt, daß die Technologie am Beginn des 21. Jahrhunderts in großer Breite Problemlösungen in Engpaßbereichen bereitstellen wird. Die Übersicht ist allerdings nur sehr stichwortartig erfolgt, da eine genauere Untersuchung der genannten Bereiche (insbesondere ausdrücklich die Energie- und Umwelttechnik) bis jetzt aus Zeit- und Komplexitätsgründen unterbleiben mußte. Es wäre aber sicher sehr lohnend, in einer Fortsetzungsaktivität die Verknüpfung der eher technologisch definierten Themen und der eher auf ihre Zielorientierung hin verstandenen Mix-Technologien im einzelnen zu beleuchten, um von dem momentanen kursorischen Überblick zu einer genaueren Analyse zu kommen. Insofern wäre eine Folgestudie, welche sich mit den oben erwähnten Bereichen genauer beschäftigt, empfehlenswert.

6 Bewertung der Technologie am Beginn des 21. Jahrhunderts

Es wird in einigen der ausländischen Studien (Besprechung im 2. Kapitel) versucht, die Technologie am Beginn des 21. Jahrhunderts durch die erwarteten Marktpotentiale zu beurteilen. Damit wird eine grobe Vorausschau auf die Technologieentwicklung mit einer noch gröberen und unsicheren Marktpotentialabschätzung verknüpft, die im Ergebnis mehr Fragen offenläßt als beantwortet. Der synergetische Charakter der Technologie am Beginn des 21. Jahrhunderts (siehe Abschnitt 4.1) läßt eine genaue Verrechnung und Zuordnung der technologischen Einzelentwicklungen mit Produkt- und Marktpotentialen eigentlich gar nicht zu. Wenn ein neues Produkt wesentlich durch verbesserte Werkstoffe eine große Verbreitung erfährt, ist das neue Marktsegment dann dem Werkstoffsektor zuzuordnen oder - wenn es sich um ein künstliches Organ handelt - der Biotechnologie oder der Medizin? Die Mikrosystemtechnik, die verschiedene andere Mikrotechniken integriert, kann in diesem Sinne kaum ein produktbezogenes Marktpotential haben. Außerdem lassen Marktpotentiale nur die ökonomische Dimension sichtbar werden, während in der heutigen Zeit auf technische Beiträge zu anderen als wirtschaftlichen Problembereichen ebenfalls gewartet wird. Aus diesen Gründen wird in der vorliegenden Studie ein anderes Bewertungsverfahren gewählt.

In der Literatur zur Technikvorausschau und Technikbewertung gilt es als Binsenweisheit, daß bei der Bewertung strategischer Forschung eine Balance zwischen dem Angebotspotential aus Wissenschaft und Forschung und den tatsächlichen Bedürfnissen bzw. den im Marktgeschehen real artikulierten Bedarf gefunden werden muß. Deshalb muß ein Satz von Kriterien gefunden und angewendet werden, der sowohl den wissenschaftlichen Möglichkeiten, als auch den ökonomischen und sozialen (als Oberbegriff für Gesundheit, Umwelt etc.) Notwendigkeiten und Bedrohungen Rechnung trägt. Dies sind internationale Faktoren, die sich zwischen den Ländern kaum unterscheiden. Als nationaler Faktor ist die relative Stärke der vorfindbaren Forschungsinfrastruktur und der industriellen Landschaft heranzuziehen, denn nicht jedes Land kann auf die internationalen Herausforderungen gleichermaßen reagieren.

In Diskussionen zwischen den Projektträgern und dem ISI ergaben sich zwei Sätze von Kriterien, wobei Ansätze, welche das VDI-TZ für den internen Gebrauch bereits seit einigen Jahren einsetzt, besonders berücksichtigt wurden. Der eine behandelt die Rahmenbedingungen oder Technologievoraussetzungen und trägt damit dem Angebot bzw. dem möglichen Angebot an technischen und wissenschaftlichen Lösungen Rechnung. Auf nationaler Ebene wird der Stand des öffentlichen und privaten Forschungssystems mitberücksichtigt.

Der zweite Satz von Kriterien behandelt die Lösungsbeiträge durch neue Technologie (Technologieattraktivität) ebenfalls national und international. Im Rahmen dieser Studie war es *nicht* möglich, in einem dritten Satz von Kriterien die ***negativen Folgen*** bei Einführung oder nach Anwendung der neuen Technologie zu untersuchen.

Nachfolgend werden die einzelnen Kriterien vorgestellt und die technologischen Themen kursorisch daraufhin überprüft, wie sie sich zum jeweiligen Kriterium verhalten. Ausführlichere Angaben sind an dieser Stelle nicht möglich; es muß hierfür auf den in diesem Punkt klar gegliederten Anhang verwiesen werden (17 Kriterien x 86 technologische Themen führen auf fast 1.500 Einzelbeurteilungen, die nicht ausführlich niedergeschrieben werden können, ohne daß dies zu Lasten der Übersichtlichkeit ginge. Eine Graphik soll jeweils einen Überblick geben. Im Anhang finden sich tabellarische Aufstellungen).

Die Bewertung von neuer Technik ist eine schwierige Aufgabe. Im Sinne einer anspruchsvollen Lösung müßte jedes Thema einer umfassenden Technikfolgenabschätzung unterzogen werden, um abgesicherte Erkenntnisse bezüglich der Kriteriensätze zu bekommen. Da die meisten Technikfolgenabschätzungen zur ***bestehenden Technik*** erstellt werden, bei der wenig Probleme mit der Beschreibung der Technik auftreten, wäre bei einer umfassenden TA-Studie im vorliegenden Fall auch methodisch Neuland zu betreten. In diesem Kapitel müßte eine prognostische Technikfolgenabschätzung vorgenommen werden, die forschungsbegleitend erfolgt und den Gestaltungsmöglichkeiten innerhalb der einzelnen Themen Rechnung trägt.

Ein solches Unterfangen wird zur Zeit nur in Ausnahmefällen realisiert (beispielsweise wird programmbegleitend eine Technikfolgenabschätzung zum Förderprogramm "Biologische Wasserstoffgewinnung" durchgeführt) und würde den Rahmen dieser Studie sprengen. Der nachfolgende kursorische Durchgang durch 86 Einzelthemen und 17 Kriterien will lediglich die für eine ausführliche Bewertung der Technik ***mutmaßlich relevanten*** Aspekte benennen. Dabei muß ein sinnvolles Mittelmaß zwischen Ausdifferenzierung und Praktikabilität gefunden werden.

Ein solches Vorgehen wird in der Literatur zur Technikfolgenabschätzung meist "Technikdiagnose" oder auch "Mini-TA" genannt. In der Literatur zur Technikbewertung hat sich hierfür der Begriff Relevanzbaum-Analyse eingebürgert. Die *Relevanzbaum-Analyse* ist eine problemspezifische Interpretation der graphentheoretischen Baumstruktur und dient dazu, komplexe mehrstufige Bedingungsgefüge oder Folgenbündel eines angestrebten oder erwarteten Ereignisses transparent zu machen[1]. Ein Sonderfall ist der ***Wertbaum***, der

---

1 VDI-Report 15, *Technikbewertung - Begriffe und Grundlagen*, Erläuterungen und Hinweise zur VDI-Richtlinie 3780, Verein Deutscher Ingenieure, Düsseldorf, 1991.

begriffliche Hierarchiebeziehungen zwischen Zielen und Werten repräsentiert. Auch wenn es die Methode offenläßt, wie die Wissenselemente zu gewinnen sind, aus denen der Baum konstruiert wird, bewährt sie sich nicht nur bei der Strukturierung und Darstellung bekannter Zusammenhänge, sondern auch als Suchschema zum Auffinden weiterer Abhängigkeiten. Die Quantifizierung ist allerdings nur bei wohlstrukturierten Problemen sinnvoll, für die empirisch bewährte Schätzwerte verfügbar sind, was im vorliegenden Fall nicht gegeben ist. Einen Ausweg können Nominalskalierungen darstellen, bei denen nur nach dem Vorhandensein eines Merkmals (Maßzahlen 0 und 1) oder seiner positiven bzw. negativen Ausprägung gefragt wird. So soll auch in diesem Kapitel verfahren werden. Die Relevanzbäume sind im Anhang tabellarisch zusammengestellt.

Als Ergebnis dieses Vorgehens kann nicht erwartet werden, daß eine einigermaßen gut belegte, ausgewogene und detaillierte Gesamtbewertung der einzelnen Themen erreicht wird. Hierfür wären forschungsbegleitende Studien zur Technikbewertung und -folgenabschätzung in jedem Einzelfall vorzusehen. Die Studie gibt aber Auskunft darüber, an welchen Stellen solche Studien ansetzen sollten.

In diesem Kapitel wird es also nicht möglich sein, auf jede Technologie und jedes Kriterium ausführlich einzugehen. Vielmehr werden zwei überblicksartige Fragen angegangen. Die eine ist, wie sich die Technologie am Beginn des 21. Jahrhundert insgesamt zum jeweiligen Beurteilungskriterium stellt, ob sie daran gemessen neutral, stark positiv, uneinheitlich oder negativ erscheint. Die andere Frage, die in den nachfolgenden Abschnitten geprüft wird, ist, ob sich aus der allgemeinen Beurteilung aller Themen eine differentielle Beurteilung ableitet. Wenn alle Themen (oder fast alle) sich bezüglich eines Beurteilungskriteriums positiv darstellen, ist dies zwar für die Beurteilung der Technologie am Beginn des 21. Jahrhunderts insgesamt eine wichtige Aussage, gibt aber keinen Beurteilungsmaßstab her, um die Wichtigkeit der einzelnen Themen im Hinblick auf dieses Kriterium differenziert darzustellen. Es geht also letztlich um eine allgemeine und eine differentielle Einschätzung der zukünftigen Technologie, nicht aber um eine Einzelbeurteilung fallweise (diese findet sich in den internen Unterlagen der Projektträger).

Die beiden Sätze von Kriterien sind die folgenden:

RAHMENBEDINGUNGEN

- F & E-Infrastruktur
- Entwicklungsrisiken
- Humankapital
- Innovationsaufwand

- Engagement der Wirtschaft
- Nationale Wettbewerbsposition
- Öffentliche Förderung
- Internationale Arbeitsteilung.

LÖSUNGSBEITRÄGE
- Schlüsselcharakter
- Durchdringung
- Wirtschaftsstruktur
- Marktgröße
- Standort Europa
- Weltwirtschaftliche Abhängigkeit
- Gesundheit
- Sozialer Fortschritt
- Umweltentlastung.

Erläuterungen zu den einzelnen Kriterien finden sich in den folgenden Abschnitten. Die Abschnitte 6.1 bis 6.8 umfassen die Rahmenbedingungen, 6.9 bis 6.17 die Lösungsbeiträge.

6.1 FuE-Infrastruktur

Das vorfindbare öffentliche und private Forschungssystem wird im vereinten Deutschland beurteilt. Gefragt wird, ob zur Unterstützung des technischen Themas komparative Spezialisierungsvorteile in Deutschland vorliegen auch im Hinblick auf die sektorübergreifende Zusammenarbeit. Gegebenenfalls werden Maßnahmen zur Verbesserung vorgeschlagen. Da die Technologie nicht nur auf wissenschaftlichen Kenntnissen aufbaut, sondern lösungsorientiertes Wissen benötigt, ist vom FuE-System - vor allem im Hochschulsektor - nicht nur eine ausreichende Spezialisierung nach antiken Disziplinen zu fordern, sondern auch Ausbildungsangebote zur Einübung in interdisziplinäre Problemlösungen. Es ist ein wichtiges Beurteilungskriterium, ob die FuE-Infrastruktur das Verstehen von Zusammenhängen genügend unterstützt.

Das Kriterium ist - wie es bei der Beurteilung komplexer Vorgänge immer wieder vorkommt - durchaus zweischneidig. Wird die FuE-Infrastruktur im obigen Sinne positiv beurteilt, sind die Voraussetzungen zur Erreichung technischer Ziele als günstig einzuschätzen. Andererseits mag die technologische Aufgabe dann keine große Herausforderung mehr darstellen. Wird die FuE-Infrastruktur als schlecht eingestuft, so ist das Risiko des Schei-

Abbildung 32: **Beurteilung der FuE-Infrastruktur in Deutschland zur Unterstützung der Technologie am Beginn des 21. Jahrhunderts (gut oder schlecht; die übrigen Themenbereiche sind durchschnittlich zu beurteilen oder schwer einzuschätzen).**

Gebiet/Thema (Kurzbezeichnung)	Wertung	Gebiet/Thema (Kurzbezeichnung)	Wertung
Neue Werkstoffe		Telekommunikation	gut
Hochleistungskeramik		Breitbandkommunikation	gut
Hochleistungspolymere	gut	Photonische Digitaltechnik	gut
Hochleistungsmetalle	gut	Hochauflösendes Fernsehen, U-Elektronik	gut
Funktionelle Gradientenwerkstoffe		Optische Rechner	schlecht
Energetische Werkstoffe	gut	***Mikrosystemtechnik***	
Organische Materialien magnetisch	gut	Mikroaktorik	
Organische Materialien elektrisch	gut	Signalverarbeitung für MST	gut
Oberflächen- & Dünnschichttechnik	gut	Mikrosensorik	gut
Oberflächenwerkstoffe	gut	Aufbau- & Verbindungstechnik	schlecht
Diamantschichten & -filme	gut	***Software & Simulation***	
Molekulare Oberflächen		Software	schlecht
Nichtklassische Chemie	schlecht	Modellbildung & Simulation	gut
Mesoskopische Polymersysteme		Molecular Modelling	schlecht
Organisierte supramolekulare Systeme	schlecht	Bioinformatik	
Cluster	gut	Werkstoffsimulation	schlecht
Adaptronik		Nichtlineare Dynamik	
Multifunktionale Werkstoffe	gut	Simulation in der Fertigungstechnik	gut
Leichtbauwerkstoffe	gut	Künstliche Intelligenz	schlecht
Verbundwerkstoffe	gut	Unscharfe Logik	schlecht
Aerogele	schlecht	Datensicherheit in Netzen	gut
Fullerene	gut	***Molekularelektronik***	gut
Materialsynthese in der Gebrauchsform		Bioelektronik	schlecht
Implantatmaterialien	gut	Biosensorik	
Fertigungsverfahren für neue Werkstoffe	gut	Neurobiologie	gut
Nanotechnologie		Neuroinformatik	
Nanoelektronik	gut	***Zell-Biotechnologie***	
Single-Electron-Tunneling	gut	Molekulare Biotechnologie	
Nanowerkstoffe		Biomedizin	
Fertigungsverfahren Mikro/Nanotechnik		Katalyse & Biokatalyse	
Mikroelektronik		Biologische Produktionssysteme	
Informationsspeicherung	gut	Bionik	
Signalverarbeitung		Biomimetische Werkstoffe	gut
Mikroelektronik-Werkstoffe		Biologische Wasserstoffgewinnung	gut
Hochgeschwindigkeitselektronik	gut	Nachwachsende Wirk- & Werkstoffe	
Plasmatechnologie	schlecht	Umweltbiotechnologie	gut
Supraleitung	gut	Pflanzenzüchtung & -schutz	
Hochtemperaturelektronik		***Produktions- & Managementtechnik***	
Photonik	gut	Managementtechniken & Personalführung	schlecht
Optoelektronik		Modellbildung für die Produktion	gut
Photonische Werkstoffe	schlecht	Fertigungsleittechnik	gut
Lasertechnik	gut	Produktionslogistik	
Display, flacher Bildschirm		Umwelt- & ressourcenschonende Produktion	
Leuchtendes Silizium	gut	Forschungsgebiet Verhaltensbiologie	schlecht
		Ethik in Forschung & Technologie	gut

terns im internationalen Wettlauf einzukalkulieren; umgekehrt kann öffentliche Förderung in diesem Fall unter Umständen gezielt Verbesserung schaffen. Die entsprechende Herausforderung kann zu nachhaltigen Verbesserungen der FuE-Systeme führen.

Gemäß Abbildung 32 wird die FuE-Infrastruktur uneinheitlich beurteilt. Damit ist dieses Kriterium nicht geeignet, um eine generelle Aussage zur Technologie am Beginn des 21. Jahrhunderts in Deutschland zu machen. Es ist aber hervorragend dazu geeignet, zwischen den einzelnen Themenbereichen zu unterscheiden.

Überwiegend wird die Infrastruktur in Deutschland positiv eingeschätzt. Die skeptischen Beurteilungen sind in der Minderzahl. Allerdings werden aktuelle Defizite besonders häufig bei der künftig immer wichtiger werdenden interdisziplinären Ausrichtung von FuE-Strukturen gesehen, so daß die strukturellen Defizite möglicherweise größer sind als die geringe Absolutzahl der skeptischen Beurteilungen von Einzelthemen nahelegt.

Im Bereich der Werkstoffe herrschen positive Beurteilungen vor. Dies paßt gut in das Bild, gemäß dem Deutschland in Chemie und Materialwissenschaft schon immer eine sehr gute Stellung einnahm. Dieser Bereich ist einer der traditionellen Stärken Deutschlands im internationalen Wettlauf, auch im Bereich der Industrie. Unzureichend wird die Infrastruktur nur im Bereich der Aerogele, der organisierten supramolekularen Systeme und der nichtklassischen Chemie eingeschätzt.

Mikro- und Nanotechnik und Photonik sind ebenso, wenn auch weniger ausgeprägt, mit weitgehend günstiger FuE-Struktur ausgestattet. Auch die informationstechnischen Anwendungsgebiete, die heute in aller Munde sind (Telekommunikation, Hochauflösendes Fernsehen, Breitbandkommunikation etc.) leiden nicht an einem mangelnden Unterbau. Als problematisch gelten nach dieser Beurteilung die Aufbau- und Verbindungstechniken, die photonischen Werkstoffe und die Plasmatechnik. Einen unzureichenden FuE-Unterbau findet man in den softwarebestimmten Anwendungen der Informationstechnik (unscharfe Logik, künstliche Intelligenz, Hochleistungs- und optische Rechner) sowie bei der Softwareerstellung und ihrer Qualitätssicherung. Es kann damit eine Softwarekrise nicht nur bei der Anwendung, sondern auch in den zugrunde liegenden Forschungsstrukturen Deutschlands diagnostiziert werden.

Uneinheitlich wird das deutsche FuE-System in der Molekularelektronik und der Biotechnologie eingestuft, wo Licht und Schatten eng beeinander liegen. So mag die Molekularelektronik günstig, die nahe verwandte Bioelektronik weniger günstig ausgestattet sein.

Diese differenzierte Beurteilung wird zum Teil innerhalb der einzelnen Gebiete noch einmal weiter unterteilt. Die FuE-Basis zur Erreichung von neuen biologischen Produktionssystemen für Biosubstanzen und Wirkstoffe ist ein solcher Fall. Hier ist das Forschungssystem zur Unterstützung der Bereiche Screening von Naturstoffen, nachwachsende Rohstoffe und evolutive Biotechnologie gut. Für gentechnisch hergestellte Produkte in Mikroorganismen, transgenen Pflanzen und Tieren ist es aufgrund mangelnder öffentlicher Akzeptanz und zum Teil zu später ethischer Begleitforschung schlecht ausgebildet (in Abbildung 32 ist die Diskrepanz durch Teilung der Musterung gekennzeichnet).

Anhand dieses Kriteriums sei ein kurzer Blick auf die *softwarebestimmten Anwendungen* gerichtet. Die Kapazität an Forschung und Entwicklung für *unscharfe Logik* in Wissenschaft und Wirtschaft ist derzeit noch unzureichend. Insbesondere ist eine bessere Kooperation zwischen Hochschulforschung und Industrie erforderlich und in diesem Zusammenhang eine Stärkung der Anwendungsorientierung an den Hochschulen. Das in Deutschland vorhandene Forschungssystem für *künstliche Intelligenz* kann als Ausgangsbasis dienen, ist aber in Umfang, Leistungsfähigkeit und in seinem Umsetzungspotential nicht ausreichend. Ebenso müssen die FuE-Kapazitäten in Wissenschaft und Wirtschaft für *Softwareentwicklung* und Qualitätssicherung (Angemessenheit, Korrektheit) noch intensiviert werden. Das FuE-Potential im vorwettbewerblichen Bereich ist zwar vorhanden, aber als Mangel ist die fehlende FuE-Kooperation der Industrie zu verzeichnen. Auch sollte die Rolle der öffentlichen Forschungsinstitute neu überdacht werden; anspruchsvolle Produktentwicklungen lassen sich aus der Institutsarbeit heraus in der Regel nicht realisieren. Diese Befunde deuten auf eine allgemeine Schwäche im softwarebestimmten Bereich hin, der auch die Entwicklungsfähigkeit von *Hochleistungsrechnern und optischen Rechnern* beeinflußt. Auch bezüglich der *Managementtechniken* gilt das FuE-System als ungenügend.

6.2 Entwicklungsrisiken

Dieses Kriterium soll die Frage beantworten, ob die technisch-wissenschaftlichen Hemmnisse und Risiken von einer Größe sind, daß sie den (internationalen) Entwicklungserfolg gefährden bzw. hinauszögern können. Damit ist nicht der Technologiewettlauf angesprochen, also die Frage, ob Deutschland erfolgreich sein wird, sondern die immanten Forschungsrisiken allgemein. In den internen Unterlagen ist neben einer qualitativen Bewertung die konkrete Benennung der wesentlichen Punkte nachzulesen. In Abbildung 33 sind die Themenbereiche eingetragen, bei denen solche Risiken in großem Ausmaß bestehen und ebenso die Gebiete, bei denen keine derartigen Hemmnisse und Risiken vorliegen. Auch gekennzeichnet wurden Bereiche, in denen sich die Forschungsrisiken im üblichen Ausmaß einstellen dürften bzw. eine Aussage nicht möglich ist.

Abbildung 33: **Entwicklungsrisiken bei der Technologie am Beginn des 21. Jahrhunderts (gering oder groß; die übrigen Themen sind durchschnittlich zu beurteilen oder schwer einzuschätzen).**

Gebiet/Thema (Kurzbezeichnung)	Wertung	Gebiet/Thema (Kurzbezeichnung)	Wertung
Neue Werkstoffe		Telekommunikation	
Hochleistungskeramik		Breitbandkommunikation	
Hochleistungspolymere		Photonische Digitaltechnik	groß
Hochleistungsmetalle		Hochauflösendes Fernsehen, U-Elektronik	
Funktionelle Gradientenwerkstoffe		Optische Rechner	
Energetische Werkstoffe		***Mikrosystemtechnik***	groß
Organische Materialien magnetisch	groß	Mikroaktorik	
Organische Materialien elektrisch		Signalverarbeitung für MST	gering
Oberflächen- & Dünnschichttechnik	groß	Mikrosensorik	
Oberflächenwerkstoffe	gering	Aufbau- & Verbindungstechnik	groß
Diamantschichten & -filme		***Software & Simulation***	
Molekulare Oberflächen	groß	Software	gering
Nichtklassische Chemie	groß	Modellbildung & Simulation	
Mesoskopische Polymersysteme	groß	Molecular Modelling	groß
Organisierte supramolekulare Systeme	groß	Bioinformatik	gering
Cluster	gering	Werkstoffsimulation	
Adaptronik		Nichtlineare Dynamik	
Multifunktionale Werkstoffe		Simulation in der Fertigungstechnik	
Leichtbauwerkstoffe		Künstliche Intelligenz	groß
Verbundwerkstoffe		Unscharfe Logik	gering
Aerogele		Datensicherheit in Netzen	gering
Fullerene	gering	***Molekularelektronik***	
Materialsynthese in der Gebrauchsform	groß	Bioelektronik	groß
Implantatmaterialien		Biosensorik	
Fertigungsverfahren für neue Werkstoffe	groß	Neurobiologie	
Nanotechnologie		Neuroinformatik	
Nanoelektronik		***Zell-Biotechnologie***	
Single-Electron-Tunneling	gering	Molekulare Biotechnologie	
Nanowerkstoffe		Biomedizin	
Fertigungsverfahren Mikro/Nanotechnik	groß	Katalyse & Biokatalyse	groß
Mikroelektronik		Biologische Produktionssysteme	groß
Informationsspeicherung		Bionik	
Signalverarbeitung		Biomimetische Werkstoffe	groß
Mikroelektronik-Werkstoffe		Biologische Wasserstoffgewinnung	
Hochgeschwindigkeitselektronik	gering	Nachwachsende Wirk- & Werkstoffe	groß
Plasmatechnologie	groß	Umweltbiotechnologie	gering
Supraleitung		Pflanzenzüchtung & -schutz	
Hochtemperaturelektronik	groß	***Produktions- & Managementtechnik***	
Photonik		Managementtechniken & Personalführung	groß
Optoelektronik	gering	Modellbildung für die Produktion	
Photonische Werkstoffe	groß	Fertigungsleittechnik	
Lasertechnik	gering	Produktionslogistik	groß
Display, flacher Bildschirm		Umwelt- & ressourcenschonende Produktion	
Leuchtendes Silizium	groß	Forschungsgebiet Verhaltensbiologie	gering
		Ethik in Forschung & Technologie	

Der Blick auf Abbildung 33 zeigt zunächst wie beim Kriterium für die FuE-Infrastruktur, daß dies ein differentielles Relevanzkriterium ist. Es kann zwischen den einzelnen Themen unterscheiden, läßt aber keine geschlossene Aussage für ihre Gesamtheit zu. Fast die Hälfte aller Themen sind in dieser Hinsicht unauffällig bzw. es lassen sich keine Angaben machen.

Diese Einschätzung ist deutlich anders als die entsprechende für die FuE-Infrastruktur, wo nur eine Minderheit der Themen als unauffällig eingestuft wurde. Dabei hängen die beiden Kriterien durchaus zusammen. Ist die FuE-Infrastruktur unzureichend, werden in vielen Fällen auch die Entwicklungsrisiken als höher eingeschätzt. Wegen der verbreiteten durchschnittlichen Beurteilung wird insgesamt das Kriterium "Entwicklungsrisiko" als nicht so trennscharf angesehen wie das vorherige.

Große Entwicklungsrisiken und daraus erwachsende Verzögerungen bei den Forschungs- und Entwicklungsvorhaben werden im Gesamtbereich der Mikrosystemtechnik und bei einer Reihe von Themen der Photonik, nicht aber bei der Optoelektronik im engeren Sinn gesehen. Viele werkstoffbezogene Themen sind in dieser Hinsicht unauffällig insbesondere die Hochleistungspolymere und die Hochleistungskeramiken.

Das Relevanzkriterium "Entwicklungsrisiken" ist sehr vielschichtig und deutet in jedem Einzelfall auf ein anderes Problem hin. In der gebotenen Kürze können hier nicht alle Aspekte angesprochen werden; es muß auf die internen Unterlagen der Projektträger verwiesen werden. Zur Verdeutlichung der Art der hiermit angesprochenen Entwicklungshemmnisse mögen vier Beispiele genügen. Die FuE-Infrastruktur im Bereich der ***künstlichen Intelligenz*** ist unzureichend (siehe vorstehender Abschnitt und Abbildung 32). Die Entwicklungsrisiken kommen aber aus einer anderen Richtung als dem schwach ausgeprägten Forschungssystem. Sie ergeben sich aus der Entwicklung von alternativen Gebieten der Informatik, die ebenfalls intelligente Leistungen des Menschen kopieren, wie z. B. die Neuroinformatik. Durch Fortschritte bei alternativen Lösungsansätzen können bisher die vom Bereich künstliche Intelligenz getragenen Entwicklungen z. B. in der Bildverarbeitung in Frage gestellt werden. Die Risiken bestehen letztlich darin, daß sich attraktive Alternativen schneller durchsetzen könnten. Dies stellt eine gegenüber den achtziger Jahren veränderte Einschätzung dar, als "Künstliche Intelligenz" und "Expertensysteme" in aller Munde waren. Heute zeigt sich ein nüchternes Bild und eine Rückbesinnung auf Standards und Methoden der allgemeinen Datenverarbeitung. Sogar die beiden verheißungsvollen Begriffe sind aus der Mode gekommen und werden oft - nicht in diesem Bericht - von Bezeichnungen wie "Wissensverarbeitung" oder "wissensbasierte Systeme" abgelöst.

Bei den *photonischen und optoelektronischen Werkstoffen* werden die Entwicklungsrisiken dementgegen darin gesehen, daß ihre Produktion in den meisten Fällen nicht in Deutschland stattfindet. Zwar werden neue Werkstoffe an Hochschulen und Universitäten entwickelt und erprobt, jedoch besteht gerade bei III-V-Kristallen und -Scheiben eine große Abhängigkeit von außereuropäischen Lieferanten. Dadurch wird das Produktions-Know-how und die Entwicklung neuer Werkstoffe in Deutschland behindert. Wenn die Produktion grundlegender optoelektronischer und photonischer Werkstoffe weiterhin außerhalb von Deutschland erfolgt, kann kein technologisches Potential im Land aufgebaut werden.

Im Bereich der Mikrosystemtechnik wird an dieser Stelle vor allem auf die *Aufbau- und Verbindungstechnik* hingewiesen. Zur Erzielung marktfähiger FuE-Ergebnisse sind ein hochentwickeltes Know-how sowie modernste technologische Ausrüstungen nötig. Das Entwicklungsrisiko ist daher - auch bei Forschungserfolgen - als besonders hoch einzuschätzen und kann heute kaum noch von einem mittelständischen Unternehmen ohne Unterstützung selbst getragen werden. Noch kritischer ist der Entwicklungserfolg in der *Bioelektronik* zu beurteilen. Von der Grundlagenforschung bis zur industriellen Produktion ist es hier ein sehr weiter Weg. Es ist fraglich, ob die Bioelektronik im aufgezeigten Sinne bereits zur Jahrhundertwende breite Anwendung finden wird, da noch erhebliche Risiken bei der Entwicklung von Hybridlösungen bestehen. Da grundlegende Prinzipien bisher noch nicht ansatzweise bekannt sind, werden deutliche Entwicklungssprünge notwendig, deren Eintreten schwer prognostizierbar ist.

6.3 Humankapital

Qualifiziertes und motiviertes Personal gerade im FuE-Bereich ist im vereinten Deutschland jetzt und in absehbarer Zukunft reichlich vorhanden. Das Bildungssystem hat auf allen Ausbildungsstufen besondere Stärken. Qualifiziertes Personal ist eine der Trumpfkarten, die Deutschland in den internationalen Technologiewettlauf einbringen kann und ist in einem rohstoffarmen Land wie dem unseren ein wesentlicher Produktionsfaktor (Humankapital). Die Herausforderung durch die Technologie der Zukunft besteht darin, die berufliche Qualifikation der wissenschaftlichen Mitarbeiter in der Industrie sowie der wirtschaftsnahen Forschung von schmalbandiger Spezialisierung auf lösungsorientierte, fachübergreifende Kompetenz umzupolen und Flexibilität und die Fähigkeit zur Zusammenarbeit zu stärken.

Abbildung 34 zeigt, daß geeignetes FuE-Personal in vielen Gebieten existiert. Fast die Hälfte der Gebiete ist damit überdurchschnittlich gut bedient. Es gibt nur wenige Problembereiche, von denen einige typische angesprochen werden sollen. Im Einzelfall verbirgt sich

Abbildung 34: Bewertung des Humankapitals für die Technologie am Beginn des 21. Jahrhunderts (schlecht oder gut; als durchschnittlich oder schwer einzuschätzen werden die übrigen Themen eingestuft).

Gebiet/Thema (Kurzbezeichnung)	Wertung	Gebiet/Thema (Kurzbezeichnung)	Wertung
Neue Werkstoffe		Telekommunikation	
Hochleistungskeramik		Breitbandkommunikation	
Hochleistungspolymere	gut	Photonische Digitaltechnik	
Hochleistungsmetalle	gut	Hochauflösendes Fernsehen, U-Elektronik	gut
Funktionelle Gradientenwerkstoffe	schlecht	Optische Rechner	
Energetische Werkstoffe	gut	***Mikrosystemtechnik***	schlecht
Organische Materialien magnetisch	gut	Mikroaktorik	
Organische Materialien elektrisch	gut	Signalverarbeitung für MST	gut
Oberflächen- & Dünnschichttechnik		Mikrosensorik	gut
Oberflächenwerkstoffe	gut	Aufbau- & Verbindungstechnik	schlecht
Diamantschichten & -filme		***Software & Simulation***	
Molekulare Oberflächen	gut	Software	
Nichtklassische Chemie	schlecht	Modellbildung & Simulation	
Mesoskopische Polymersysteme	gut	Molecular Modelling	schlecht
Organisierte supramolekulare Systeme	gut	Bioinformatik	
Cluster	gut	Werkstoffsimulation	
Adaptronik	schlecht	Nichtlineare Dynamik	
Multifunktionale Werkstoffe	gut	Simulation in der Fertigungstechnik	
Leichtbauwerkstoffe	gut	Künstliche Intelligenz	schlecht
Verbundwerkstoffe	gut	Unscharfe Logik	schlecht
Aerogele		Datensicherheit in Netzen	
Fullerene		***Molekularelektronik***	gut
Materialsynthese in der Gebrauchsform		Bioelektronik	schlecht
Implantatmaterialien	gut	Biosensorik	
Fertigungsverfahren für neue Werkstoffe	schlecht	Neurobiologie	gut
Nanotechnologie		Neuroinformatik	
Nanoelektronik	gut	***Zell-Biotechnologie***	gut
Single-Electron-Tunneling	gut	Molekulare Biotechnologie	schlecht
Nanowerkstoffe		Biomedizin	schlecht
Fertigungsverfahren Mikro/Nanotechnik	schlecht	Katalyse & Biokatalyse	gut
Mikroelektronik	gut	Biologische Produktionssysteme	
Informationsspeicherung		Bionik	
Signalverarbeitung		Biomimetische Werkstoffe	gut
Mikroelektronik-Werkstoffe	gut	Biologische Wasserstoffgewinnung	gut
Hochgeschwindigkeitselektronik	gut	Nachwachsende Wirk- & Werkstoffe	gut
Plasmatechnologie	schlecht	Umweltbiotechnologie	gut
Supraleitung	gut	Pflanzenzüchtung & -schutz	
Hochtemperaturelektronik		***Produktions- & Managementtechnik***	
Photonik	gut	Managementtechniken & Personalführung	schlecht
Optoelektronik	gut	Modellbildung für die Produktion	gut
Photonische Werkstoffe		Fertigungsleittechnik	
Lasertechnik	gut	Produktionslogistik	
Display, flacher Bildschirm		Umwelt- & ressourcenschonende Produktion	gut
Leuchtendes Silizium	gut	Forschungsgebiet Verhaltensbiologie	schlecht
		Ethik in Forschung & Technologie	gut

unter fehlendem Humankapital nämlich jeweils ein spezifisches Problem, das nicht immer durch Fortbildungs- und Rekrutierungsmaßnahmen ausgeglichen werden kann. Insgesamt ist das Relevanzkriterium "Humankapital" kein Engpaßfaktor für die Technologie am Beginn des 21. Jahrhunderts - bis auf die nachfolgenden Ausnahmen.

Die Weiterentwicklung von *Fertigungsverfahren für Hochleistungswerkstoffe* bis zur Anwendungsreife benötigt qualifiziertes Personal, das nur in begrenztem Maße zur Verfügung steht. Zwar wird durch Einrichtung vieler neuer Werkstoffkunde-Lehrstühle die Ausbildung verstärkt, die für die Produktionswissenschaft notwendige interdisziplinäre Zusammenarbeit ist aber noch nicht ausreichend realisiert. Es wäre eine volkswirtschaftliche Verschwendung, wenn nur in Grundlagenforschung und tertiäre Ausbildung erheblich investiert würde, aber gerade bei den umsetzungs- und anwendungsrelevanten Aufgaben Personal fehlt. Entsprechendes gilt für die *Fertigungsverfahren der Mikro- und Nanotechnik.* Auch hier ist qualifiziertes und entsprechend motiviertes Personal nur in beschränktem Umfang vorhanden. Das gesamte Ausbildungsangebot muß im Hinblick auf die Mikrotechniken noch wesentlich verbessert werden (siehe auch die entsprechenden Engpässe bei der *Mikrosystemtechnik* und der Aufbau- und Verbindungstechnik). Eine Technik wie die Mikrosystemtechnik kann nur bei interdisziplinären Anstrengungen Erfolg haben (dies gilt auch für die *Adaptronik*).

Vor allem der fachlich "balkanisierte" Hochschulsektor hat nach wie vor Probleme mit der sachgerechten Verfolgung interdisziplinärer Ansätze. Darunter leidet auch der für Produktion und Anwendung wichtige Bereich der *Managementtechnik und Personalführung*. Die Lehrpläne aller technischen Ausbildungsgänge müssen um arbeitswissenschaftliche Themen und interdisziplinäre Lernmethoden erweitert werden.

Ein anders gelagertes Personalrekrutierungsproblem betrifft die *Plasmatechnik*, die in der Definition dieser Studie eine wichtige Beschichtungstechnologie für viele Anwendungen ist. Auf dem Sektor der Gaselektronik war Deutschland vor der Verlagerung der Aktivitäten in Richtung Fusionsforschung weltweit führend. Derzeit ist in der gegebenen Konkurrenzsituation qualifiziertes und motiviertes Personal in der Plasmatechnologie gerade auch im FuE-Bereich nur singulär vorhanden. Zu attraktiv ist die Ausstattung der Fusionsforschung im vereinten Deutschland: Ihre Anwendungsferne mag manchem Forscher eine bequemere Karriere bieten, als an den technischen Anwendungen des Plasmas zu arbeiten.

Aus anderen Gründen als in der Plasmatechnik stehen viele Molekularbiologen unter Anpassungsdruck. Qualifiziertes und motiviertes Personal ist im Bereich der *molekularen*

Biotechnologie und der Genomforschung zum Teil noch vorhanden, befindet sich aber gerade im Bereich der Industrieforschung bereits in der Abwanderung. Gründe hierfür sind die mittelfristigen Signale bezüglich der produktionsrelevanten Beschäftigung der deutschen Chemie im Inland, Unsicherheiten bei der Beurteilung der mittelfristigen gesetzlichen Rahmenbedingungen und möglicherweise eine ursprünglich überzogene, jetzt enttäuschte Erwartung in die unmittelbare breite Nutzung der Gentechnik. Das Bildungssystem hatte in diesem Bereich besondere Stärken, die zur Zeit im Hinblick auf die Technologie des 21. Jahrhunderts wieder erneuert werden sollten, um am Ende des Jahrzehnts ein virulentes Personalrekutierungsproblem zu vermeiden.

Die Personalsituation in der *Biomedizin* in Deutschland ist schlecht. Es gibt Biologen mit medizinischem und Mediziner mit biologischem Interesse. Den Biomediziner gibt es nicht, Ansätze sind nur in vereinzelten klinischen Forschungsgruppen vorhanden. Qualifiziertes Personal muß speziell ausgebildet und gefördert werden, sonst werden weiterhin Biomediziner in Deutschland nicht existent sein. Dieses letzte Kapitel betont den eingangs bereits erwähnten künftig wichtiger werdenden Aspekt der Personalqualifikation: Die zunehmende Vernetzung der Technologie am Beginn des 21. Jahrhunderts erfordert verstärkt fachübergreifende Qualifikationsprofile und eine interdisziplinäre Orientierung des Personals.

6.4 Innovationsaufwand

Das Relevanzkriterium "Innovationsaufwand" geht in qualitativer Weise auf die Höhe der Kosten des FuE-Prozesses bis hin zum marktfähigen Produkt ein. Dabei wird der personelle wie der materielle Aufwand betrachtet. Das Kriterium zielt auf mehr als die reinen FuE-Kosten, denn der Innovationsaufwand insgesamt ist nur dann begrenzt bzw. überschaubar, wenn die Umstellungs- und Integrationsbedingungen im Gefolge der Innovation günstig eingeschätzt werden. Führt das neue Produkt - gegebenenfalls mit geringen FuE-Kosten - zu einer völligen Veränderung aller Standards, Schnittstellen, Fertigungsverfahren und Organisationsaspekte, wird die Markteinführung insgesamt doch kostenträchtig sein. Das Kriterium setzt den Innovationsaufwand *nicht* in Beziehung zum Marktpotential (das im einzelnen im Rahmen dieser Studie nicht abgeschätzt wurde). Ein hoher Innovationsaufwand sagt daher nichts aus über das langfristige Kosten-Nutzen-Verhältnis. Das Kriterium gibt lediglich einen Hinweis auf die Größe der zu leistenden Aufgabe bis zum Beginn des 21. Jahrhunderts.

Abbildung 35 zeigt, daß das Kriterium Innovationsaufwand die Technologie am Beginn des 21. Jahrhunderts insgesamt charakterisiert, also kaum zwischen den Themen differenziert.

Abbildung 35: **Innovationsaufwand der Technologie am Beginn des 21. Jahrhunderts (hoch oder gering; die übrigen Themen haben mittelhohen Innovationsaufwand oder sind schwer einzuschätzen).**

Gebiet/Thema (Kurzbezeichnung)	Wertung	Gebiet/Thema (Kurzbezeichnung)	Wertung
Neue Werkstoffe		Telekommunikation	hoch
Hochleistungskeramik	hoch	Breitbandkommunikation	hoch
Hochleistungspolymere		Photonische Digitaltechnik	hoch
Hochleistungsmetalle	hoch	Hochauflösendes Fernsehen, U-Elektronik	hoch
Funktionelle Gradientenwerkstoffe		Optische Rechner	hoch
Energetische Werkstoffe		***Mikrosystemtechnik***	hoch
Organische Materialien magnetisch	hoch	Mikroaktorik	hoch
Organische Materialien elektrisch	hoch	Signalverarbeitung für MST	
Oberflächen- & Dünnschichttechnik	hoch	Mikrosensorik	hoch
Oberflächenwerkstoffe	hoch	Aufbau- & Verbindungstechnik	hoch
Diamantschichten & -filme	hoch	***Software & Simulation***	
Molekulare Oberflächen	gering	Software	
Nichtklassische Chemie		Modellbildung & Simulation	hoch
Mesoskopische Polymersysteme		Molecular Modelling	hoch
Organisierte supramolekulare Systeme		Bioinformatik	hoch
Cluster	gering	Werkstoffsimulation	gering
Adaptronik	hoch	Nichtlineare Dynamik	hoch
Multifunktionale Werkstoffe		Simulation in der Fertigungstechnik	hoch
Leichtbauwerkstoffe	hoch	Künstliche Intelligenz	hoch
Verbundwerkstoffe	hoch	Unscharfe Logik	
Aerogele		Datensicherheit in Netzen	hoch
Fullerene	gering	***Molekularelektronik***	hoch
Materialsynthese in der Gebrauchsform	hoch	Bioelektronik	hoch
Implantatmaterialien	gering	Biosensorik	hoch
Fertigungsverfahren für neue Werkstoffe	hoch	Neurobiologie	
Nanotechnologie	hoch	Neuroinformatik	hoch
Nanoelektronik	hoch	***Zell-Biotechnologie***	hoch
Single-Electron-Tunneling		Molekulare Biotechnologie	hoch
Nanowerkstoffe		Biomedizin	
Fertigungsverfahren Mikro/Nanotechnik	hoch	Katalyse & Biokatalyse	hoch
Mikroelektronik	hoch	Biologische Produktionssysteme	hoch
Informationsspeicherung	hoch	Bionik	hoch
Signalverarbeitung		Biomimetische Werkstoffe	hoch
Mikroelektronik-Werkstoffe		Biologische Wasserstoffgewinnung	hoch
Hochgeschwindigkeitselektronik	hoch	Nachwachsende Wirk- & Werkstoffe	hoch
Plasmatechnologie	hoch	Umweltbiotechnologie	hoch
Supraleitung		Pflanzenzüchtung & -schutz	
Hochtemperaturelektronik	hoch	***Produktions- & Managementtechnik***	
Photonik	hoch	Managementtechniken & Personalführung	hoch
Optoelektronik		Modellbildung für die Produktion	hoch
Photonische Werkstoffe	hoch	Fertigungsleittechnik	hoch
Lasertechnik	hoch	Produktionslogistik	hoch
Display, flacher Bildschirm		Umwelt- & ressourcenschonende Produktion	hoch
Leuchtendes Silizium	hoch	Forschungsgebiet Verhaltensbiologie	gering
		Ethik in Forschung & Technologie	

Dies ist kein Wunder, denn die Themen wurden danach ausgewählt, daß nur für die Volkswirtschaft a priori wichtige Bereiche mit vermutetem Schlüsselcharakter in die Liste aufgenommen wurden. Detailentwicklungen innerhalb der Unternehmen sind dabei nicht eingeschlossen worden. Von daher ist es plausibel, daß der Innovationsaufwand praktisch durchgängig sehr hoch oder mittelhoch ist.

Es gibt nur ganz wenige Ausnahmen, bei denen in Teilaspekten mit geringem Innovationsaufwand Markterfolge erzielt werden können. Diese sollen in folgendem kurz bezüglich ihrer besonderen Situation betrachtet werden. Für die Anwendungen der *Aerogele* in Optik und Akustik dürfte der FuE-Aufwand insgesamt ebenfalls hoch sein; dies stellt insofern keine Ausnahme unter den Themen für das 21. Jahrhundert dar. Lediglich für die kurzfristig realisierbaren Anwendungen als Wärmeisolationsmaterial ist der Innovationsaufwand eher gering. Ähnlich liegen die Verhältnisse bei den ***molekularen Oberflächen***. Auch hierbei ist der Innovationsaufwand dann, wenn es um ihre Anwendung für die Sensorik und Molekularelektronik geht, unter Umständen sehr hoch. Nur für die bestehenden Technologien kann er als eher gering angenommen werden (etwa Klebeprozesse, Metallisierung von Polymeren, Steuerung des Kristallwachstums, Korrosionsschutz etc.; siehe im Abschnitt 5.1.3). Auch für die *Cluster* gilt eine uneinheitliche Beurteilung. Je nach dem Eintreten von Entwicklungserfolgen kann der Innovationsaufwand unterschiedlich hoch sein; da gegenwärtig eher konventionelle Anwendungen zum Tragen kommen, wird er zur Zeit als gering eingeschätzt. Der Innovationsaufwand für die Beherrschung der *Fullerene* ist begrenzt, da wahrscheinlich ein geringer technischer Aufwand erforderlich ist, zumindest für die Herstellung der Werkstoffe. Unter den Werkstoffen ist ansonsten der Innovationsaufwand nur noch bei den ***Hochleistungspolymeren*** überschaubar, da sowohl die Umstellungs- als auch die Integrationsbedingungen im Zuge von Innovationen günstig beurteilt werden.

Alle Themen im Zusammenhang mit Software und Simulation erfordern bisher hohen Innovationsaufwand. Es gibt praktisch nur eine relativ günstige Anwendung in diesem Themenkreis, die ***Computersimulation in der Werkstoffkunde***. Hier ist der Innovationsaufwand begrenzt bzw. überschaubar. Eine stärkere Verbreitung von Hard- und Software wird durch sinkende Preise begünstigt.

6.5 Engagement der Wirtschaft

Bezüglich des Engagements der Wirtschaft wird gefragt, ob deutsche Unternehmen mit dem fraglichen Bereich besonders verbunden sind, firmenstrategisch interessiert, finanziell voraussichtlich hinreichend engagiert und ob sie einen unternehmensseitigen Handlungsbedarf akzeptieren. Dabei ist das gegenwärtige aktive Engagement im Sinne eigener FuE-Aktivitäten der Wirtschaft zu beurteilen, gegebenenfalls zusätzlich auch das erwartete bzw. angekündigte. Eingestuft wird in Abbildung 36, ob das Engagement der Wirtschaft groß oder gering ist bzw. im Mittelbereich liegt, was von der Kennzeichnung her gleichbedeutend mit dem Umstand sein soll, daß hinreichende Angaben oder Aussagen nicht vorliegen. Es wäre wenig effizient, wenn die wirtschaftsnahe Forschungsförderung anwendungsnahe Entwicklungen vorantreibt, die zwar die jeweiligen Forschungsträger für aussichtsreich halten, für die sich aber die deutschen Unternehmen nicht interessieren. In der Forschungs- und Technologiepolitik ist ein gesellschaftlicher Konsens über die mittelfristige Überführung wirtschaftsrelevanter Förderaktivitäten in marktgerechte Tätigkeiten der Unternehmen anzustreben (siehe auch Abschnitt 7.1). Komplementär zu diesem Relevanzkriterium ist das unten beschriebene, das nach dem öffentlichen Interesse bzw. den Chancen für öffentliche Förderung fragt.

Gemäß Abbildung 36 ist das Engagement der Wirtschaft in bezug auf die unterschiedlichen Themen am Beginn des 21. Jahrhunderts unterschiedlich ausgeprägt. In der Mehrzahl werden die Themen von den Unternehmen unterstützt. Das gilt praktisch für den gesamten Bereich der Photonik und der Mikroelektronik mit Ausnahme der Hochleistungs- und optischen Rechner, wo das unternehmerische Engagement für Forschung und Entwicklung vergleichsweise gering ausgeprägt ist. Auch im Bereich der Biotechnologie werden fast alle Möglichkeiten positiv wahrgenommen (hier ist die biologische Wasserstoffgewinnung die Ausnahme, wo die Wirtschaft gegenwärtig noch sehr zurückhaltend agiert; wenn aufgrund der Labor- und Freilandversuche der Forschungsinstitute positive Erfolgsprognosen vorliegen, ist aber mit einem Einstieg der Industrie durchaus zu rechnen).

Wenig Interesse zeigen die deutschen Unternehmen an der Entwicklung von *Simulationsprogrammen*, der *nichtlinearen Dynamik* sowie der *Molekularelektronik* und verwandter Gebiete. Besonders die aktuelle Zurückhaltung im letztgenannten Bereich erscheint bedenkenswert, da es sich hierbei um ein Gebiet handelt, das prinzipiell neue, nämlich molekulare, Lösungsansätze für elektronische Fragestellungen anstrebt, die möglicherweise ähnliche Perspektiven eröffnen wie die Mikroelektronik in der Vergangenheit.

Gespalten ist das Industrieinteresse an den neuen Werkstoffen, denen sie in der Mehrzahl der Fälle positiv gegenübersteht, wobei jedoch eine Reihe von interessanten Ansätzen keine Resonanz findet. Ebenfalls gespalten ist das Engagement der Wirtschaft in der *Nanotechnologie*. Die kurzfristig umsetzbaren Teilbereiche der Nanotechnologie (Sensorik, Superpolitur, biokompatible Schichten, Katalyse) erzeugen großes Interesse bei den Industriezweigen Optik, Chemie, Maschinenbau. Zurückhaltung der Elektroindustrie kann jedoch bei der Entwicklung quantenphysikalischer Bauelemente und höchstintegrierter Speicher beobach-

Abbildung 36: **Engagement der Wirtschaft in der Technologie am Beginn des 21. Jahrhunderts (hoch oder gering; bei den übrigen Themen wird ein durchschnittliches oder unbekanntes Engagement der Wirtschaft angenommen).**

Gebiet/Thema (Kurzbezeichnung)	Wertung	Gebiet/Thema (Kurzbezeichnung)	Wertung
Neue Werkstoffe		Telekommunikation	hoch
Hochleistungskeramik	hoch	Breitbandkommunikation	
Hochleistungspolymere	hoch	Photonische Digitaltechnik	hoch
Hochleistungsmetalle	hoch	Hochauflösendes Fernsehen, U-Elektronik	hoch
Funktionelle Gradientenwerkstoffe	gering	Optische Rechner	gering
Energetische Werkstoffe	gering	***Mikrosystemtechnik***	hoch
Organische Materialien magnetisch	gering	Mikroaktorik	hoch
Organische Materialien elektrisch	hoch	Signalverarbeitung für MST	
Oberflächen- & Dünnschichttechnik		Mikrosensorik	gering
Oberflächenwerkstoffe		Aufbau- & Verbindungstechnik	
Diamantschichten & -filme	hoch	***Software & Simulation***	
Molekulare Oberflächen	hoch	Software	
Nichtklassische Chemie	hoch	Modellbildung & Simulation	gering
Mesoskopische Polymersysteme	hoch	Molecular Modelling	hoch
Organisierte supramolekulare Systeme	hoch	Bioinformatik	hoch
Cluster		Werkstoffsimulation	gering
Adaptronik	hoch	Nichtlineare Dynamik	gering
Multifunktionale Werkstoffe	gering	Simulation in der Fertigungstechnik	
Leichtbauwerkstoffe	hoch	Künstliche Intelligenz	hoch
Verbundwerkstoffe	hoch	Unscharfe Logik	
Aerogele	gering	Datensicherheit in Netzen	hoch
Fullerene	hoch	***Molekularelektronik***	gering
Materialsynthese in der Gebrauchsform		Bioelektronik	gering
Implantatmaterialien	hoch	Biosensorik	
Fertigungsverfahren für neue Werkstoffe		Neurobiologie	hoch
Nanotechnologie		Neuroinformatik	gering
Nanoelektronik		***Zell-Biotechnologie***	hoch
Single-Electron-Tunneling		Molekulare Biotechnologie	hoch
Nanowerkstoffe		Biomedizin	hoch
Fertigungsverfahren Mikro/Nanotechnik		Katalyse & Biokatalyse	hoch
Mikroelektronik	hoch	Biologische Produktionssysteme	
Informationsspeicherung	hoch	Bionik	
Signalverarbeitung	hoch	Biomimetische Werkstoffe	gering
Mikroelektronik-Werkstoffe	gering	Biologische Wasserstoffgewinnung	gering
Hochgeschwindigkeitselektronik	hoch	Nachwachsende Wirk- & Werkstoffe	hoch
Plasmatechnologie		Umweltbiotechnologie	
Supraleitung	hoch	Pflanzenzüchtung & -schutz	
Hochtemperaturelektronik		***Produktions- & Managementtechnik***	
Photonik	hoch	Managementtechniken & Personalführung	gering
Optoelektronik	hoch	Modellbildung für die Produktion	hoch
Photonische Werkstoffe	hoch	Fertigungsleittechnik	hoch
Lasertechnik	hoch	Produktionslogistik	hoch
Display, flacher Bildschirm		Umwelt- & ressourcenschonende Produktion	hoch
Leuchtendes Silizium		Forschungsgebiet Verhaltensbiologie	gering
		Ethik in Forschung & Technologie	gering

tet werden. Auch in der Mikrosystemtechnik ist kein einheitliches Engagement zu beobachten. Steigende Markt- und Umsatzzahlen belegen die wirtschaftliche Bedeutung der *Mikroaktorik.* Auch an den *Mikrosensoren* ist die Sensorindustrie in Deutschland aus strategischen Überlegungen heraus interessiert. Die Markteinführung solcher Produkte gestaltet sich jedoch häufig schwierig, da Anwendungen, welche die erforderlichen großen Fertigungsstückzahlen sichern, erst erschlossen werden müssen. Damit die Sensorunternehmen ihre Innovationsbereitschaft umsetzen können, sind sie auf ein vielfältiges Angebot zúliefernder kommerzieller technischer Dienstleistungen angewiesen; diese Infrastruktur ist noch nicht ausreichend entwickelt und engagiert.

Da die Unternehmen im Falle der modernen Biotechnologie, aber auch in anderen Gebieten (Stichwort: *Datensicherheit*) von der Akzeptanz neuer Technologie leben, müßten sie dem *Forschungsgebiet Ethik* mehr Interesse entgegenbringen. In Deutschland existiert eine Forschungsinfrastruktur, welche die ethische Bewertung neuer Technologie ermöglicht, sie wird aber nur unzureichend, zu spät und zu wenig genutzt. Ähnliches kann zum Forschungsgebiet der *Verhaltensbiologie* gesagt werden. Das Interesse deutscher Unternehmen an diesem Forschungsgebiet ist noch sehr begrenzt, obwohl einige größere Firmen bei der Neueinstellung bzw. der Betreuung ihres Personals auf die Psychologie zurückgreifen. Das Industrieinteresse an den FuE-Ergebnissen der molekularen Biotechnologie ist groß; die Umsetzung der Erkenntnisse findet jedoch überwiegend im Ausland statt.

6.6 Nationale Wettbewerbsposition

An dieser Stelle wird die Frage gestellt, ob die *gegenwärtige* nationale Wettbewerbsposition als günstig zu beurteilen ist, was deutschen Innovatoren Vorteile im Innovationswettlauf bietet, jedenfalls was die Startposition angeht. Dieses Kriterium darf nicht verwechselt werden mit der zukünftig erreichbaren Wettbewerbsposition durch die Einführung neuer Technologie (dazu siehe Abschnitte 6.10, 6.12 und 6.13). Das Relevanzkriterium wird hier im strikten Sinne als Frage zu den Rahmenbedingungen, welche die Ausgangsposition definieren und nicht zu den zukünftig erreichbaren Positionen verstanden. Ist die Wettbewerbsposition gegenwärtig schlecht, bedeutet dies, daß die Markteinführung von neuen Produkten erheblich mehr Anstrengungen erfordert, als bei günstigeren Startbedingungen. Das Kriterium "Wettbewerbsposition" ist sehr schillernd und bleibt - wenn auch häufig zitiert - alles in allem weitgehend unbestimmt. Letztlich wird nach der Summe der Faktoren gefragt, welche die Standortqualität mitbestimmen (Finanzkraft, Außenhandelssituation, komparative Ausstattungsvorteile, erreichte Marktposition). Auch die bereits dargestellten Aspekte des

FuE-Humankapitals und der FuE-Infrastruktur zählen dazu.[2] In diesem Abschnitt 6.6 wird aber nicht nach den Einzelfaktoren, sondern nach ihrem integralen Ergebnis gefragt, wie es sich aufgrund historischer Fakten heute darstellt. Nicht zu verwechseln ist der Begriff der *nationalen* Wettbewerbsposition mit der einzelbetrieblichen Sicht, wo vor allem Kostenfaktoren zählen.

Die gegenwärtige Wettbewerbsposition zur Einführung der neuen Technologie ist über weite Strecken positiv zu beurteilen. In vielen Gebieten haben deutsche Unternehmen Vorsprünge im internationalen Technologiewettlauf, die aus weltweiten Verkaufserfolgen resultieren und eine günstige Voraussetzung darstellen, die nächste Generation von Technologie einzuführen. Die Problembereiche bezüglich der gegenwärtigen Wettbewerbsposition sind in der Minderzahl, jedoch nicht zu übersehen. Einige Bereiche der Werkstofftechnik sind hiervon betroffen, die molekulare Biotechnologie und Teilbereiche der Software sowie der Optoelektronik. Weitere Erläuterungen sollen wieder nur beispielhaft gegeben werden.

Für die Produktion von *Software* wird auf absehbare Zeit eine US-amerikanische Dominanz erhalten bleiben. Diese Dominanz erstreckt sich schon heute auf sogenannte Standard-Software sowohl für den PC-Bereich als auch für den Großrechner-Bereich. Weder Unternehmen aus Japan noch aus Europa können diese dominante Position kurzfristig erschüttern. Die wenigen großen deutschen Softwarehäuser spielen nur im Markt für kundenspezifische Software-Systeme eine Rolle. Die deutsche Software-Industrie hat nur dann eine Chance, sich am Weltmarkt durchzusetzen, wenn es gelingt, ihre Kapitalbildungskraft anhaltend zu stärken. Die hohen finanziellen FuE-Belastungen müssen aus eigenen Mitteln vorfinanziert werden können. Diese Situation hat auch Auswirkungen auf die Bereiche der *Datensicherheit in Netzen* und der *unscharfen Logik*, wo allerdings Japan als führend erscheint (wenn es sich nicht nur um Marketing handelt) und Deutschland bei den einsatzfähigen Fuzzy-Produkten Gefahr läuft, von den USA überholt zu werden. Auch bei Produkten der *künstlichen Intelligenz* ist die nationale Wettbewerbsposition weniger günstig.

In der *Optoelektronik* ist die Wettbewerbsposition differenziert zu beurteilen. Bei den energieorientierten Anwendungen (Hochleistungslasersysteme) nehmen bundesdeutsche Hersteller eine Spitzenstellung ein. Mittelmäßig bis ungünstig ist die Wettbewerbssituation bei den übrigen optoelektronischen Komponenten und Systemen (informationsorientierte Optoelektronik) zu beurteilen. Entsprechendes gilt für die *Lasertechnik* mit ihren vielfältigen Anwendungsbereichen. Die Laser-Wettbewerbsposition in der Materialbearbeitung ist sehr gut, in der Medizintechnik gut, in der Meßtechnik mittelmäßig und in der Kommunikationstechnik sehr schlecht. Die gespaltene Position im Bereich der *Nanotechnologie*, welche

---

[2] Siehe etwa Legler, Grupp, Gehrke, Schasse, *Innovationspotential und Hochtechnologie. Technologische Position Deutschlands im internationalen Wettbewerb.* Physica-Verlag, Heidelberg, 1992.

Abbildung 37: **Gegenwärtige nationale Wettbewerbsposition als Rahmenbedingung der Einführung der Technologie am Beginn des 21. Jahrhunderts (stark oder schwach; die übrigen Themen sind durchschnittlich oder schwer einzuschätzen).**

Gebiet/Thema (Kurzbezeichnung)	Wertung	Gebiet/Thema (Kurzbezeichnung)	Wertung
Neue Werkstoffe		Telekommunikation	
Hochleistungskeramik		Breitbandkommunikation	stark
Hochleistungspolymere	stark	Photonische Digitaltechnik	stark
Hochleistungsmetalle		Hochauflösendes Fernsehen, U-Elektronik	
Funktionelle Gradientenwerkstoffe	schwach	Optische Rechner	schwach
Energetische Werkstoffe	schwach	***Mikrosystemtechnik***	stark
Organische Materialien magnetisch		Mikroaktorik	stark
Organische Materialien elektrisch	stark	Signalverarbeitung für MST	stark
Oberflächen- & Dünnschichttechnik	stark	Mikrosensorik	stark
Oberflächenwerkstoffe	stark	Aufbau- & Verbindungstechnik	schwach
Diamantschichten & -filme		***Software & Simulation***	
Molekulare Oberflächen	schwach	Software	schwach
Nichtklassische Chemie	schwach	Modellbildung & Simulation	stark
Mesoskopische Polymersysteme	stark	Molecular Modelling	schwach
Organisierte supramolekulare Systeme	schwach	Bioinformatik	schwach
Cluster	stark	Werkstoffsimulation	schwach
Adaptronik		Nichtlineare Dynamik	stark
Multifunktionale Werkstoffe	stark	Simulation in der Fertigungstechnik	
Leichtbauwerkstoffe	stark	Künstliche Intelligenz	
Verbundwerkstoffe	stark	Unscharfe Logik	schwach
Aerogele		Datensicherheit in Netzen	schwach
Fullerene	stark	***Molekularelektronik***	stark
Materialsynthese in der Gebrauchsform	schwach	Bioelektronik	
Implantatmaterialien	stark	Biosensorik	
Fertigungsverfahren für neue Werkstoffe	stark	Neurobiologie	stark
Nanotechnologie		Neuroinformatik	stark
Nanoelektronik	stark	***Zell-Biotechnologie***	
Single-Electron-Tunneling	schwach	Molekulare Biotechnologie	schwach
Nanowerkstoffe		Biomedizin	
Fertigungsverfahren Mikro/Nanotechnik	schwach	Katalyse & Biokatalyse	stark
Mikroelektronik	stark	Biologische Produktionssysteme	
Informationsspeicherung	schwach	Bionik	stark
Signalverarbeitung	stark	Biomimetische Werkstoffe	
Mikroelektronik-Werkstoffe	stark	Biologische Wasserstoffgewinnung	stark
Hochgeschwindigkeitselektronik	schwach	Nachwachsende Wirk- & Werkstoffe	stark
Plasmatechnologie	stark	Umweltbiotechnologie	stark
Supraleitung	stark	Pflanzenzüchtung & -schutz	stark
Hochtemperaturelektronik		***Produktions- & Managementtechnik***	
Photonik	stark	Managementtechniken & Personalführung	schwach
Optoelektronik		Modellbildung für die Produktion	
Photonische Werkstoffe		Fertigungsleittechnik	schwach
Lasertechnik		Produktionslogistik	stark
Display, flacher Bildschirm		Umwelt- & ressourcenschonende Produktion	stark
Leuchtendes Silizium	stark	Forschungsgebiet Verhaltensbiologie	
		Ethik in Forschung & Technologie	

für das Engagement der Wirtschaft festgestellt wurde, setzt sich analog auf die Wettbewerbsposition fort.

6.7 Öffentliche Förderung

Die öffentliche Hand (Bund, Länder, Kommission der Europäischen Gemeinschaften, aber auch Deutsche Forschungsgemeinschaft etc.) geht im Bereich der Forschungs- und Technologieförderung - aufgrund von Eigeninteressen oder nach dem Subsidiaritätsprinzip - in vielen Bereichen von staatlichem Handlungsbedarf aus und bejaht die Schaffung günstiger Rahmenbedingungen in ihrem Einflußbereich. Das Kriterium Öffentliche Förderung gibt an, inwieweit gegenwärtig eine aktive Förderung durch die öffentliche Hand erfolgt (in der Regel sind hier spezielle Fördermaßnahmen gemeint und nicht die generelle Grundfinanzierung; gezielte institutionelle Maßnahmen spielen dabei ebenfalls eine Rolle). Zusätzlich wird gefragt, inwieweit die momentane Situation dem wünschenswerten bzw. aus allgemeinen politischen Vorgaben ableitbaren Vorstellungen entspricht. Dabei wird qualitativ beurteilt, ob die Gesamtheit der spezifischen öffentlichen Förderungsmaßnahmen in Deutschland groß oder gering ist oder ob dazu keine spezielle Aussage gemacht werden kann (durchschnittlich oder unbekannt).

Gemäß Abbildung 38 gibt es viele technologische Bereiche, die bezüglich dieses Kriteriums unspezifisch sind (viele davon im Bereich der Biotechnologie und der Grenzbereiche zur Elektronik). Weitgehend positiv wird die Situation im Bereich von Mikroelektronik, Optoelektronik und Photonik sowie der Mikrosystemtechnik eingeschätzt. Der Bereich der Werkstoffthemen ist dagegen gespalten, indem Gebiete mit ausreichender Förderung solchen mit ungenügender etwa die Waage halten. Im Bereich der Anwendungen und der Produktionsthemen herrschen klare Aussagen vor, nach denen in der Regel das öffentliche Interesse (das hier oft auch die Rahmenbedingungen meint) als ausreichend eingestuft wird. Als Problemgebiete werden die Managementtechniken, die unscharfe Logik, die optischen und Hochleistungsrechner sowie die Themen Ethik und Verhaltensbiotechnologie eingeschätzt.

Im Kerngebiet der Technologie des 21. Jahrhunderts sollen einige auffallende Problembereiche näher erläutert werden, womit kein Anspruch auf eine vollständige Aufzählung der Gebiete ungenügenden öffentlichen Interesses beabsichtigt wird. Erwähnt werden soll die *Biomedizin*. Die öffentliche Hand (Bund, Länder, KEG, DFG) geht im fraglichen Bereich von staatlichem Handlungsbedarf aus und bejaht prinzipiell die Schaffung günstiger Rahmenbedingungen in ihrem Einflußbereich. Dies kommt vielen Bereichen der medizinischen Forschung zugute; die konkrete interdisziplinäre Biomedizinförderung ist jedoch zu gering. Auf die Problematik der personellen Konstellation wurde oben bereits hingewiesen.

Abbildung 38: **Gegenwärtige öffentliche Förderung als Rahmenbedingung der Einführung der Technologie am Beginn des 21. Jahrhunderts (gut oder schlecht; die übrigen Themenbereiche sind durchschnittlich oder schwer einzuschätzen).**

Gebiet/Thema (Kurzbezeichnung)	Wertung	Gebiet/Thema (Kurzbezeichnung)	Wertung
Neue Werkstoffe		Telekommunikation	gut
Hochleistungskeramik	gut	Breitbandkommunikation	gut
Hochleistungspolymere	gut	Photonische Digitaltechnik	gut
Hochleistungsmetalle		Hochauflösendes Fernsehen, U-Elektronik	gut
Funktionelle Gradientenwerkstoffe		Optische Rechner	schlecht
Energetische Werkstoffe		***Mikrosystemtechnik***	gut
Organische Materialien magnetisch		Mikroaktorik	
Organische Materialien elektrisch	gut	Signalverarbeitung für MST	
Oberflächen- & Dünnschichttechnik	gut	Mikrosensorik	gut
Oberflächenwerkstoffe	gut	Aufbau- & Verbindungstechnik	schlecht
Diamantschichten & -filme	gut	***Software & Simulation***	
Molekulare Oberflächen	schlecht	Software	
Nichtklassische Chemie	schlecht	Modellbildung & Simulation	gut
Mesoskopische Polymersysteme	schlecht	Molecular Modelling	
Organisierte supramolekulare Systeme	schlecht	Bioinformatik	
Cluster		Werkstoffsimulation	schlecht
Adaptronik	schlecht	Nichtlineare Dynamik	gut
Multifunktionale Werkstoffe	gut	Simulation in der Fertigungstechnik	
Leichtbauwerkstoffe	gut	Künstliche Intelligenz	gut
Verbundwerkstoffe	gut	Unscharfe Logik	schlecht
Aerogele	gut	Datensicherheit in Netzen	gut
Fullerene	gut	***Molekularelektronik***	
Materialsynthese in der Gebrauchsform	schlecht	Bioelektronik	gut
Implantatmaterialien	gut	Biosensorik	
Fertigungsverfahren für neue Werkstoffe		Neurobiologie	
Nanotechnologie	schlecht	Neuroinformatik	gut
Nanoelektronik		***Zell-Biotechnologie***	
Single-Electron-Tunneling	schlecht	Molekulare Biotechnologie	
Nanowerkstoffe		Biomedizin	schlecht
Fertigungsverfahren Mikro/Nanotechnik		Katalyse & Biokatalyse	schlecht
Mikroelektronik	gut	Biologische Produktionssysteme	
Informationsspeicherung	schlecht	Bionik	
Signalverarbeitung	gut	Biomimetische Werkstoffe	
Mikroelektronik-Werkstoffe		Biologische Wasserstoffgewinnung	gut
Hochgeschwindigkeitselektronik	gut	Nachwachsende Wirk- & Werkstoffe	gut
Plasmatechnologie		Umweltbiotechnologie	gut
Supraleitung	gut	Pflanzenzüchtung & -schutz	gut
Hochtemperaturelektronik	schlecht	***Produktions- & Managementtechnik***	
Photonik	gut	Managementtechniken & Personalführung	schlecht
Optoelektronik	gut	Modellbildung für die Produktion	
Photonische Werkstoffe	gut	Fertigungsleittechnik	
Lasertechnik	gut	Produktionslogistik	
Display, flacher Bildschirm		Umwelt- & ressourcenschonende Produktion	
Leuchtendes Silizium		Forschungsgebiet Verhaltensbiologie	schlecht
		Ethik in Forschung & Technologie	schlecht

Die *Katalyse* gilt als ein traditionelles Gebiet der Chemie, das als solches den Kinderschuhen längst entwachsen ist. Folglich wurde die Förderung der Katalyse durch das BMFT eingestellt. Angesichts der neuen Bedeutung im Hinblick auf biokatalytische Prozesse und auf die anderen diesem Themenbereich innewohnenden neuen Möglichkeiten ist es jedoch fraglich, ob unter den heutigen Randbedingungen eine Enthaltsamkeit der öffentlichen Hand noch gerechtfertigt erscheint.

Die Angemessenheit der öffentlichen Förderung im Bereich der *Informationsspeicherung* ist ein Zankapfel ersten Ranges. Einerseits wird argumentiert, daß die Beseitigung der Abhängigkeit von Bezugsquellen bei Speichern wirtschaftspolitisch vordringlich ist und nur durch ein gemeinsames Engagement von Industrie und Staat beseitigt werden kann. Das Schreckgespenst einer zunehmenden Abhängigkeit des deutschen Anlagenbaus vom Know-how ausländischer Konzerne ist mehrfach durch die Medien gegeistert; mit wirtschaftspolitisch stringenten Begründungen tut man sich aber schwer. Auf der anderen Seite wird auf vieljährige Förderung der deutschen Industrie im Bereich der Speicherchips verwiesen und auch darauf, daß dennoch die Wettbewerbsposition der entsprechenden Unternehmen nicht nachhaltig verbessert werden konnte. Daraus wird abgeleitet, daß es fraglich sei, ob eine verstärkte Tätigkeit der öffentlichen Hand das Ruder überhaupt noch herumreißen könne. Differenzierte Meinungen weisen darauf hin, daß die Informationsspeicherung so viele Techniken umfaßt, daß man jedes Marktsegment für sich betrachten müsse und dabei feststellt, daß eine große Abhängigkeit im wesentlichen bei Speicherchips besteht, während in anderen Speichertechnologien die weltwirtschaftlichen Karten durchaus noch neu gemischt werden können.

Abschließend soll noch auf die Häufung von Aussagen zum ungenügendem öffentlichen Interesse im Bereich der mesoskaligen Chemie verwiesen werden (siehe Abbildung 38). Dies betrifft die *mesoskopischen Polymersysteme*, bei denen das Urteil vorherrscht, daß die Förderung der Bedeutung dieser Technologie für viele Branchen nicht entspricht. Wie bei anderen Grundlagenthemen, ist auch bei den *organisierten supramolekularen Systemen* die Anwendungsrelevanz deutlich erkennbar, die Förderung einer zielorientierten, interdisziplinären Grundlagenforschung aber noch nötig. Auch bei diesem Thema ist die derzeitige Förderung im Hinblick auf schnelle Fortschritte in Richtung auf Anwendungen nicht ausreichend. Entsprechendes gilt für die *molekularen Oberflächen*. In diesem Zusammenhang ist es interessant, daß sich diese Schwäche bei der Bearbeitung molekularer Systeme - auch an Oberflächen - offenbar bis in die Mikrosystemtechnik fortsetzt, deren Fördersituation insgesamt positiv beurteilt wird (Abbildung 38). Eine Ausnahme bildet darin jedoch die *Aufbau- und Verbindungstechnik* für die Mikrosystemtechnik, deren Aufgabe es im wesentlichen ist, Mikrosysteme auf engstem Raum zu realisieren. Fortschritte bei der mesoskaligen Technologie werden dringend benötigt. Die öffentliche Hand schuf jedoch bisher nicht im erforderlichen Umfang die notwendigen Rahmenbedingungen für die Nutzung des Potentials der Aufbau- und Verbindungstechnik als eigenständigem Entwicklungsfeld.

6.8 Internationale Arbeitsteilung

Viele Bereiche der Technologie am Beginn des 21. Jahrhunderts werden aufgrund von supranationalen Absprachen oder aufgrund von strategischen Festlegungen multinational operierender Konzerne oder von Firmennetzwerken betrieben. Dabei bleibt die Frage offen, welche Rolle eine nationale Technologiepolitik in Deutschland noch spielen kann. Das Kriterium Internationale Arbeitsteilung untersucht, ob dem fraglichen technischen Bereich in Deutschland nachweislich eine besondere Rolle zukommt, was entsprechend besondere Rahmenbedingungen erfordern würde, die über das international Übliche hinausgehen. Eine Plus-Minus-Wertung kann hierbei nicht vorgenommen werden, vielmehr wird lediglich gefragt, in welchen technischen Aktivitäten die Rolle von Deutschland (bzw. von öffentlichen und privaten Forschungsinstituten in Deutschland) bedeutend ist bzw. sein kann, oder wo im Rahmen internationaler Zusammenarbeit ein unspezifischer Fall vorliegt. Bezüglich der besonderen Rolle könnte z. B. eine koordinierende Funktion innerhalb der EG-Forschung oder spezielle Aufgaben bei der Lösung von Teilaspekten und dergleichen gemeint sein. Das Kriterium darf nicht verwechselt werden mit der zukünftig erreichbaren internationalen Wettbewerbsposition (dazu siehe 6.12).

Abbildung 39 verdeutlicht, daß bezüglich einer besonderen Rolle Deutschlands nur wenige Themenbereiche angeführt werden können. Gehäuft tritt das Relevanzkriterium im Zusammenhang mit Anwendungen der Informationstechnik auf und ebenfalls gehäuft im Bereich der modernen Biotechnologie. Warum?

Gerade im Bereich der Informationstechnik sind die vorhandenen internationalen Strukturen derart, daß eine grenzüberschreitende Arbeitsteilung unbedingt notwendig ist. Im Gegensatz zu den Kernbereichen der Speichertechnik (siehe oben) wird auf die avancierte Position Deutschlands im Bereich von ***Telekommunikation*** und ***Breitbandkommunikation*** verwiesen, die es zu erhalten gilt, quasi um Gegengewichte zu den Defizitgebieten der Informationstechnik aufzubauen. Daher, so wird argumentiert, fällt den entsprechenden technischen Bereichen in Deutschland eine besondere Rolle zu. Die Übertragung von HDTV-Signalen setzt zum einen die Breitbandkommunikation voraus, zum anderen erweitert es die Telekommunikation. Daher gilt das Argument im besonderen auch für das ***Hochauflösende Fernsehen*** und die neuen Vorhaben der ***Unterhaltungselektronik***. Ein weltweiter Standard, wie für DAB (Digital Audio Broadcasting) angestrebt, kann zwar nur im Rahmen internationaler

Abbildung 39: Gegenwärtige internationale Arbeitsteilung als Rahmenbedingung der Einführung der Technologie am Beginn des 21. Jahrhunderts (besondere Rolle Deutschlands durch Haken hervorgehoben; bei den übrigen Themen liegt eine unspezifische Situation vor).

Gebiet/Thema (Kurzbezeichnung)	Wertung	Gebiet/Thema (Kurzbezeichnung)	Wertung
Neue Werkstoffe		Telekommunikation	✓
Hochleistungskeramik	✓	Breitbandkommunikation	✓
Hochleistungspolymere	✓	Photonische Digitaltechnik	
Hochleistungsmetalle	✓	Hochauflösendes Fernsehen, U-Elektronik	✓
Funktionelle Gradientenwerkstoffe		Optische Rechner	
Energetische Werkstoffe	✓	***Mikrosystemtechnik***	✓
Organische Materialien magnetisch		Mikroaktorik	
Organische Materialien elektrisch		Signalverarbeitung für MST	
Oberflächen- & Dünnschichttechnik		Mikrosensorik	
Oberflächenwerkstoffe		Aufbau- & Verbindungstechnik	
Diamantschichten & -filme		***Software & Simulation***	
Molekulare Oberflächen		Software	
Nichtklassische Chemie		Modellbildung & Simulation	✓
Mesoskopische Polymersysteme		Molecular Modelling	
Organisierte supramolekulare Systeme		Bioinformatik	
Cluster		Werkstoffsimulation	✓
Adaptronik		Nichtlineare Dynamik	
Multifunktionale Werkstoffe		Simulation in der Fertigungstechnik	
Leichtbauwerkstoffe		Künstliche Intelligenz	
Verbundwerkstoffe	✓	Unscharfe Logik	
Aerogele		Datensicherheit in Netzen	✓
Fullerene		***Molekularelektronik***	
Materialsynthese in der Gebrauchsform		Bioelektronik	✓
Implantatmaterialien	✓	Biosensorik	✓
Fertigungsverfahren für neue Werkstoffe	✓	Neurobiologie	✓
Nanotechnologie		Neuroinformatik	
Nanoelektronik		***Zell-Biotechnologie***	✓
Single-Electron-Tunneling		Molekulare Biotechnologie	
Nanowerkstoffe		Biomedizin	
Fertigungsverfahren Mikro/Nanotechnik	✓	Katalyse & Biokatalyse	
Mikroelektronik	✓	Biologische Produktionssysteme	
Informationsspeicherung		Bionik	
Signalverarbeitung	✓	Biomimetische Werkstoffe	
Mikroelektronik-Werkstoffe		Biologische Wasserstoffgewinnung	✓
Hochgeschwindigkeitselektronik		Nachwachsende Wirk- & Werkstoffe	
Plasmatechnologie		Umweltbiotechnologie	
Supraleitung		Pflanzenzüchtung & -schutz	
Hochtemperaturelektronik		***Produktions- & Managementtechnik***	
Photonik		Managementtechniken & Personalführung	✓
Optoelektronik		Modellbildung für die Produktion	✓
Photonische Werkstoffe		Fertigungsleittechnik	
Lasertechnik	✓	Produktionslogistik	
Display, flacher Bildschirm		Umwelt- & ressourcenschonende Produktion	
Leuchtendes Silizium		Forschungsgebiet Verhaltensbiologie	
		Ethik in Forschung & Technologie	

Kooperation erreicht werden. Die Inititative zur Entwicklung von DAB ging aber von Deutschland aus und hat die entsprechend führende Rolle im europäischen Entwicklungskonsortium begründet.

Im Bereich der modernen Biotechnologie fällt Deutschland ebenfalls in vielen Aspekten eine besondere Rolle zu. Die Gründe hierfür sind jedoch sehr fallspezifisch und können nicht auf die gesamte Biotechnologie übertragen werden. Beispielsweise besteht im Rahmen der *Zellbiotechnologie* die Hoffnung, daß aufgrund der exzellenten Personalsituation im Bereich der Zuckerchemie in Deutschland die Umsetzung in eine Glykobiotechnologie realisiert werden könnte. Es herrscht jedoch eine ausgeprägte Konkurrenzsituation. Der Vorsprung beispielsweise zu Schweden, Japan und Amerika schrumpft. Auch bei der *biologischen Wasserstoffgewinnung* ist auf wissenschaftlicher Ebene ein umfangreicher Erfahrungsaustausch vorhanden und vonnöten. Deutschland nimmt zusammen mit Japan eine vordere Position ein und hat bei der internationalen Arbeitsteilung eine katalytische Funktion. Entscheidender Grund für die besondere Position der Bundesrepublik in diesem Bereich dürfte das hier besonders ausgeprägte Bewußtsein über die Bedeutung einer umweltkompatiblen künftigen Energieversorgung sein, das eine wesentliche Motivation für die Initiierung entsprechender FuE-Aktivitäten war. Bei der technologischen Umsetzung ist wegen möglicher Absatzmärkte von großem Ausmaß eine Isolierung der einzelnen Länder zu erwarten. Ähnliches gilt für die Bereiche der *Bioelektronik* und *Biosensorik*, wo ebenfalls die Erwartung in große Absatzmärkte und ein harter Konkurrenzkampf mit einer führenden Position Deutschlands zusammenfällt. Insbesondere in der Biosensorik nimmt Deutschland bei den wenigen internationalen Projekten eine Führungsposition ein. Dies dürfte eine Konsequenz besonders intensiver FuE-Anstrengungen sein, die eine Reaktion auf Mitte der 80er Jahre diagnostizierte erhebliche FuE-Defizite waren.

Neben den beiden zusammenhängenden Gebieten (Anwendungen der Informationstechnik, Biotechnologie) gibt es einige weitere erwähnenswerte Einzelbeispiele. So ist beispielsweise die *Lasertechnik* von einer starken internationalen Konkurrenzsituation geprägt, bei der eine Arbeitsteilung nur schwach etabliert ist (Ausnahme: EUREKA-Projekte in Europa). Es ist nicht zu erwarten, daß bei der Lasertechnik Deutschland in jedem Fall eine besondere Rolle einnehmen kann, zu stark ist Japan im Bereich der Kommunikation und sind die USA bei Spezialsystemen und in der Kommunikation. In zukünftig relevanten Einzelbereichen der Lasertechnik (z. B. Umweltmeßtechnik, Schadstoffanalytik) kommt Deutschland jedoch eine Vorreiterrolle in besonderem Maße zu. Desweiteren wird verwiesen auf die Situation in der *Fertigungstechnik* (für Mikro- und Nanotechnik und neue Werkstoffe etwa).

6.9 Schlüsselcharakter

Ein spezieller Schlüsselcharakter wird einer neuen Technologie dann zugedacht, wenn eine querschnittsorientierte technische Leistungscharakteristik mit vermutlich großer Anwendungsbreite zu erwarten ist und der Technologie grundlegende Durchbrüche gelingen dürften. Ein Schlüsselcharakter liegt also vor, wenn die entsprechende Technologie wesentliche Voraussetzung zur Erschließung breiterer Technikfelder oder neuer Anwendungen im Sinne einer Initialfunktion zukommt. Das Kriterium des Schlüsselcharakters ist nicht zu verwechseln mit dem der ökonomischen Durchdringung (siehe den folgenden Abschnitt), sondern bezieht sich auf die technologischen Aspekte. Mit der Diskussion des Schlüsselcharakters wird der Bereich der Rahmenbedingungen verlassen und der Teil der Kriterienliste eröffnet, der sich den Lösungsbeiträgen zuwendet, also zukunftsgerichtet ist und weniger auf die gegenwärtige Situation abzielt. Das Vorliegen eines ausgeprägten Schlüsselcharakters wird qualitativ beurteilt, ein entsprechendes Negativkriterium gibt es nicht. Kommt einem Themenbereich keine spezielle Schlüsselfunktion zu, so wird es als unspezifisch oder schwierig zu beurteilen eingestuft.

Abbildung 40 zeigt deutlich, daß praktisch alle untersuchten Themenbereiche einen ausgeprägten Schlüsselcharakter haben. Dies ist nicht erstaunlich, denn dementsprechend wurden sie ausgewählt. Bei der Festlegung und Verdichtung der Themenliste spielte der Gesichtspunkt der starken Befruchtung anderer technologischer und Anwendungsbereiche bereits eine bestimmende Rolle, so daß es am Ende des Auswahlprozesses nicht mehr überraschen kann, wenn praktisch allen Themen das entsprechende Merkmal zugeordnet wird. Das Kriterium Schlüsselcharakter ist also kaum differenziert zu gebrauchen; praktisch die gesamte Technologie am Beginn des 21. Jahrhunderts trägt Schlüsselcharakter.

Umso bemerkenswerter sind einige Ausnahmen. Eng umgrenzte Themenbereiche brauchen dabei an dieser Stelle nicht gesondert diskutiert zu werden, vielmehr ist es interessant, einen Blick auf stark in der Diskussion befindliche Komplexe zu werfen, und zu fragen, inwieweit sie das Merkmal des Schlüsselcharakters nicht erfüllen.

Bei der Technologieentwicklung im 21. Jahrhundert wird in bestimmten Bereichen die Entwicklung zu immer kleineren Dimensionen voranschreiten. Im Bereich der Informationsverarbeitung wird sich eine Nanotechnologie entwickeln. Dabei und bei der Halbleiter- und Molekularelektronik wird *"Single Electron Tunneling"* erfolgreiche Anwendungen finden. SET ist in einem sehr frühen Stadium; es werden Erkenntnisgewinne erwartet. Ob sich daraus mittelfristig eine Schlüssel*technologie* entwickelt, ist noch nicht konkret absehbar.

Abbildung 40: Schlüsselcharakter als Lösungsbeitrag der Technologie am Beginn des 21. Jahrhunderts (ausgeprägter Schlüsselcharakter oder unspezifische Situation).

Gebiet/Thema (Kurzbezeichnung)	Wertung	Gebiet/Thema (Kurzbezeichnung)	Wertung
Neue Werkstoffe		Telekommunikation	✔
Hochleistungskeramik	✔	Breitbandkommunikation	✔
Hochleistungspolymere	✔	Photonische Digitaltechnik	✔
Hochleistungsmetalle	✔	Hochauflösendes Fernsehen, U-Elektronik	✔
Funktionelle Gradientenwerkstoffe	✔	Optische Rechner	
Energetische Werkstoffe	✔	***Mikrosystemtechnik***	✔
Organische Materialien magnetisch		Mikroaktorik	✔
Organische Materialien elektrisch	✔	Signalverarbeitung für MST	✔
Oberflächen- & Dünnschichttechnik	✔	Mikrosensorik	✔
Oberflächenwerkstoffe	✔	Aufbau- & Verbindungstechnik	✔
Diamantschichten & -filme	✔	***Software & Simulation***	
Molekulare Oberflächen	✔	Software	✔
Nichtklassische Chemie	✔	Modellbildung & Simulation	✔
Mesoskopische Polymersysteme		Molecular Modelling	✔
Organisierte supramolekulare Systeme	✔	Bioinformatik	✔
Cluster		Werkstoffsimulation	✔
Adaptronik	✔	Nichtlineare Dynamik	✔
Multifunktionale Werkstoffe	✔	Simulation in der Fertigungstechnik	✔
Leichtbauwerkstoffe	✔	Künstliche Intelligenz	
Verbundwerkstoffe	✔	Unscharfe Logik	✔
Aerogele		Datensicherheit in Netzen	✔
Fullerene	✔	***Molekularelektronik***	✔
Materialsynthese in der Gebrauchsform	✔	Bioelektronik	✔
Implantatmaterialien	✔	Biosensorik	✔
Fertigungsverfahren für neue Werkstoffe	✔	Neurobiologie	✔
Nanotechnologie	✔	Neuroinformatik	✔
Nanoelektronik	✔	***Zell-Biotechnologie***	✔
Single-Electron-Tunneling		Molekulare Biotechnologie	✔
Nanowerkstoffe	✔	Biomedizin	
Fertigungsverfahren Mikro/Nanotechnik	✔	Katalyse & Biokatalyse	✔
Mikroelektronik	✔	Biologische Produktionssysteme	✔
Informationsspeicherung	✔	Bionik	
Signalverarbeitung	✔	Biomimetische Werkstoffe	✔
Mikroelektronik-Werkstoffe	✔	Biologische Wasserstoffgewinnung	✔
Hochgeschwindigkeitselektronik	✔	Nachwachsende Wirk- & Werkstoffe	✔
Plasmatechnologie	✔	Umweltbiotechnologie	
Supraleitung	✔	Pflanzenzüchtung & -schutz	
Hochtemperaturelektronik	✔	***Produktions- & Managementtechnik***	
Photonik	✔	Managementtechniken & Personalführung	✔
Optoelektronik	✔	Modellbildung für die Produktion	✔
Photonische Werkstoffe	✔	Fertigungsleittechnik	
Lasertechnik	✔	Produktionslogistik	✔
Display, flacher Bildschirm	✔	Umwelt- & ressourcenschonende Produktion	✔
Leuchtendes Silizium		Forschungsgebiet Verhaltensbiologie	
		Ethik in Forschung & Technologie	

Auch die ***Bionik*** weist im Bereich der Anwendungsmöglichkeiten eine praktisch vollständige Überlappung mit konkurrierenden Disziplinen auf. Ob sich nun im Einzelfall die "klassische" oder die bionische Vorgehensweise als erfolgreicher herausstellen wird, läßt sich nicht von vorneherein entscheiden, einzig das Ergebnis kann hier Maßstab sein. Innerhalb einzelner Disziplinen konnte die Bionik ihren Schlüsselcharakter bei der Entwicklung neuer Technologie jedoch bereits bestätigen, sie ist aber nicht insgesamt als Schlüsseltechnologie einzustufen. Ebenso stellt die ***Umweltbiotechnologie*** keine Voraussetzung zur Erschließung breiter Technikfelder dar, sondern befaßt sich mit der Entwicklung von biotechnologisch orientierten Methoden und Verfahren zur Umweltentlastung.

Im Bereich der Rechneranwendungen der Zukunft ergeben sich ähnliche Einstufungsprobleme. So werden beispielsweise die Methoden der ***künstlichen Intelligenz*** in den nächsten Jahren in viele Anwendungsfelder einfließen und die konventionelle Systementwicklung immer stärker prägen. Ob man die entsprechenden Methoden in ihrer Gesamtheit als Schlüsseltechnologie (wie hier geschehen) bezeichnen sollte, bleibt dabei dahingestellt. Ebenso steht die wirtschaftliche Durchdringung der ***Hochleistungsrechner*** ohne Zweifel fest (siehe nächsten Abschnitt). Eine Vielzahl von Anforderungen im Bereich der Forschung wie der Produktion sind ohne Hochleistungsrechner nicht erfüllbar. Es gibt viele Bereiche von öffentlichem Interesse, z. B. in der Umwelt- und Klimaforschung, bei denen globale oder sehr große Systeme ohne Hochleistungsrechner nicht modelliert werden können. Dennoch ist es schon sprachlich nicht ganz leicht, Rechner als "Technologie" einzustufen (nichtsdestoweniger auch hier die Kennzeichnung als "Schlüsseltechnologie").

Insgesamt zeigt sich, daß das Relevanzkriterium des Schlüsselcharakters letztlich auf Definitionsprobleme führt; ein nicht mehr wegzudenkendes Werkzeug für viele Anwendungen mag unersetzlich sein, vom technologischen Charakter kommt das Merkmal "Schlüssel" der Sache aber nicht näher. Insofern kann man mit Fug und Recht feststellen, daß das Kriterium keine Unterscheidung zwischen den Themen dieser Studie zuläßt. Die Gesamtheit der Technologie am Beginn des 21. Jahrhunderts trägt den Charakter der Schlüsseltechnologie; wenn aus definitorischen Gründen einzelne Themen an diesem Kriterium nicht vernünftig gemessen werden können, kann dies in keinem Fall ein Negativmerkmal sein.

6.10 Durchdringung

In der Auswahl der in diesem Bericht behandelten Themen war es bereits angelegt, diejenigen technischen Entwicklungen aufzunehmen, die ein breite wirtschaftliche Nutzung versprechen. Das Durchdringen vieler oder fast aller Wirtschaftssektoren steht daher für die meisten der untersuchten Gebiete zu erwarten. Dennoch wird mit dem Relevanzkriterium

Durchdringung noch einmal systematisch geprüft, ob neben der technologischen Breitenwirkung (siehe oben bei Schlüsselcharakter) auf der Anwendungsseite tatsächlich viele Wirtschaftszweige betroffen sein werden oder ob die Anwendung sich in einem oder in wenigen Wirtschaftszweigen abspielt. Die qualitative Feststellung großer wirtschaftlicher Durchdringung ist nicht von vorneherein positiv zu werten. Auch bei Nutzung in nur wenigen Sektoren kann eine technologische Neuerung für diese betroffenen Wirtschaftszweige enorme Folgen haben. Die Durchdringung des gesamten Wirtschaftslebens durch neue Technologie weist vielmehr ambivalent immer auch auf organisatorische Probleme hin, die im Verschwinden oder Entstehen neuer Industrien, in neuen Konkurrenzsituationen, in neuen Anforderungen an die Warendistribution und die Rekrutierung qualifizierten Personals usw. liegen. Dem Kriterium Durchdringung kann man nur mit zwei qualitativen Einstufungen gerecht werden.

In Abbildung 41 ist eine besonders breite Durchdringung vieler Wirtschaftszweige gekennzeichnet, während eine unspezifische oder nicht näher abschätzbare Situation blaß markiert wurde. Darunter fallen also technische Entwicklungen, die im wesentlichen in einem Wirtschaftszweig beheimatet sein werden. Die Abbildung verdeutlicht, daß fast die gesamte Technologie am Beginn des 21. Jahrhunderts "diffus" sein wird und viele Wirtschaftszweige beschäftigen dürfte. Dies ist nicht erstaunlich, floß das Kriterium doch in der Praxis bereits in die Auswahl der näher untersuchten Themen ein. Spezialthemen mit präzise lokalisierbarer wirtschaftlicher Anwendung wurden eigentlich ausgespart. Insofern kann es als gut bestätigt gelten, daß nach der Durcharbeitung der Themengebiete das Auswahlkriterium "breite Bedeutung für die Wirtschaft" in praktisch allen Fällen auch tatsächlich erfüllt ist.

Es lohnt sich, die wenigen unspezifischen Situationen genauer zu betrachten, die eine gewisse Häufung im Bereich der Zellbiotechnologie zu haben scheinen. Zunächst soll jedoch beispielhaft die Supraleitung erwähnt werden. Technologisch ist die *Supraleitung* sicherlich revolutionär, bezüglich der Fertigung konkreter Teile dürfte sich das Herstellen supraleitender Komponenten aber doch im Bereich der Elektrotechnik, der Feinmechanik und der Optik lokalisieren lassen. Auch ist es wahrscheinlich, daß nur relativ wenige Dienstleistungssektoren mit dieser Technik umgehen können. Dasselbe dürfte für das *leuchtende Silizium* zutreffen und ebenso für *organische Materialien mit besonderen magnetischen Eigenschaften*. Das Thema *Werkstoffe der Mikroelektronik* ist von vorneherein so ausgesucht worden, daß man unter der Fülle der werkstofftechnischen Möglichkeiten diejenigen mit Anwendungen in der Mikroelektronik besonders betrachtet. Die Durchdringung des Wirtschaftslebens durch mikroelektronische Komponenten und Bauteile ist unbezweifelbar, mit ihnen werden die Werkstoffe verbreitet. Dennoch wird sich nur diejenige Industrie mit den neuen

Abbildung 41: **Zukünftige Durchdringung der Wirtschaftszweige bei Einführung der Technologie am Beginn des 21. Jahrhunderts (qualitativ hohes Maß an wirtschaftlicher Durchdringung bzw. unspezifische oder nicht näher abschätzbare Situation).**

Gebiet/Thema (Kurzbezeichnung)	Wertung	Gebiet/Thema (Kurzbezeichnung)	Wertung
Neue Werkstoffe		Telekommunikation	✔
Hochleistungskeramik	✔	Breitbandkommunikation	✔
Hochleistungspolymere	✔	Photonische Digitaltechnik	✔
Hochleistungsmetalle	✔	Hochauflösendes Fernsehen, U-Elektronik	✔
Funktionelle Gradientenwerkstoffe	✔	Optische Rechner	✔
Energetische Werkstoffe	✔	***Mikrosystemtechnik***	✔
Organische Materialien magnetisch		Mikroaktorik	✔
Organische Materialien elektrisch	✔	Signalverarbeitung für MST	✔
Oberflächen- & Dünnschichttechnik	✔	Mikrosensorik	✔
Oberflächenwerkstoffe	✔	Aufbau- & Verbindungstechnik	✔
Diamantschichten & -filme	✔	***Software & Simulation***	
Molekulare Oberflächen	✔	Software	✔
Nichtklassische Chemie	✔	Modellbildung & Simulation	✔
Mesoskopische Polymersysteme	✔	Molecular Modelling	✔
Organisierte supramolekulare Systeme	✔	Bioinformatik	✔
Cluster	✔	Werkstoffsimulation	✔
Adaptronik	✔	Nichtlineare Dynamik	✔
Multifunktionale Werkstoffe	✔	Simulation in der Fertigungstechnik	✔
Leichtbauwerkstoffe	✔	Künstliche Intelligenz	✔
Verbundwerkstoffe	✔	Unscharfe Logik	✔
Aerogele	✔	Datensicherheit in Netzen	✔
Fullerene	✔	***Molekularelektronik***	
Materialsynthese in der Gebrauchsform	✔	Bioelektronik	✔
Implantatmaterialien		Biosensorik	✔
Fertigungsverfahren für neue Werkstoffe	✔	Neurobiologie	
Nanotechnologie	✔	Neuroinformatik	✔
Nanoelektronik	✔	***Zell-Biotechnologie***	✔
Single-Electron-Tunneling	✔	Molekulare Biotechnologie	✔
Nanowerkstoffe	✔	Biomedizin	
Fertigungsverfahren Mikro/Nanotechnik	✔	Katalyse & Biokatalyse	✔
Mikroelektronik	✔	Biologische Produktionssysteme	✔
Informationsspeicherung	✔	Bionik	✔
Signalverarbeitung	✔	Biomimetische Werkstoffe	✔
Mikroelektronik-Werkstoffe		Biologische Wasserstoffgewinnung	
Hochgeschwindigkeitselektronik	✔	Nachwachsende Wirk- & Werkstoffe	✔
Plasmatechnologie	✔	Umweltbiotechnologie	✔
Supraleitung		Pflanzenzüchtung & -schutz	
Hochtemperaturelektronik	✔	***Produktions- & Managementtechnik***	
Photonik	✔	Managementtechniken & Personalführung	✔
Optoelektronik	✔	Modellbildung für die Produktion	✔
Photonische Werkstoffe	✔	Fertigungsleittechnik	✔
Lasertechnik	✔	Produktionslogistik	✔
Display, flacher Bildschirm	✔	Umwelt- & ressourcenschonende Produktion	✔
Leuchtendes Silizium		Forschungsgebiet Verhaltensbiologie	✔
		Ethik in Forschung & Technologie	✔

Mikroelektronik-Werkstoffen beschäftigen müssen, welche mikroelektronische Bauelemente fertigt und entsprechende Hersteller beliefert.

Für den Bereich der Biotechnologie gilt, daß die neuen technologischen Möglichkeiten zunächst innerhalb der Biotechnologie und verwandter Wirtschaftszweige eine breite Durchdringung erfahren, die übrigen Sektoren jedoch bis zum Beginn des 21. Jahrhunderts vermutlich nur gering betroffen sein werden. Für Chemie, Pharmaindustrie, Landwirtschaft und verwandte Wirtschaftszweige sowie (mit Abstrichen) auch für die Holz-, Papier-, Leder-, Textil- und Nahrungsmittelindustrie ist sie allerdings die zentrale Herausforderung. Dies trifft z. B. für den *Pflanzenschutz* zu, während von der *biologischen Wasserstoffgewinnung* außer den chemisch-biologischen Sektoren noch der Energiedienstleistungssektor betroffen sein wird (entwicklungsseitig wird die Biologie von vielen anderen Wissenschaften befruchtet, dies steht hier aber nicht zur Debatte). Neben Chemie und Biotechnologie werden sich die *Biomedizin* und die *Implantatmaterialien* im Gesundheitswesen verankern, aber vermutlich nicht in vielen anderen Sektoren.

Interessant ist zu werten, daß Themen wie die *Molekularelektronik* und die *Neurobiologie* als unauffällig bezüglich wirtschaftlicher Durchdringung eingestuft werden. Im Falle der Molekularelektronik liegt dies daran, daß am Beginn des 21. Jahrhunderts (nur dieser Zeitraum wird hier betrachtet) die Anwendungen hauptsächlich in der Informationstechnik realisiert werden, so daß zuerst und kurzfristig nur eine geringe Diffusion zu erwarten ist. Dies wird sich erst langfristig ändern. Auch in der Neurobiologie ist wegen der hohen Spezialität eine breite Durchdringung verschiedener Wirtschaftssektoren im Zeitraum der nächsten zehn Jahre nicht zu erwarten. Enge Verflechtungen bestehen zum Bereich Medizin, zur Pharmaindustrie und zur Informationstechnik.

Die insgesamt skeptische Beurteilung der wirtschaftlichen Durchdringung biotechnologischer Methoden in Deutschland in den nächsten zehn Jahren gibt ingesamt doch zu denken. Sind hierfür wirklich die besonderen hier ausgeführten technologischen Aspekte entscheidend, oder liegt dies am unterstellten innovationsstrategischen Verhalten der deutschen Unternehmen? Aus der deutschen Forschungsstatistik abgeleitete Untersuchungen liegen vor, nach denen die "Reorientierung" der FuE in Deutschland hin zu anderen als den angestammten Bereichen vergleichsweise eng verläuft und nur die unmittelbar benachbarten Sektoren betrifft. In den USA und vor allem Japan greift sie wesentlich weiter. Die Generalaussage, daß die Technologie am Beginn des 21. Jahrhunderts fast durchgängig breit auf viele Wirtschaftsbereiche einwirken wird, kann insgesamt wohl doch uneingeschränkt aufrecht erhalten werden.

6.11 Wirtschaftsstruktur

Unter dem Relevanzkriterium Wirtschaftsstruktur wird gefragt, ob die neue Technologie die Leistungsfähigkeit der wirtschaftlichen (Binnen-) Infrastruktur, insbesondere auch im Hinblick auf Handwerk und Mittelstand, grundlegend verbessern kann oder in bezug auf die gegebene deutsche Wirtschaftsstruktur als neutral eingeschätzt wird. Es ist ein anerkanntes Förderkriterium der öffentlichen Hand, nach dem Subsidiaritätsprinzip kleine und mittlere Unternehmen besonders zu unterstützen. Ein selektiver Einfluß neuer Technologie auf die Wirtschaftsstruktur, z. B. eine Beteiligung überwiegend nur von Großunternehmen ist daher in der Tat ein für diese Technologie relevantes Kriterium. So wird gefragt, ob die einzelnen Themenbereiche vorwiegend und häufig auch für mittelständische Unternehmen und kleinere Betriebe mit herkömmlichen Produkten etwas Neues bieten können. Dieses Kriterium wird nur in zwei Qualitäten gesehen, in denen gefragt wird, ob die neue Technologie sich im obigen Sinne auf die deutsche Wirtschaftsstruktur günstig auswirkt oder daran gemessen unspezifisch bzw. schwer einschätzbar ist. Ein analoges Negativkriterium, so hat die Durchsicht der einzelnen Einschätzungen gezeigt, läßt sich schwer formulieren.

Abbildung 42 zeigt, daß, anders als bei der wirtschaftlichen Durchdringung, der Einfluß auf die Wirtschaftsstruktur sehr unterschiedlich gesehen wird. Es kann keinesfalls von einem allgemeinen Muster der Technologie am Beginn des 21. Jahrhunderts ausgegangen werden, vielmehr gibt es nur ausgewählte Themenbereiche mit günstiger Einwirkung auf die zukünftige Wirtschaftsstruktur. Abbildung 42 verdeutlicht insbesondere, daß der Mittelstand bei fast allen Anwendungsthemen gute Chancen hat. Greifen wir nur wenige heraus und verweisen auf die besonderen Chancen im Grenzbereich zwischen Softwareanwendung, Management und Fertigung. Durch geeignete Modellbildung, die Realisierung entsprechender Schnittstellen und den Einsatz neuer Netzwerktechnologien wird die Leistungsfähigkeit der Wirtschaft insgesamt verbessert (Thema: ***Modellbildung, Schnittstellen, Informationsnetzwerke für die Produktion***). Auswirkungen auf kleine und mittlere Unternehmen sind vor allem wegen ihrer Anbindung an große Unternehmen als Zulieferer zu erwarten. Dies gilt sowohl für das Produzierende Gewerbe als auch für den Dienstleistungsbereich. Auch die Weiterentwicklung der ***Produktionslogistik*** wird einen erheblichen Einfluß auf die Neugestaltung der Beziehungen zwischen Zulieferern und Herstellern, aber auch der firmeninternen Kunden-Lieferanten-Beziehungen haben. Gegenwärtig sind diese Beziehungen häufig durch starke Abhängigkeiten und engste Zeit- und Kostenvorgaben gekennzeichnet. Dies stellt gesamtwirtschaftlich keine optimale Situation dar. Eine Verbesserung kann nur durch ein partnerschaftliches Verhältnis mit System- und Unterlieferanten erreicht werden. Wird von einer benutzerfreundlichen Gestaltung der ***Simulationssysteme in der Fertigungstechnik*** ausgegangen, so werden nicht nur Großunternehmen, die über ausgebildete Fachleute verfügen, profitieren, sondern gleichermaßen auch mittlere und kleine Unternehmen. Über-

Abbildung 42: **Zukünftiger Einfluß auf die Wirtschaftsstruktur als Lösungsbeitrag der Technologie am Beginn des 21. Jahrhunderts (günstiger Einfluß; die übrigen Themen kennzeichnen eine unspezifische oder nicht näher bestimmbare Situation).**

Gebiet/Thema (Kurzbezeichnung)	Wertung	Gebiet/Thema (Kurzbezeichnung)	Wertung
Neue Werkstoffe		Telekommunikation	✔
Hochleistungskeramik	✔	Breitbandkommunikation	✔
Hochleistungspolymere	✔	Photonische Digitaltechnik	✔
Hochleistungsmetalle	✔	Hochauflösendes Fernsehen, U-Elektronik	✔
Funktionelle Gradientenwerkstoffe	✔	Optische Rechner	✔
Energetische Werkstoffe		***Mikrosystemtechnik***	✔
Organische Materialien magnetisch		Mikroaktorik	✔
Organische Materialien elektrisch	✔	Signalverarbeitung für MST	✔
Oberflächen- & Dünnschichttechnik	✔	Mikrosensorik	✔
Oberflächenwerkstoffe	✔	Aufbau- & Verbindungstechnik	✔
Diamantschichten & -filme	✔	***Software & Simulation***	
Molekulare Oberflächen		Software	✔
Nichtklassische Chemie		Modellbildung & Simulation	✔
Mesoskopische Polymersysteme		Molecular Modelling	
Organisierte supramolekulare Systeme		Bioinformatik	✔
Cluster		Werkstoffsimulation	✔
Adaptronik	✔	Nichtlineare Dynamik	
Multifunktionale Werkstoffe		Simulation in der Fertigungstechnik	✔
Leichtbauwerkstoffe		Künstliche Intelligenz	✔
Verbundwerkstoffe	✔	Unscharfe Logik	✔
Aerogele		Datensicherheit in Netzen	
Fullerene		***Molekularelektronik***	
Materialsynthese in der Gebrauchsform	✔	Bioelektronik	✔
Implantatmaterialien	✔	Biosensorik	✔
Fertigungsverfahren für neue Werkstoffe		Neurobiologie	
Nanotechnologie		Neuroinformatik	
Nanoelektronik	✔	***Zell-Biotechnologie***	
Single-Electron-Tunneling		Molekulare Biotechnologie	✔
Nanowerkstoffe		Biomedizin	✔
Fertigungsverfahren Mikro/Nanotechnik	✔	Katalyse & Biokatalyse	
Mikroelektronik	✔	Biologische Produktionssysteme	
Informationsspeicherung	✔	Bionik	
Signalverarbeitung	✔	Biomimetische Werkstoffe	
Mikroelektronik-Werkstoffe		Biologische Wasserstoffgewinnung	✔
Hochgeschwindigkeitselektronik	✔	Nachwachsende Wirk- & Werkstoffe	✔
Plasmatechnologie		Umweltbiotechnologie	✔
Supraleitung		Pflanzenzüchtung & -schutz	✔
Hochtemperaturelektronik		***Produktions- & Managementtechnik***	
Photonik	✔	Managementtechniken & Personalführung	✔
Optoelektronik		Modellbildung für die Produktion	✔
Photonische Werkstoffe	✔	Fertigungsleittechnik	✔
Lasertechnik	✔	Produktionslogistik	✔
Display, flacher Bildschirm		Umwelt- & ressourcenschonende Produktion	✔
Leuchtendes Silizium	✔	Forschungsgebiet Verhaltensbiologie	
		Ethik in Forschung & Technologie	

haupt gilt für den gesamten *softwaregestützten Bereich*, daß hier in Technikentwicklung und -anwendung eine große Wirtschaftskonzentration nicht zu erwarten ist.

Ein Blick auf Abbildung 42 macht dies deutlich und ebenso, daß die Bereiche *Mikrosystemtechnik*, *Mikroelektronik* und *Photonik* im Hinblick auf die zukünftige Wirtschaftsstruktur eher günstig eingeschätzt werden, während Großunternehmen im Bereich der Werkstoffe weiterhin dominieren dürften (es gibt einige Ausnahmen; siehe Abbildung 42). Es mag gerade im Bereich der Mikroelektronik verwundern, daß eine solche Einschätzung getroffen wird, denn die gegenwärtige Diskussion wird so geführt, daß man nur ganz wenige international verflochtene Konzerne und ihren Wettstreit wahrnimmt. An der weiteren Entwicklung der Mikroelektronik von der Herstellung bis zur Anwendung von Bauelementen werden aber sowohl Großunternehmen als auch mittelständische Unternehmen beteiligt sein. Spezielle Aufmerksamkeit gilt der Anwendung der Mikroelektronik durch Mittelständler im ASIC-Bereich. Auch im Bereich der Ausrüstungen der Mikroelektronik spielen mittelständische Unternehmen eine Rolle und erfordern wegen des großen Innovationsaufwands und des teilweise begrenzten Marktsegments besondere Aufmerksamkeit. Entsprechendes gilt für Mikrosystemtechnik und Photonik als Oberbegriffe.

Wegen der schwierigen Rahmenbedingungen im Hinblick auf gesetzliche Auflagen dürfte der von der *Gentechnik* bestimmte Teil der modernen Biotechnologie vom Handwerk nicht ohne weiteres beherrschbar sein. Mittelständische Unternehmen finden zum Teil gute ökologische Nischen. Dies gilt im Prinzip auch für die *biologische Wasserstoffgewinnung*, die teilweise ebenfalls gentechnische Methoden erprobt. Hier kann insgesamt jedoch eine positive Einschätzung getroffen werden, da durch eine langfristige Umstellung der gesamten Energiewirtschaft sehr starke Sekundäreffekte ausgelöst werden können, welche die herkömmlichen Versorger zurückdrängt (Kohle- und Erdölindustrie). Insbesondere für solche biotechnischen Anwendungen, die nicht direkt auf der Gentechnik aufbauen, werden positive Effekte erwartet. Die *nachwachsenden Wirk- und Werkstoffe* beispielsweise können bei einem breiten Einsatz die Wirtschaftsstruktur grundlegend ändern. Die herkömmlichen Zweige, die z. B. auf der Nutzung fossiler Rohstoffe beruhen, werden dabei stark reduziert werden und neue, z. B. für die Herstellung von Verpackungsmaterial, werden sich ausweiten bzw. entstehen.

Im Teilbereich *Bioelektronik* zeigen die erwarteten Effekte auf die Wirtschaftsstruktur überraschende Parallelen zur Technologie selbst: Die Vorgehensweise der Bioelektronik ist prinzipiell induktiv, d. h. ausgehend von (bio)molekularen Bausteinen werden elektronische Funktionssysteme konstruiert. Die herkömmliche Vorgehensweise bei *Mikroelektronikwerkstoffen* geht dagegen deduktiv von "großen" Siliziumblöcken aus und erzeugt hieraus (beispielsweise durch lithographische Techniken) Mikrostrukturen. Analog zu diesen technikimmanenten Unterschieden erwartet man, daß die zur Beherrschung der Bioelektronik erforderliche Flexibilität vor allem von kleinen und mittleren Unternehmen ("molekularen Einheiten") gewährleistet werden kann, wogegen die herkömmliche Siliziumtechnologie eine Domäne der Großunternehmen ist.

6.12 Marktgröße und Wettbewerbsfähigkeit

Im Zentrum des Interesses der meisten ausländischen Studien (siehe Kapitel 2) stand als alleiniges oder vorherrschendes Kriterium zur Beurteilung der kritischen Technologie die zukünftige Wettbewerbsfähigkeit bzw. das zu erwartende Marktvolumen. Obgleich den Effekten neuer Technologie auf die Wettbewerbsfähigkeit eine ungeteilte Aufmerksamkeit geschenkt werden muß, wird es in der vorliegenden Arbeit dennoch für richtig gehalten, dieses Kriterium nur als eines unter mehreren zu sehen, wobei über Gewichtungen und Präferenzen zwischen den einzelnen Kriterien schwer zu entscheiden ist.

An dieser Stelle wird also geprüft, ob die technische Entwicklungslinie voraussichtlich einen bedeutenden Wettbewerbsvorteil im Bereich der OECD-Länder oder gegenüber wichtigen Schwellenländern in Südostasien erhält oder schafft, und zweitens, ob das zugehörige Marktpotential national und international zukünftig besonders große Ausmaße annehmen wird. Ein Wettbewerbsvorteil in einer kleinen Marktnische hat naturgemäß nicht die Bedeutung wie in den großen Zukunftsmärkten. Deshalb müssen die beiden Aspekte Marktgröße und internationale Wettbewerbsfähigkeit im Zusammenhang gesehen werden. Oft sind hohe und weiter wachsende Entwicklungskosten nur dann aufzufangen, wenn hinreichend große Märkte entstehen. Diese können sich in vielen Fällen und in den meisten Ländern innerhalb der eigenen Grenzen gar nicht bilden.

Dieses Kriterium darf nicht mit der Beurteilung der gegenwärtigen Wettbewerbsposition der zuständigen Industrie verwechselt werden, die unter den Kriterien zu den Rahmenbedingungen diskutiert wurde. Hier geht es darum, wie das durch deutsche Unternehmen voraussichtlich erschließbare Weltmarktvolumen eingeschätzt wird. Das Kriterium wird unter zwei qualitativen Aspekten betrachtet, nämlich ob ein großer Markt zu erwarten ist, für den sich das Beherrschen der neuen Technologie auszahlt, oder ob das technische Einzelthema gegenüber diesem Kriterium eher unspezifisch eingeschätzt wird (z. B. dann, wenn das Marktsegment auch bei guter Wettbewerbsposition nur begrenzt ist).

Abbildung 43 verdeutlicht, daß das Kriterium Marktgröße und Wettbewerbsfähigkeit sehr wohl differenziert gesehen wird. Es ist keinesfalls so, daß alle wichtigen Zukunftstechnologien gleichzeitig große Märkte nach sich ziehen werden. Allerdings ergibt sich aus Abbildung 43 doch, daß in der deutlichen Mehrzahl der Fälle Wettbewerbsposition oder Marktgröße bzw. ihre Kombination als günstig eingeschätzt werden.

Betrachten wir einige Ausnahmen mit einer unspezifischen Situation. Solche treten gehäuft im Bereich der Werkstoffe auf. Was ist der Grund dafür? Bei der großen gegenwärtigen und zukünftigen Bedeutung der Mikroelektronik ist es auf den ersten Blick erstaunlich, daß die zugehörigen Werkstoffe bezüglich Marktvolumen und Wettbewerbsfähigkeit nicht besonders herausgehoben werden. Der Grund hierfür ist, daß die benötigten *Werkstoffmengen für die Mikroelektronik* sehr gering und für die restliche Elektronik klein sind. Da die Mikroelektronik das Niveau der fünf wichtigsten Industriezweige stark mitbestimmt, bilden diese kleinen Mengen zwar das Fundament für die Wettbewerbsfähigkeit der Mikroelektronik, stellen aber selbst nur einen kleinen Markt dar. Ebenfalls schwer abgrenzbar ist der zukünftige Markt für neue katalytische Verfahren. *Katalysatoren* sind zum Teil in hohem Maße an Wertschöpfungsprozessen beteiligt, ohne daß Katalysatoren selbst ein großes Marktpotential besitzen würden. Die Wettbewerbsfähigkeit der die neuen Katalysatoren herstellenden bzw. der einsetzenden Firmen ist in Deutschland gegeben, muß aber durch eine entsprechende Stärkung zielgerichteter Grundlagenforschung dauerhaft sichergestellt werden. Die Beherrschung zukünftiger Märkte im Bereich der Umwelttechnologie durch deutsche Unternehmen wird entscheidend vom frühzeitigen Aufgreifen neuer Entwicklungen der Katalysatorforschung abhängen. Auch wenn in die Nanotechnologie große Hoffnungen gesetzt werden, gilt - analog zur Mikroelektronik - daß die exakte Größe des Weltmarktes für *Nanowerkstoffe* noch nicht abzuschätzen ist. Unspezifisch muß auch die Situation bei *Werkstoffen für die energetische Umwandlung* eingeschätzt werden, obwohl die steigende Energienachfrage vornehmlich in Schwellenländern und nach umweltverträglicher Energie das Marktpotential noch vergrößern wird. Auch hier gilt, wie bei der Mikroelektronik, daß die benötigten Werkstoffmengen eher klein sind. Die nationale Wettbewerbsfähigkeit bezüglich der Werkstoffbereitstellung durch deutsche Firmen ist und bleibt jedoch mittelfristig ungünstig.

Einige weitere Themen, denen nicht unbedingt bereits am Beginn des 21. Jahrhunderts ein großes Marktpotential zugewiesen wird, sind im biotechnischen Bereich angesiedelt. So ist der Markt für *Bioinformatik* zwar sehr aufnahmefähig, wird aber zur Zeit von japanischen (vornehmlich durch Hardware) und amerikanischen (vornehmlich durch Software) Produkten beherrscht. Deutsche Produkte im Ausland abzusetzen, ist heute auf diesem Gebiet sehr schwierig. Insofern ist eine günstige Wettbewerbsposition nicht ohne weiteres zu erwarten. Die Marktsegmente, welche die *Zellbiotechnologie* bedienen kann, sind sehr heterogen, ihre Volumina nur sehr schwer abschätzbar. Der Marktanteil der Zuckerverbindungen im Be-

Abbildung 43: Zukünftige Marktgröße und Wettbewerbsfähigkeit als Lösungsbeitrag der Technologie am Beginn des 21. Jahrhunderts (großes Marktpotential bei wichtigem Einfluß der Technik auf die Wettbewerbsposition; die übrigen Themen kennzeichnen unspezifische Situationen oder verdeutlichen mangelnde Beurteilbarkeit).

Gebiet/Thema (Kurzbezeichnung)	Wertung	Gebiet/Thema (Kurzbezeichnung)	Wertung
Neue Werkstoffe		Telekommunikation	✔
Hochleistungskeramik	✔	Breitbandkommunikation	✔
Hochleistungspolymere	✔	Photonische Digitaltechnik	✔
Hochleistungsmetalle	✔	Hochauflösendes Fernsehen, U-Elektronik	✔
Funktionelle Gradientenwerkstoffe		Optische Rechner	✔
Energetische Werkstoffe		***Mikrosystemtechnik***	✔
Organische Materialien magnetisch	✔	Mikroaktorik	✔
Organische Materialien elektrisch	✔	Signalverarbeitung für MST	✔
Oberflächen- & Dünnschichttechnik	✔	Mikrosensorik	✔
Oberflächenwerkstoffe	✔	Aufbau- & Verbindungstechnik	✔
Diamantschichten & -filme	✔	***Software & Simulation***	
Molekulare Oberflächen		Software	✔
Nichtklassische Chemie		Modellbildung & Simulation	✔
Mesoskopische Polymersysteme		Molecular Modelling	
Organisierte supramolekulare Systeme		Bioinformatik	
Cluster		Werkstoffsimulation	
Adaptronik	✔	Nichtlineare Dynamik	
Multifunktionale Werkstoffe	✔	Simulation in der Fertigungstechnik	
Leichtbauwerkstoffe	✔	Künstliche Intelligenz	✔
Verbundwerkstoffe	✔	Unscharfe Logik	✔
Aerogele	✔	Datensicherheit in Netzen	✔
Fullerene		***Molekularelektronik***	✔
Materialsynthese in der Gebrauchsform		Bioelektronik	✔
Implantatmaterialien		Biosensorik	✔
Fertigungsverfahren für neue Werkstoffe	✔	Neurobiologie	✔
Nanotechnologie	✔	Neuroinformatik	✔
Nanoelektronik	✔	***Zell-Biotechnologie***	✔/
Single-Electron-Tunneling		Molekulare Biotechnologie	✔/
Nanowerkstoffe		Biomedizin	✔
Fertigungsverfahren Mikro/Nanotechnik		Katalyse & Biokatalyse	
Mikroelektronik	✔	Biologische Produktionssysteme	✔/
Informationsspeicherung		Bionik	✔
Signalverarbeitung	✔	Biomimetische Werkstoffe	
Mikroelektronik-Werkstoffe		Biologische Wasserstoffgewinnung	✔
Hochgeschwindigkeitselektronik	✔	Nachwachsende Wirk- & Werkstoffe	✔
Plasmatechnologie	✔	Umweltbiotechnologie	
Supraleitung		Pflanzenzüchtung & -schutz	
Hochtemperaturelektronik	✔	***Produktions- & Managementtechnik***	
Photonik	✔	Managementtechniken & Personalführung	
Optoelektronik	✔	Modellbildung für die Produktion	
Photonische Werkstoffe	✔	Fertigungsleittechnik	
Lasertechnik	✔	Produktionslogistik	✔
Display, flacher Bildschirm	✔	Umwelt- & ressourcenschonende Produktion	✔
Leuchtendes Silizium	✔	Forschungsgebiet Verhaltensbiologie	✔/
		Ethik in Forschung & Technologie	✔/

reich der Medizin ist z. B. in den letzten Jahren expontentiell gestiegen. Für die gesamte Biotechnologie wird für das Jahr 2000 der Weltmarkt auf DM 50 bis 80 Milliarden geschätzt. Dieses entspräche einer Verdreifachung innerhalb von 15 Jahren. Eine Vorhersage für die deutschen Anteile an diesem Weltmarkt ist zur Zeit jedoch kaum realistisch möglich. Die Heterogenität im Falle der zellbiotechnologischen und anderer biologischer Märkte wird in Abbildung 43 durch Dopplung der farblichen Unterlegung ausgedrückt. Beispielsweise haben auch Fragen der *Ethik* keinen "Markt", können aber, etwa im Falle der Gentechnik, die erreichbare zukünftige Marktgröße maßgeblich mitbestimmen.

6.13 Standort Europa

Gerade im Jahre 1993 spielt die Frage, welche Relevanz der Technikentwicklung in Europa zukommt, eine große Rolle. Unsicherheit herrscht über die Realisierungsgeschwindigkeit des Gemeinsamen Marktes und die Bedeutung der nationalen Standorte für Hochtechnologie in einem Vereinigten Europa. Es ist daher ein relevantes Kriterium zu fragen, ob die einzelne technologische Entwicklungslinie im Hinblick auf den Gemeinsamen Markt besonders bedeutsam ist. Wie werden sich die Situation des vereinten Deutschlands in Europa und die zu erwartenden internationalen Arbeitsteilungen im Sinne des Triade-Modells (USA, Japan, EG) herausbilden? Das Relevanzkriterium Standort Europa beurteilt die Wirkungen auf die Integration des Gemeinsamen Marktes und stellt bezüglich der technischen Themen die Frage z. B. nach der Existenz von EG-übergreifenden Forschungsverbünden. Dieses Kriterium darf nicht verwechselt werden mit der Frage nach den gegenwärtigen Wettbewerbspositionen (siehe oben unter Rahmenbedingungen, Abschnitt 6.6). Es werden zwei qualitative Kategorien gebildet, nämlich, ob aus der Technologie ein erheblicher Beitrag für den Standort Europa zu erwarten oder ob die Situation als unspezifisch einzustufen ist. Dies ist häufig deswegen der Fall, weil zum heutigen Zeitpunkt keine Aussage möglich ist.

Das Kriterium "Standort Europa" erweist sich gemäß Abbildung 44 als sehr differentiell. Die einzelnen Themen werden diesbezüglich ganz unterschiedlich eingeschätzt. Ein durchgängiges Muster ist nicht ohne weiteres zu erkennen, sieht man einmal davon ab, daß die Standardisierungsprobleme im *Gesamtbereich der Mikroelektronik* und der *informationstechnischen Anwendungen* nur gesamteuropäisch gelöst werden können. Dies ist vor dem Hintergrund der Standardisierungsbemühungen und der Auseinandersetzungen um Marktanteile zwischen den Triade-Mächten ohne weiteres verständlich und bedarf nicht der Erwähnung der einzelnen Bereiche. Eine weitere Häufung von positiv hervorgehobenen Auswirkungen auf den Standort Europa ist im Bereich der softwaregestützten Technologie und bei einigen Werkstoffen zu beobachten.

Einige Beispiele aus dem Werkstoffbereich. So hat Deutschland etwa auf dem Gebiet der *Cluster* in Europa die Leitfunktion inne. Eine Zusammenarbeit mit Großbritannien auf dem Gebiet der Pulvererzeugnisse und *Keramiken* würde den EG-Markt international stärken. Auch bei den *Fullerenen* bestehen zahlreiche internationale FuE-Aktivitäten und Kooperationen. Insbesondere auf dem Gebiet der Grundlagenforschung arbeiten viele europäische Partner zusammen. Auf dem Gebiet der *Hochleistungspolymere* sind in Europa mehrere große Unternehmen tätig. Eine Integrationswirkung bezüglich des gemeinsamen EG-Marktes könnte hier prägnant und beispielgebend sein. Es existieren auch bereits erste Aktivitäten in Form abgestimmter Forschungsvorhaben. Das hohe Marktpotential der *Leichtbauwerkstoffe* für die Luft- und Raumfahrt sowie die Verkehrstechnik inklusive der schienengebundenen Fahrzeuge bedingt die große Bedeutung des Leichtbaus insbesondere im Hinblick auf ein grenzenloses Europa mit hoher Verkehrsdichte. Die Beherrschung der Leichtbauweise ist eine Voraussetzung zur Stärkung der europäischen Flugzeugindustrie.

Auch die *Oberflächen- und Dünnschichttechnologien* sind im Hinblick auf den Gemeinsamen Markt von besonderer Bedeutung, da beim Oberflächenschutz der Produktionswertanteil Europas 50 % des Weltmarkts ausmacht. Innerhalb Europas ist Deutschland führend. Die führenden Anlagenbauer auf dem Weltmarkt kommen ebenfalls aus Europa. Aufgrund der Situation der mikroelektronischen und informationstechnischen Industrien in Europa gilt auch für *photonische und optoelektronischen Werkstoffe*, daß aufgrund steigender Kosten für immer perfektere Werkstoffe und der begrenzten Märkte für die Werkstoffe selbst eine Kooperation innerhalb Europas unverzichtbar ist. Auf dem Spezialthema der *organischen Materialien mit besonderen elektrischen Eigenschaften* gibt es zahlreiche internationale Aktivitäten. Auf europäischer Ebene hat Deutschland Kooperationen hauptsächlich mit Frankreich, den Niederlanden und Großbritannien. Forschungsverbünde im Bereich der *Verbundwerkstoffe* existieren EG-übergreifend (EUREKA). Daran sind in einigen Fällen Unternehmen verschiedener Industriezweige beteiligt (etwa Automobilindustrie mit der polymer- bzw. verbundwerkstoffherstellenden und -verarbeitenden Industrie).

Einige weitere Beispiele sollen noch angeführt werden. So wird etwa von der *Fertigungsleittechnik* ein wichtiger Beitrag zur Stärkung der Wettbewerbsfähigkeit der europäischen Unternehmen erwartet. Dieses Gebiet sollte europaweit gefördert werden, um die notwendigen Anpassungen an die unterschiedlichen nationalen Produktionsverhältnisse zu erleichtern. Der Bereich der *Simulation* und computerunterstützten *Modellbildung* ist eines der wenigen Gebiete im Umfeld der Informationstechnik, in dem Europa neben den USA den Spitzenplatz einnimmt, speziell beim Einsatz neuer Methoden. Bereits gegenwärtig ist die europäische Industrie und die europäische Forschungslandschaft sehr leistungsfähig. Wie für die Mikroelektronik ist auch für die *Nanoelektronik* ein europäisches Konzept unver-

Abbildung 44: Lösungsbeiträge für den Standort Europa bei Einführung der Technologie am Beginn des 21. Jahrhunderts (erheblicher Beitrag; die übrigen Themen kennzeichnen eine unspezifische Situation).

Gebiet/Thema (Kurzbezeichnung)	Wertung	Gebiet/Thema (Kurzbezeichnung)	Wertung
Neue Werkstoffe		Telekommunikation	✔
Hochleistungskeramik	✔	Breitbandkommunikation	✔
Hochleistungspolymere	✔	Photonische Digitaltechnik	
Hochleistungsmetalle	✔	Hochauflösendes Fernsehen, U-Elektronik	✔
Funktionelle Gradientenwerkstoffe		Optische Rechner	✔
Energetische Werkstoffe	✔	*Mikrosystemtechnik*	✔
Organische Materialien magnetisch		Mikroaktorik	✔
Organische Materialien elektrisch	✔	Signalverarbeitung für MST	✔
Oberflächen- & Dünnschichttechnik	✔	Mikrosensorik	
Oberflächenwerkstoffe	✔	Aufbau- & Verbindungstechnik	
Diamantschichten & -filme		*Software & Simulation*	
Molekulare Oberflächen		Software	✔
Nichtklassische Chemie		Modellbildung & Simulation	✔
Mesoskopische Polymersysteme		Molecular Modelling	
Organisierte supramolekulare Systeme		Bioinformatik	
Cluster	✔	Werkstoffsimulation	
Adaptronik		Nichtlineare Dynamik	
Multifunktionale Werkstoffe		Simulation in der Fertigungstechnik	✔
Leichtbauwerkstoffe	✔	Künstliche Intelligenz	
Verbundwerkstoffe	✔	Unscharfe Logik	✔
Aerogele		Datensicherheit in Netzen	✔
Fullerene	✔	*Molekularelektronik*	
Materialsynthese in der Gebrauchsform		Bioelektronik	
Implantatmaterialien	✔	Biosensorik	
Fertigungsverfahren für neue Werkstoffe	✔	Neurobiologie	
Nanotechnologie		Neuroinformatik	✔
Nanoelektronik	✔	*Zell-Biotechnologie*	✔
Single-Electron-Tunneling		Molekulare Biotechnologie	✔
Nanowerkstoffe		Biomedizin	✔
Fertigungsverfahren Mikro/Nanotechnik	✔	Katalyse & Biokatalyse	
Mikroelektronik	✔	Biologische Produktionssysteme	✔
Informationsspeicherung		Bionik	
Signalverarbeitung	✔	Biomimetische Werkstoffe	
Mikroelektronik-Werkstoffe	✔	Biologische Wasserstoffgewinnung	
Hochgeschwindigkeitselektronik		Nachwachsende Wirk- & Werkstoffe	
Plasmatechnologie		Umweltbiotechnologie	✔
Supraleitung	✔	Pflanzenzüchtung & -schutz	
Hochtemperaturelektronik		*Produktions- & Managementtechnik*	
Photonik	✔	Managementtechniken & Personalführung	
Optoelektronik	✔	Modellbildung für die Produktion	✔
Photonische Werkstoffe	✔	Fertigungsleittechnik	✔
Lasertechnik	✔	Produktionslogistik	✔
Display, flacher Bildschirm		Umwelt- & ressourcenschonende Produktion	
Leuchtendes Silizium		Forschungsgebiet Verhaltensbiologie	
		Ethik in Forschung & Technologie	✔

zichtbar. Eine Fortsetzung der Kooperation mit vorhandenen Kapazitäten, ähnlich wie im Jessi-Projekt begonnen, sollte gegeben sein. Schließlich soll auf die *Signalverarbeitung* hingewiesen werden, die anders als etwa der Bereich der Informationsspeicherung im Sinne einer Erschließung innovativer Anwendungsfelder für die Mikroelektronik gesamteuropäisch angegangen werden sollte. Unterschiedliche Industriestrukturen (wie z. B. kleine und mittlere Unternehmen in Deutschland, vorwiegend Großindustrie in Frankreich) erschweren noch den Aufbau übergreifender Strukturen vor allem bei der *Signalverarbeitung für die Mikrosystemtechnik.* Für die Zukunft kann deshalb eine stark verbesserte Abstimmung der nationalen Aktivitäten mit Projekten auf europäischer Ebene integrierende Wirkung für den Standort Europa haben.

Insgesamt zeigt sich, daß das zunächst etwas irritierende Thema "Neue Technologie und Standort Europa" eine tiefere Bedeutung haben kann. Viele Einzelentwicklungen innerhalb der Technologie des 21. Jahrhunderts sind bereits dermaßen europäisch verankert, daß ihr Vordringen bzw. das Eröffnen von kommerziellen Anwendungen die europäischen Karten neu mischen wird. Es kann deshalb nicht nachdrücklich genug auf die Bedeutung dieses Relevanzkriteriums hingewiesen werden.

6.14 Weltwirtschaftliche Abhängigkeit

Ausgehend von einer Betrachtung der Lösungsbeiträge für die Einigung Europas wird jetzt zu einer ähnlichen Betrachtung im Hinblick auf die weltwirtschaftliche Abhängigkeit übergegangen. Es wird gefragt, inwieweit wesentliche Beiträge zur Beseitigung unvertretbarer strategischer Abhängigkeiten im weltwirtschaftlichen Rahmen einschließlich der Abhängigkeit von beschränkten Ressourcen und die Überwindung von Lieferengpässen durch neue Technologie geleistet werden können. Wird ein besonderer Beitrag zur Beseitigung von strategischer Abhängigkeit gesehen, wird dies qualitativ hervorgehoben, in allen anderen Fällen erfolgt eine unspezifische Einstufung. Die internationalen Lösungsbeiträge durch neue Technologie werden dagegen nicht gesondert behandelt. Sie sind in den nachfolgenden Abschnitten zu den Lösungsbeiträgen im Bereich Gesundheit, sozialer Fortschritt und Umweltentlastung enthalten.

Fast die Hälfte aller technologischen Themen kann einen solchen besonderen Beitrag zur Beseitigung von strategischer Abhängigkeit leisten. Dabei kann der gesamte Bereich der *Informationstechnik* in einem behandelt werden, zu offen liegen die Abhängigkeiten auf dem Tisch. Dies gilt auch für die neuen Bereiche wie *Mikrosystemtechnik, Photonik* und *Nanotechnologie.* Die entsprechenden Anwendungen sind ebenso davon betroffen. Eine Verbesserung der technologischen und wirtschaftlichen Leistung Deutschlands und Europas kann fast in jedem Fall zu einer Milderung der Abhängigkeiten führen.

Abbildung 45: **Lösungsbeitrag zur Beseitigung von strategischer Abhängigkeit durch die Technologie am Beginn des 21. Jahrhunderts (erheblicher Beitrag; die übrigen Themen kennzeichnen eine unspezifische Situation).**

Gebiet/Thema (Kurzbezeichnung)	Wertung	Gebiet/Thema (Kurzbezeichnung)	Wertung
Neue Werkstoffe		Telekommunikation	✔
Hochleistungskeramik	✔	Breitbandkommunikation	✔
Hochleistungspolymere	✔	Photonische Digitaltechnik	✔
Hochleistungsmetalle	✔	Hochauflösendes Fernsehen, U-Elektronik	✔
Funktionelle Gradientenwerkstoffe		Optische Rechner	✔
Energetische Werkstoffe	✔	***Mikrosystemtechnik***	✔
Organische Materialien magnetisch		Mikroaktorik	
Organische Materialien elektrisch	✔	Signalverarbeitung für MST	✔
Oberflächen- & Dünnschichttechnik		Mikrosensorik	✔
Oberflächenwerkstoffe		Aufbau- & Verbindungstechnik	
Diamantschichten & -filme	✔	***Software & Simulation***	
Molekulare Oberflächen		Software	✔
Nichtklassische Chemie		Modellbildung & Simulation	✔
Mesoskopische Polymersysteme		Molecular Modelling	
Organisierte supramolekulare Systeme		Bioinformatik	✔
Cluster		Werkstoffsimulation	✔
Adaptronik	✔	Nichtlineare Dynamik	
Multifunktionale Werkstoffe		Simulation in der Fertigungstechnik	✔
Leichtbauwerkstoffe		Künstliche Intelligenz	
Verbundwerkstoffe		Unscharfe Logik	
Aerogele		Datensicherheit in Netzen	
Fullerene		***Molekularelektronik***	✔
Materialsynthese in der Gebrauchsform		Bioelektronik	✔
Implantatmaterialien		Biosensorik	
Fertigungsverfahren für neue Werkstoffe	✔	Neurobiologie	
Nanotechnologie	✔	Neuroinformatik	✔
Nanoelektronik	✔	***Zell-Biotechnologie***	✔
Single-Electron-Tunneling		Molekulare Biotechnologie	✔
Nanowerkstoffe		Biomedizin	✔
Fertigungsverfahren Mikro/Nanotechnik	✔	Katalyse & Biokatalyse	✔
Mikroelektronik	✔	Biologische Produktionssysteme	✔
Informationsspeicherung	✔	Bionik	✔
Signalverarbeitung	✔	Biomimetische Werkstoffe	
Mikroelektronik-Werkstoffe		Biologische Wasserstoffgewinnung	✔
Hochgeschwindigkeitselektronik	✔	Nachwachsende Wirk- & Werkstoffe	✔
Plasmatechnologie		Umweltbiotechnologie	
Supraleitung		Pflanzenzüchtung & -schutz	
Hochtemperaturelektronik		***Produktions- & Managementtechnik***	
Photonik	✔	Managementtechniken & Personalführung	✔
Optoelektronik	✔	Modellbildung für die Produktion	
Photonische Werkstoffe	✔	Fertigungsleittechnik	
Lasertechnik	✔	Produktionslogistik	✔
Display, flacher Bildschirm		Umwelt- & ressourcenschonende Produktion	
Leuchtendes Silizium	✔	Forschungsgebiet Verhaltensbiologie	
		Ethik in Forschung & Technologie	

Mit Ausnahme von Teilen der Biomedizin kann der gesamte Bereich der modernen Biotechnologie zur Beseitigung strategischer Abhängigkeiten beitragen, da die entsprechenden biotechnischen Prozesse nicht auf konventionellen Rohstoffen basieren. Hierzu gehören insbesondere die *biologischen Produktionssysteme für Wirk- und Werkstoffe*, die *biologische Wasserstoffgewinnung* und die *nachwachsenden Rohstoffe*. Weitere Beiträge zur Minderung entsprechender Abhängigkeiten können die *Werkstoffe für energetische Nutzung* sowie der Bereich *Katalyse* leisten.

Darüber hinaus gibt es eine Reihe weiterer Themen von Interesse. Im Bereich der Werkstoffe können vor allem bei der *Adaptronik* massive Forschungsanstrengungen sowohl in den USA als auch in Japan beobachtet werden. Die japanischen FuE-Aktivitäten basieren weitgehend auf einem umfangreichen und thematisch weit gefächerten Forschungsprogramm zur Entwicklung und Optimierung intelligenter Elemente, das auf atomarer Ebene ansetzt und bis hin zu komplexen Strukturen oder Systemen reicht. Deutsche Bemühungen um die Weiterentwicklung der Adaptronik werden also nicht im engen Sinne zu einer Beseitigung von weltwirtschaftlichen Abhängigkeiten beitragen, sondern vermeiden helfen, daß neue entstehen. Zukünftige strategische Abhängigkeiten im weltwirtschaftlichen Rahmen sind auch bei den *Hochleistungsmetallen* nicht auszuschließen.

Die *Hochgeschwindigkeitselektronik* wird von Japan und den USA außerordentlich stark dominiert, wobei in den USA der Schwerpunkt auf der Militärtechnik liegt. Es besteht schon heute eine starke strategische Abhängigkeit, die in den letzten Jahren ständig zugenommen hat. Bei einem Teil der Produktpalette (u. a. in der Gigabit-Logik) beträgt der außereuropäische Lieferanteil bereits 100 %.

Bei den *Fertigungsverfahren für Hochleistungswerkstoffe* sind die Abhängigkeiten nicht ein Mengenproblem, sondern von der Verfügbarkeit spezieller Technologien bestimmt. Durch intensive FuE-Arbeiten zu den Herstellungs- und Bearbeitungsverfahren sind zukünftige strategische Abhängigkeiten in diesen Bereichen vermeidbar.

Im softwaregestützten Bereich sind einige Themen besonders hervorzuheben. Durch den Ausbau der *Computersimulation in der Werkstoffkunde* in Deutschland kann die strategische Abhängigkeit von Hard- und Software kompensiert werden, die gegenwärtig besteht. Die *Produktionslogistik* liefert einen Beitrag zum optimalen Einsatz weltweiter Ressourcen und führt von einseitigen zu gegenseitigen wirtschaftlichen Abhängigkeiten. Unter den *neuen Managementtechniken* muß dem Problem der weltwirtschaftlichen Abhängigkeit zukünftig vermehrt Aufmerksamkeit geschenkt werden. Geschicktes Management kann in allen wichtigen Bereichen solche Abhängigkeiten mildern oder überbrücken; hierzu gehört auch ein gezieltes Informationsmanagement, das vor allem in Japan perfekt beherrscht wird.

Die "Bereiche des Gehirns" sind weltwirtschaftlich noch nicht voll etabliert. Von einer Abhängigkeit im engeren Sinn kann daher bisher nicht gesprochen werden, da ein Import von Komponenten und ganzen Einheiten etwa im Bereich der *Neuroinformatik* bis zum heutigen Tag kaum erfolgt. Da insbesondere die USA und auch Japan starke Anstrengungen unternehmen, ihre technologische Führerschaft auf Gebieten wie der Neuroinformatik und vergleichbarer Bereiche auszubauen, ist in absehbarer Zeit eine erhebliche Abhängigkeit zu erwarten. Diese Abhängigkeit wird durch vorhandene Engpässe in der Elektronik, Informatik und Biotechnologie zusätzlich manifestiert werden. An dieser Stelle soll auch abschließend der Bereich der *Bionik* erwähnt werden. In den USA und in Japan werden massive Forschungsanstrengungen beobachtet. Bionik als Analogieforschung beeinflußt aufgrund ihres erheblichen Innovationspotentials zahlreiche Technologien, Verfahren und Produkte. Die thematische Besetzung anwendungsorientierter Einzelbereiche kann dazu beitragen, ein Standbein auf deutschem oder europäischem Sockel zu schaffen, das die Abhängigkeit in anderen Bereichen wie etwa der Elektronik kompensiert.

6.15 Gesundheit

Neben Fragen des Umweltschutzes und der sozialen Entwicklung steht die Erhaltung der Gesundheit in Umfragen zu den drängendsten Problemen der Gegenwart an oberster Stelle. Das Kriterium Gesundheit fragt danach, ob das einzelne technologische Thema einen bedeutenden Beitrag zur Erhaltung und Verbesserung der individuellen Gesundheit, des öffentlichen Gesundheitssystems oder der kostengünstigen Bereitstellung von medizinischen Maßnahmen leisten kann oder zur verbesserten Prävention, Diagnose und Therapie derzeit unheilbarer Krankheiten beiträgt. Abhilfe bei Krankheiten mit multikausalen Ursachen, die auch aus der Umweltbelastung resultieren, sind dabei eingeschlossen; Fragen der Umweltentlastung werden jedoch gesondert im Abschnitt 6.17 behandelt.

Abbildung 46 kennzeichnet in qualitativer Weise diejenigen technologischen Themen, bei denen ein erheblicher Beitrag zur individuellen Gesundheit und zum Gesundheitswesen zu erwarten ist, alle übrigen Themen sind als unspezifisch gekennzeichnet. Letzteres gilt auch dann, wenn sich derzeit genauere Angaben nicht machen lassen.

Gemäß der Skizze in Abbildung 46 sind gesundheitsrelevante Beiträge in der überwiegenden Zahl der technologischen Themen zu erwarten. Während dies im gesamten Bereich der Biotechnologie, Biomedizin und Implantatmaterialien trivial ist, bestehen die gesundheitsheitsrelevanten Auswirkungen der modernen Informationstechnik z. B. im "Computerintegrierten Krankenhaus". Der Einsatz moderner *Informationstechnik* verbessert die Möglich-

Abbildung 46: Lösungsbeiträge zur individuellen Gesundheit und zum Gesundheitwesen aus der Einführung der Technologie am Beginn des 21. Jahrhunderts (bedeutende Beiträge; die übrigen Themen kennzeichnen unspezifische Situationen).

Gebiet/Thema (Kurzbezeichnung)	Wertung	Gebiet/Thema (Kurzbezeichnung)	Wertung
Neue Werkstoffe		Telekommunikation	
Hochleistungskeramik	✔	Breitbandkommunikation	✔
Hochleistungspolymere	✔	Photonische Digitaltechnik	
Hochleistungsmetalle	✔	Hochauflösendes Fernsehen, U-Elektronik	✔
Funktionelle Gradientenwerkstoffe	✔	Optische Rechner	✔
Energetische Werkstoffe		*Mikrosystemtechnik*	✔
Organische Materialien magnetisch		Mikroaktorik	✔
Organische Materialien elektrisch		Signalverarbeitung für MST	
Oberflächen- & Dünnschichttechnik	✔	Mikrosensorik	✔
Oberflächenwerkstoffe	✔	Aufbau- & Verbindungstechnik	
Diamantschichten & -filme	✔	*Software & Simulation*	
Molekulare Oberflächen	✔	Software	
Nichtklassische Chemie		Modellbildung & Simulation	✔
Mesoskopische Polymersysteme		Molecular Modelling	✔
Organisierte supramolekulare Systeme	✔	Bioinformatik	
Cluster	✔	Werkstoffsimulation	✔
Adaptronik	✔	Nichtlineare Dynamik	✔
Multifunktionale Werkstoffe	✔	Simulation in der Fertigungstechnik	✔
Leichtbauwerkstoffe		Künstliche Intelligenz	✔
Verbundwerkstoffe	✔	Unscharfe Logik	✔
Aerogele		Datensicherheit in Netzen	
Fullerene		*Molekularelektronik*	✔
Materialsynthese in der Gebrauchsform	✔	Bioelektronik	✔
Implantatmaterialien	✔	Biosensorik	✔
Fertigungsverfahren für neue Werkstoffe	✔	Neurobiologie	✔
Nanotechnologie	✔	Neuroinformatik	✔
Nanoelektronik	✔	*Zell-Biotechnologie*	✔
Single-Electron-Tunneling		Molekulare Biotechnologie	✔
Nanowerkstoffe		Biomedizin	✔
Fertigungsverfahren Mikro/Nanotechnik	✔	Katalyse & Biokatalyse	✔
Mikroelektronik		Biologische Produktionssysteme	✔
Informationsspeicherung	✔	Bionik	✔
Signalverarbeitung		Biomimetische Werkstoffe	
Mikroelektronik-Werkstoffe	✔	Biologische Wasserstoffgewinnung	
Hochgeschwindigkeitselektronik		Nachwachsende Wirk- & Werkstoffe	✔
Plasmatechnologie	✔	Umweltbiotechnologie	✔
Supraleitung	✔	Pflanzenzüchtung & -schutz	✔
Hochtemperaturelektronik		*Produktions- & Managementtechnik*	
Photonik		Managementtechniken & Personalführung	
Optoelektronik	✔	Modellbildung für die Produktion	
Photonische Werkstoffe		Fertigungsleittechnik	
Lasertechnik	✔	Produktionslogistik	
Display, flacher Bildschirm		Umwelt- & ressourcenschonende Produktion	✔
Leuchtendes Silizium		Forschungsgebiet Verhaltensbiologie	✔
		Ethik in Forschung & Technologie	✔

keiten von Diagnose und Therapie. Die damit verbundenen Probleme im Informationsmanagement führen zwangsläufig zur Notwendigkeit der Integration moderner Informationstechnik auch in den klinischen Ablauf. Im Prinzip besteht langfristig eine gewisse Analogie zur Einführung des CIM-Konzepts in die industrielle Fertigung. Damit die in letzter Zeit häufig geäußerte Kritik am modernen medizinischen Betrieb sich dadurch nicht noch verstärkt (die Vorwürfe lauten: technokratisch, patientenunfreundlich, überteuert), muß der Einführung neuer Informationstechnik im Gesundheitswesen durch andere neue Konzepte begegnet werden (wie ganzheitliche Medizin, individuelle Patientenbetreuung, verstärkte Eigenverantwortlichkeit). Auch hierzu, beispielsweise zur Konsultation des Hausarztes durch die Klinik, kann sinnvoll eingesetzte Informationstechnik beitragen.

Für Ferndiagnose und intelligente Nutzung von medizinischen Datenbanken bietet sich seit langem die ***künstliche Intelligenz*** an; Expertensysteme werden häufig mit medizinischen Expertensystemen gleichgesetzt. Neben diesen generellen Trends soll auf zwei Teilaspekte aufmerksam gemacht werden, die in der Regel nicht im Vordergrund der Diskussion stehen. Aus dem softwaregestützten Bereich bergen die Forschungsarbeiten zur ***nichtlinearen Dynamik*** neue Erkenntnischancen im Bereich der Wachstums- und Rückkopplungsprozesse. An konkreten Beispielen sind Modellierungen von Herzrhythmusstörungen sowie neuronale Struktureffekte zu nennen. Aus den Arbeiten zur Modellierung von Molekülstrukturen (***Molecular modelling***) werden wesentliche Beiträge zum Verständnis der molekularen Ursachen von Krankheiten und zur Entwicklung von Pharmazeutika erwartet.

Neben der Biotechnologie und den Anwendungen der Informationstechnik sowie der Softwaretechniken lassen sich auch die Auswirkungen aller Miniaturisierungstechnologien auf das Gesundheitswesen leicht begreiflich machen, müssen doch alle elektronisch intelligenten Bausteine, die ein Potential für die Nutzung am und im menschlichen Körper haben sollen, extrem miniaturisiert hergestellt werden. ***Mikrosystemtechnik***, ***Nanotechnologie*** und ***Molekularelektronik*** haben daher quasi per Definition ein Anwendungspotential, das jeweils bis zum Einsatz am menschlichen Körper reicht.

Weniger plausibel sind die Auswirkungen neuer Werkstoffe auf das Gesundheitswesen. Daher sollen abschließend einige Beispiele hierzu gegeben werden. Im übrigen muß auf die Detailausführungen zu jedem einzelnen Thema im Anhang verwiesen werden. Die ***Materialsynthese in der Gebrauchsform*** beschäftigt sich mit der Werkstückformgebung direkt aus Modellen und Konstruktionszeichnungen, ohne zuvor Prototypen zu fertigen. Dies kann gerade bei der Herstellung von Implantaten oder von Modellanfertigungen zur Vorbereitung von operativen Eingriffen entscheidende Vorteile für das Gesundheitswesen bieten. Der herausragenden Bedeutung ***neuer Keramiken***, insbesondere von Biokeramiken, Gläsern und

Glaskeramiken für die Medizintechnik soll noch einmal betont werden. Außer den direkten Nutzungsmöglichkeiten ergeben sich weitere Beiträge zur Gesundheit aus dem Einsatz von Hochleistungskeramik im Umwelt- und Energiebereich, wenn es zu weniger belastenden industriellen Prozessen kommt. Die Oberflächen aller implantierbaren Werkstoffe sind auf die Verträglichkeit mit Körperfunktionen auszurichten, daher haben Arbeiten zu ***Oberflächenwerkstoffen*** große Bedeutung für die Medizin. Wenn schon der Kern des Werkstücks nicht biokompatibel ist, können geeignete Oberflächenwerkstoffe diese Eigenschaft unter Umständen noch herbeiführen und somit einen direkten Beitrag zum Einsatz in der Medizin liefern. Auch die ***Gradientenwerkstoffe***, deren Eigenschaften, Funktionen oder deren Gefüge sich über ihren gesamten Querschnitt von einer Seite zur anderen Seite kontinuierlich ändert, sind von hoher Bedeutung für die Medizin. Sie sind für ***Implantatwerkstoffe*** (dicht oder porös) im besonderen Maße geeignet. Wegen der herausragenden Eigenschaften von Diamant kommen ***Diamantschichten und -filme*** besonders auch im medizintechnischen Bereich in Frage (Implantate, Prothesen, Bestecke). Im Bereich der minimal invasiven Therapie sind funktional kompakte und flexible Hilfsmittel notwendig. Hier kann die ***Adaptronik*** einen wesentlichen Beitrag leisten. ***Multifunktionale Werkstoffe***, vornehmlich intelligente Polymere, die bei Temperaturanstieg anschwellen oder den Zuckergehalt kontrollieren, können einen Beitrag zur Behandlung von Diabetes leisten.

Die Erwähnung einiger beispielhafter Beiträge neuer Technologie zum Gesundheitswesen und ihre thematische Breite macht noch einmal deutlich, daß die Technologie am Beginn des 21. Jahrhunderts breit gefächert zu einer Verbesserung der individuellen Gesundheit und zum Gesundheitswesen beitragen wird. Zu den in Abbildung 46 blaß gekennzeichneten Themen lassen sich eindeutig positive Aussagen nicht treffen. Dies bedeutet aber nicht, daß ihre Einführung gesundheitsbelastend wäre, sondern in der Regel, daß die gesundheitsstiftenden Aspekte indirekt oder nur bei speziellen Anwendungen auftreten. Auch gerade ein nichttechnisches Thema wie das der ***Ethik in Forschung und Technologie*** hat deutlichen Bezug zum Gesundheitswesen. Gerade Forschung und Entwicklung im Bereich der Tierversuche, der Gentherapie und der gentechnischen Pharmakaproduktion hat mit erheblichen Akzeptanzproblemen zu kämpfen, die durch eine vorausschauende und breiter verankerte Ethikdiskussion in vielen Fällen anders verlaufen könnte als momentan.

6.16 Sozialer Fortschritt

Das Relevanzkriterium "Sozialer Fortschritt" fragt nach dem Beitrag der technologischen Themen zur Lösung komplexer gesellschaftlicher, sozialer, insbesondere arbeitsorganisatorischer und bildungspolitischer Probleme. Es erfolgt jeweils eine qualitative Würdigung der Einschätzung und eine explizite Aufführung von einzelnen Punkten nach einem feineren

Raster, der in diesem verdichteten Kapitel nicht im einzelnen diskutiert wird, aber in den Darlegungen des Anhangs zu finden ist. Werden erhebliche Beiträge zum sozialen Fortschritt erwartet, so erfolgt eine qualitative Kennzeichnung, alle übrigen Fälle werden unspezifisch behandelt.

Im einzelnen führt der Raster folgende Aspekte im Sinne einer Checkliste auf: Intimsphäre (besser geschützt?), individueller Freiheitsraum (vergrößert?), Sicherheit am Arbeitsplatz (steigt?), Verkehrssicherheit (steigt?), Sicherheit vor Katastrophen (steigt?), Beschäftigung und Arbeitsbedingungen (verbessert?), Wissen und Bildung (verbessert?), soziales und ethisches Verhalten und gesellschaftlicher Konsens (gefestigt?), Verfassung und Rechtssystem (gefestigt?) sowie Erhaltung der Flexibilität künftiger Generationen (gewährleistet?). Naturgemäß ist es schwierig, detaillierte technische Themen in bezug auf einen feinen Raster einzuschätzen, zu groß sind die Bewertungsspielräume. Im Sinne einer impressionistischen und qualitativen Einschätzung können aber doch in einigen Fällen Pauschalangaben gemacht werden. Diese - aber nicht die Details - werden nachfolgend diskutiert.

Abbildung 47 verdeutlicht, daß bei einer Großzahl von Themen das Kriterium der sozialen Relevanz nicht prägnant beantwortet werden kann. Zu vage werden die Zusammenhänge zwischen technologischer Entwicklung und gesellschaftlichen Konsequenzen wahrgenommen. Hier sind im Einzelfall genauere Analysen notwendig, als sie im Rahmen dieser Untersuchung möglich waren.

Während man also derzeit nicht gesichert sagen kann, daß die Technologie am Beginn des 21. Jahrhunderts einen ebenso breiten Beitrag zum sozialen Fortschritt wie etwa zum Gesundheitswesen oder zur Wettbewerbsfähigkeit erbringen kann, soll auf die Vielfalt der Argumente mit einigen Beispielen hingewiesen werden.

Einige naheliegende Themenbereiche brauchen nicht ausdrücklich gewürdigt zu werden. Dazu gehört etwa das *Forschungsgebiet Verhaltensbiologie*, von dem ein bedeutender Beitrag zur Lösung komplexer gesellschaftlicher, sozialer, insbesondere arbeitsorganisatorischer und bildungspolitischer Probleme zu erwarten ist. *Bionik* und *biomimetische Werkstoffe* können die Technikakzeptanz in der Gesellschaft allgemein erhöhen, wenn lebensnähere Konzepte als natürlich und weniger künstlich, sprich technokratisch empfunden werden.

Mikrosensorik und *Mikroaktorik* erlauben zukünftig eine humanere Form der Medizin (siehe im obigen Abschnitt) und damit eine Erhöhung der Lebensqualität der Patienten. Implantierbare Infusionspumpen können z. B. einen Patienten automatisch mit Medikamenten

Abbildung 47: **Lösungsbeiträge zum sozialen Fortschritt bei Einführung der Technologie am Beginn des 21. Jahrhunderts (bedeutende Beiträge; die übrigen Themen kennzeichnen unspezifische Situationen oder sind nicht entscheidbar).**

Gebiet/Thema (Kurzbezeichnung)	Wertung	Gebiet/Thema (Kurzbezeichnung)	Wertung
Neue Werkstoffe		Telekommunikation	
Hochleistungskeramik		Breitbandkommunikation	✔
Hochleistungspolymere		Photonische Digitaltechnik	
Hochleistungsmetalle		Hochauflösendes Fernsehen, U-Elektronik	
Funktionelle Gradientenwerkstoffe		Optische Rechner	
Energetische Werkstoffe		*Mikrosystemtechnik*	
Organische Materialien magnetisch		Mikroaktorik	✔
Organische Materialien elektrisch	✔	Signalverarbeitung für MST	
Oberflächen- & Dünnschichttechnik		Mikrosensorik	✔
Oberflächenwerkstoffe		Aufbau- & Verbindungstechnik	
Diamantschichten & -filme		*Software & Simulation*	
Molekulare Oberflächen		Software	✔
Nichtklassische Chemie		Modellbildung & Simulation	
Mesoskopische Polymersysteme		Molecular Modelling	
Organisierte supramolekulare Systeme		Bioinformatik	
Cluster	✔	Werkstoffsimulation	
Adaptronik	✔	Nichtlineare Dynamik	✔
Multifunktionale Werkstoffe		Simulation in der Fertigungstechnik	✔
Leichtbauwerkstoffe		Künstliche Intelligenz	✔
Verbundwerkstoffe	✔	Unscharfe Logik	
Aerogele		Datensicherheit in Netzen	
Fullerene		*Molekularelektronik*	✔
Materialsynthese in der Gebrauchsform		Bioelektronik	
Implantatmaterialien	✔	Biosensorik	
Fertigungsverfahren für neue Werkstoffe		Neurobiologie	
Nanotechnologie	✔	Neuroinformatik	✔
Nanoelektronik		*Zell-Biotechnologie*	
Single-Electron-Tunneling		Molekulare Biotechnologie	
Nanowerkstoffe		Biomedizin	✔
Fertigungsverfahren Mikro/Nanotechnik		Katalyse & Biokatalyse	
Mikroelektronik		Biologische Produktionssysteme	
Informationsspeicherung		Bionik	✔
Signalverarbeitung		Biomimetische Werkstoffe	✔
Mikroelektronik-Werkstoffe		Biologische Wasserstoffgewinnung	
Hochgeschwindigkeitselektronik		Nachwachsende Wirk- & Werkstoffe	
Plasmatechnologie	✔	Umweltbiotechnologie	
Supraleitung		Pflanzenzüchtung & -schutz	
Hochtemperaturelektronik		*Produktions- & Managementtechnik*	
Photonik		Managementtechniken & Personalführung	✔
Optoelektronik	✔	Modellbildung für die Produktion	
Photonische Werkstoffe		Fertigungsleittechnik	✔
Lasertechnik		Produktionslogistik	
Display, flacher Bildschirm		Umwelt- & ressourcenschonende Produktion	✔
Leuchtendes Silizium		Forschungsgebiet Verhaltensbiologie	✔
		Ethik in Forschung & Technologie	✔

in kleinsten Dosen über lange Zeiträume versorgen, ohne ihn in seinem täglichen Leben zu beeinträchtigen (Gänge zum Arzt, Wartezeiten). Operationen, die heute größere Eingriffe und damit stationäre Behandlung erfordern, können zukünftig mit Hilfe der minimal invasiven Chirurgie, ermöglicht durch Mikroaktoren, ambulant durchgeführt werden. Vermittelt über diese medizinischen Wirkungen tritt damit eine Reihe von Auswirkungen auf den Patienten und somit auch auf seine soziale Umgebung ein.

Auswirkungen auf den sozialen Fortschritt werden auch aus der nochmaligen Verkleinerung der Technologie im Bereich der ***Molekularelektronik*** und verwandte Gebiete erwartet. Der Einsatz der Neurotechnologie, verbesserte Informationssysteme und eine weitgehende Automatisierung hat vielfältige Wirkungen beginnend im Verkehrsbereich und bis zu Bildung und Wissenschaft reichend. Im Bereich der ***Telekommunikation*** werden digitale Mobilfunknetze geschaffen, die über Verkehrsleitsysteme einen Beitrag zur Verkehrssicherheit leisten können. Durch den Einsatz von ISDN könnte bei voller Anwendung der technischen Möglichkeiten aber der Schutz der Intimsphäre negativ beeinflußt werden. Dies gilt auch für die *Nanotechnologie*, insoweit als nanotechnologische Verfahren und Produkte die Informationsverarbeitung effektivieren. Am deutlichsten tritt dieses Anliegen am Beispiel der *Neuroinformatik* zutage. Aus einer Reihe ethischer, strategischer und inhaltlicher Gründe ist der Einsatz lernfähiger neuronaler Computer als Hochleistungscomputer zur Simulation, Früherkennung und Vorhersage komplexer Systeme mit nichtlinearen (Stichwort: *nichtlineare Dynamik*) oder sogar chaotischen Eigenschaften als zukünftiger Forschungsschwerpunkt denkbar. Neben den positiven Einflüssen auf den sozialen Fortschritt sind unter Umständen auch negative Auswirkungen zu erwarten, etwa in bezug auf den individuellen Freiheitsraum, die Intimsphäre und die Erhaltung der Flexibilität künftiger Generationen.

Insgesamt kann die laufende Untersuchung das Relevanzkriterium des sozialen Fortschritts noch nicht in allen Einzelheiten ausführen; interessante Technikbereiche sollten daraufhin genauer analysiert werden, was Szenarienbildung und letztlich Studien zur Technikfolgenabschätzung voraussetzt. In dieser kursorischen, qualitativen Weise können fundiertere Aussagen kaum formuliert werden.

6.17 Umweltentlastung

Das Thema Umweltentlastung durch neue Technologie mag als das bedeutendste der heutigen Zeit erscheinen. So lange eine strenge Gewichtung zwischen verschiedenen Kriterien nicht vorliegt, wird das Thema als eines unter vielen behandelt. Es ist bewußt an den Schluß der Relevanzkriterien gestellt worden, um von dem alten Paradigma "nur Wettbewerbsfähigkeit zählt" (was in vielen ausländischen Studien zur Technikvorausschau vorherrscht) nicht auf ein neues simples Paradigma "nur Umweltentlastung zählt" zu verfallen. Der Durchgang durch die Vielfalt relevanter Kriterien zeigt, daß eine monokausale und eindimensionale Beurteilung der Technologie am Beginn des 21. Jahrhunderts nicht zielführend ist. Umgekehrt wird der neuen Technologie ein hoher Erwartungsdruck bei der Lösung komplexer ökologischer Probleme entgegengebracht, so daß die Frage, inwieweit sie ihn einlösen kann, von hoher Bedeutung ist, um nicht zu sagen, die Glaubwürdigkeit, die an die Förderung moderner Technologie gestellt wird, ausmacht.

Das Relevanzkriterium Umweltentlastung fragt nach einem maßgeblichen direkten oder indirekten Beitrag zur Lösung nationaler und internationaler ökologischer Probleme im Sinne einer qualitativen Würdigung. Dabei sind in den Datenblättern des Anhangs explizite Punkte nach einem verfeinerten Raster aufgeführt, der etwa folgende Punkte anspricht: Boden (geschützt?), Landfläche (geschützt?), tektonische und geomorphologische Aspekte der Erdoberfläche (geschützt?), Ökosysteme, einschließlich Pflanzen, Wälder, Tiere (geschützt?), Bauten, Bau- und Naturdenkmäler (geschützt?), Luft einschließlich Strahlen und Lärm (geschützt?), Regen-, Grund-, Fluß-, See-, Meer-, Trinkwasser (geschützt?). Auf die einzelnen Umweltmedien kann in diesem kondensierten Berichtsteil nicht im einzelnen eingegangen werden. Zusammengefaßt ist für jedes Medium die Frage relevant, ob Emissionen vermieden, Kreisläufe etabliert und Ressourcen geschont werden. Hierzu ist auf die Anhangblätter zu verweisen. Es folgt eine kursorische Einschätzung, welche Themenbereiche erhebliche Beiträge zur Umweltentlastung versprechen und welche unspezifisch sind.

Abbildung 48 zeigt, daß die Technologie am Beginn des 21. Jahrhunderts in der Mehrzahl der Fälle positive Umwelteffekte bringen wird. Andere Themen sind bezüglich klar bestimmbarer Umwelteffekte unspezifisch oder neigen zu gegenläufigen Einschätzungen. Angesichts der großen Fülle von Argumenten und Teilaspekten ist eine Auswahl von wenigen Beispielen jedoch problematisch.

Als Beispiel für die Schwierigkeiten der Einschätzung aus dem Bereich der Mikroelektronik und Photonik sollen an dieser Stelle das ***hochauflösende Fernsehen*** und die ***Unterhaltungselektronik*** explizit erwähnt werden, die bei den anderen Kriterien oft zusammen mit anderen Anwendungen der Informationstechnik diskutiert wurden. Die Chance zu verbessertem Umweltschutz liegt in diesem Falle bei der Entwicklung umweltverträglicher Komponenten der Unterhaltungselektronik, vor allem voll rezyklierbarer Fernsehgeräte. Dies ergibt sich aber nicht zwangsläufig aus der neuen Technologie, so daß in Abbildung 48 keine entsprechend positive Gesamtwürdigung erfolgt ist. Überhaupt gilt für die Mikroelektronik insgesamt und für viele Teilgebiete, daß sie die Meß-, Steuer- und Regelungstechnik sowie die Automatisierung der Produktionstechnik durchdringen wird und somit indirekt auf die

Abbildung 48: **Lösungsbeiträge zur Umweltentlastung bei Einführung der Technologie am Beginn des 21. Jahrhunderts (bedeutende Beiträge; die übrigen Themen kennzeichnen unspezifische Situationen oder kennzeichnen gegenläufige Effekte).**

Gebiet/Thema (Kurzbezeichnung)	Wertung	Gebiet/Thema (Kurzbezeichnung)	Wertung
Neue Werkstoffe		Telekommunikation	
Hochleistungskeramik	✔	Breitbandkommunikation	✔
Hochleistungspolymere	✔	Photonische Digitaltechnik	
Hochleistungsmetalle	✔	Hochauflösendes Fernsehen, U-Elektronik	
Funktionelle Gradientenwerkstoffe	✔	Optische Rechner	✔
Energetische Werkstoffe	✔	***Mikrosystemtechnik***	✔
Organische Materialien magnetisch		Mikroaktorik	✔
Organische Materialien elektrisch	✔	Signalverarbeitung für MST	
Oberflächen- & Dünnschichttechnik	✔	Mikrosensorik	✔
Oberflächenwerkstoffe	✔	Aufbau- & Verbindungstechnik	
Diamantschichten & -filme	✔	***Software & Simulation***	
Molekulare Oberflächen	✔	Software	✔
Nichtklassische Chemie	✔	Modellbildung & Simulation	✔
Mesoskopische Polymersysteme	✔	Molecular Modelling	
Organisierte supramolekulare Systeme	✔	Bioinformatik	
Cluster	✔	Werkstoffsimulation	✔
Adaptronik	✔	Nichtlineare Dynamik	✔
Multifunktionale Werkstoffe	✔	Simulation in der Fertigungstechnik	✔
Leichtbauwerkstoffe	✔	Künstliche Intelligenz	✔
Verbundwerkstoffe	✔	Unscharfe Logik	✔
Aerogele	✔	Datensicherheit in Netzen	
Fullerene	✔	***Molekularelektronik***	
Materialsynthese in der Gebrauchsform		Bioelektronik	
Implantatmaterialien		Biosensorik	✔
Fertigungsverfahren für neue Werkstoffe	✔	Neurobiologie	
Nanotechnologie	✔	Neuroinformatik	✔
Nanoelektronik	✔	***Zell-Biotechnologie***	✔
Single-Electron-Tunneling		Molekulare Biotechnologie	✔
Nanowerkstoffe	✔	Biomedizin	
Fertigungsverfahren Mikro/Nanotechnik	✔	Katalyse & Biokatalyse	✔
Mikroelektronik		Biologische Produktionssysteme	✔
Informationsspeicherung		Bionik	✔
Signalverarbeitung		Biomimetische Werkstoffe	
Mikroelektronik-Werkstoffe	✔	Biologische Wasserstoffgewinnung	✔
Hochgeschwindigkeitselektronik		Nachwachsende Wirk- & Werkstoffe	✔
Plasmatechnologie	✔	Umweltbiotechnologie	✔
Supraleitung	✔	Pflanzenzüchtung & -schutz	✔
Hochtemperaturelektronik	✔	***Produktions- & Managementtechnik***	
Photonik		Managementtechniken & Personalführung	
Optoelektronik	✔	Modellbildung für die Produktion	
Photonische Werkstoffe		Fertigungsleittechnik	
Lasertechnik	✔	Produktionslogistik	✔
Display, flacher Bildschirm		Umwelt- & ressourcenschonende Produktion	✔
Leuchtendes Silizium	✔	Forschungsgebiet Verhaltensbiologie	
		Ethik in Forschung & Technologie	

Umweltentlastung einwirkt. Hierzu liegen umfangreiche Studien vor. Kritisch ist dagegen die umweltverträgliche Gestaltung der Mikroelektronikproduktion selbst; beim Übergang zu neuen Werkstoffen können sich die Probleme noch verschärfen. Spezifischer kann im Bereich der ***Hochtemperaturelektronik*** argumentiert werden. Die Bauelemente der Hochtemperaturelektronik werden in der Umweltmeßtechnik (Erfassung von Emissionen) eine bedeutende Rolle spielen und somit auf alle Aspekte der Umweltentlastung einen direkten positiven Einfluß ausüben.

Wie Abbildung 48 zeigt, sind die meisten positiven Umwelteffekte bei den neuen Werkstoffen und den zugehörigen Fertigungsverfahren zu lokalisieren. Aber auch die softwaregestützten Techniken tragen zur Effektivierung von Prozessen und somit zur Vermeidung von Verschwendung und damit Belastung bei.

Bei den Grenzbereichen zwischen Mikroelektronik, Mikrosystemtechnik und Biotechnologie ist die ***Sensorik*** zu erwähnen, deren zukünftige Errungenschaften den Umweltschutz revolutionieren können. In der Systemkette Erfassung (Sensorik), Analyse (Mikroelektronik) und Steuerung bzw. Regelung von Prozessen und Umwelteinflüssen (Aktorik) liegt der Schlüssel zu einer intelligenten Steuerung vieler Prozesse. Zukünftig könnten auch im Bereich der Schadstoffreduzierung durch systemfähige und integrationsfähige Klein- und ***Mikroaktoren*** (u. a. auch Heizungs- und Klimatechnik) wesentliche Fortschritte erzielt werden. Das gilt analog auch für die ***Biosensorik*** und sogar für die ***Bionik***, wenn die Analyse unserer natürlichen Umwelt und ihre Übertragung auf antroprogene Systeme gleichermaßen ressourcen- und abfallschonend gelingt, entsprechend dem natürlichen Vorbild.

Unter den ***Software- und Simulationstechniken*** bieten ***Expertensysteme*** und neuronale Netze mittelfristig Perspektiven zur automatisierten und trotzdem flexiblen Analyse von Umweltdaten und zur Ermittlung von Trendeinbrüchen bei bestimmten Umweltparametern. Konkret denkbar ist eine intelligente Umweltüberwachung, ein globales Ressourcen-Management, die Verkehrsplanung (z. B. die Steuerung der Verkehrsdichteverteilung) und eine flexible Analyse und Steuerung komplexer biologischer, biotechnischer und technischer Prozesse.

Die Argumente aus dem gesamten Werkstoffbereich sind so überzeugend, daß es schwerfällt, auf einzelne Beispiele gesondert hinzuweisen. Fast könnte man die wenigen Einzelthemen im Werkstoffbereich, bei denen keine umweltentlastenden Effekte formuliert werden können, als Beleg für die breite Ausstrahlung der Werkstofftechnik von morgen auf die Umweltentlastung heranziehen (siehe Abbildung 48).

Trotz der großen Chancen, die sich für die Umwelt aus der Beherrschung der Technologie am Beginn des 21. Jahrhunderts eröffnen, zeigt Abbildung 48, daß solche Effekte nicht durchgängig und quasi automatisch auftreten. Um die Feinausgestaltung der Technik von morgen hier noch ein Stück weiter auf die Bedürfnisse des modernen Umweltschutzes abstimmen zu können, bieten sich vertiefte Untersuchungen an; ohne Szenarienbildung und quantitative Abschätzungen lassen sich Umwelteffekte kaum objektiv bilanzieren. Die hier vorgenommene grobe qualitative Einstufung kann solche Untersuchungen nicht ersetzen.

7 Ausblick auf die Forschungs- und Technologiepolitik im 21. Jahrhundert

Mit der Begrenzung auf den Beginn des 21. Jahrhunderts als Aussagehorizont wurde Vorsorge getroffen, daß man sich nicht zu weit von der überschaubaren Kenntnis entfernt und in die Fährnisse der Spekulation hineinbegibt. Denn angesichts typischer Reifungsphasen wissenschaftsgebundener technologischer Innovationen kann im allgemeinen davon ausgegangen werden, daß alles, was in zehn Jahren die Hochtechnologiemärkte dominiert, heute schon erkennbar ist. Verbleibende Unsicherheiten entspringen vor allem der Erreichbarkeit von Markt-, Kosten- und Akzeptanzzielen durch die einzelnen Entwicklungen, weniger der Realisierbarkeit der Technik an sich (siehe Abschnitt 4.3). Andererseits sind auch strategische Vorüberlegungen notwendig, die auf weiter entfernte Zeithorizonte orientiert sind, weil insbesondere neuartige Technologie, die langfristig geforderte Problemlösungsbeiträge leisten sollen, frühzeitig erwogen werden muß. Eine umfassende Technikvorausschau sollte daher auf zwei verschiedenen Wegen erfolgen:

- als *instrumentelle Vorausschau*, die mittelfristig auf der Grundlage bereits bekannter Basistechnologie und bewährter Verfahren angelegt ist und rasch Technologiepolitik anstoßen kann (wie im vorliegenden Fall bis einschließlich Kapitel 6) und

- als *spekulative Vorausschau*, die an langfristigen kulturellen Trends sowie an langzeitlich gültigen Wertvorstellungen orientiert ist und demgemäß weit vorauseilt. Sie will zunächst Aufmerksamkeit erregen und kann gegebenenfalls erste explorative Schritte anstoßen, die später einmal bei deutlicher werdenden Erfolgschancen Konkretisierungen und Ausweitungen erfahren müßten.

> An dieser Stelle springt die Argumentation der Studie mehr oder weniger unvermittelt von der relativ abgesicherten Zehn-Jahres-Perspektive der technologischen Entwicklung (Kapitel 1 bis 6, d. h. Hauptteil dieser Studie) auf die Behandlung technologiepolitischer Fragen (Abschnitt 7.1) und die Langfristperspektive (Abschnitt 7.2). Damit kann die Chance gewahrt werden, frühzeitig perspektivenreiche "Technikleitlinien" aufzuspüren und nicht erst zu reagieren, wenn andere Länder bereits die Entwicklung aufgenommen haben oder (beispielsweise ökologische) Verhältnisse eingetreten sind, in denen jedes Reagieren zu spät kommt.

Der nächste Abschnitt (7.1) ist einigen technologiepolitischen Aspekten gewidmet, die wohl in den nächsten zehn Jahren relevant und daher im Kontext dieser Studie zu sehen sind. Dabei hat sich diese Untersuchung mit Fragen der Technologiepolitik nicht befaßt, sondern greift einige Gedanken auf, die in anderen Zusammenhängen formuliert wurden[1]. Der übernächste Abschnitt (7.2) ist dagegen bewußt in den Dienst der weit vorauseilenden Sicht gestellt[2]; der spekulative Charakter kann und soll nicht verleugnet werden. Dies hat seine Berechtigung aufgrund des schwerwiegenden Problems, daß durch eine instrumentelle Vorausschau lediglich inkrementaler Fortschritt ins Visier gerät, also "Modernisierung" entlang herkömmlicher Orientierungen. Nicht zuletzt aber aufgrund drängender ökologischer Erfordernisse und der globalen Bevölkerungsentwicklung müssen innovative Lösungsansätze gefunden, also neue Technikkulturen entworfen werden. Daß damit auch (spekulative) Wagnisse eingegangen werden, liegt in der Natur der Sache, denn in der Vorhersage möglicher Zukunftsszenarien ist niemand wirklich kompetent. Daher kann und soll auch das Ziel dieses Teils der Ausarbeitung nur sein, gegebenenfalls weiteres Nachdenken anzustoßen. Der Ansatz, spekulative Vorstellungen in eine plausible Vorausschau zu überführen, soll diese Absicht unterstützen.

7.1 Aspekte der Technologiepolitik bis zum Beginn des 21. Jahrhunderts

Die vorliegende Untersuchung hat sich mit Fragen der Technologiepolitik nicht befaßt, jedoch sind einige Trends unübersehbar, die bis zum Beginn des 21. Jahrhunderts Gewicht erlangen. Welche Bedeutung hat die Technologiepolitik in der heutigen Zeit?

Unter Forschungs-, Technologie- und Innovationspolitik versteht man die staatliche Einflußnahme auf die wissenschaftliche und technologische Entwicklung und ihre wirtschaftliche Umsetzung. Innerhalb weniger Jahrzehnte sind diese Politikbereiche zu zentralen Handlungsfeldern staatlicher Bestrebungen geworden mit dem Ziel der Modernisierung der jeweiligen Volkswirtschaft. Nennenswerte und voraussichtlich wachsende Anteile öffentlicher Haushalte fließen in die Förderung von Forschung und Technologie in Wissenschaft

---

1 Die wichtigsten Quellen zu Abschnitt 7.1 sind interne Papiere: Workshop "Kann die Technologiepolitik von der Innovationsökonomie lernen? - Theoretische Fragen, empirische Evidenz, offene Forschungsfragen" durchgeführt vom Fraunhofer-ISI im Auftrag des BMFT (Bonn, 17. - 18.9.1992); Fachtagung "Anforderungen an das Innovationssystem der 90er Jahre in Deutschland" durchgeführt vom Fraunhofer-ISI im Auftrag des BMFT (Bonn, 3. - 4.12.1992); Bundesverband der Deutschen Industrie: "Forschungsstandort Deutschland", Dokumentation (Köln, Januar 1993); Verband der Chemischen Industrie: "Forschungs- und Technologiepolitik aus Sicht des VCI", (ohne Ort, ohne Jahr); CDU/CSU-Fraktion des Deutschen Bundestages: "Forschungs- und Technologiestandort Deutschland - Thesenpapier" (ohne Ort, Februar 1993); Unterlagen des Gesprächskreises "Humane Technikgestaltung" der Friedrich-Ebert-Stiftung (Bonn, Juni 1990 - August 1992); Grupp & Schmoch: "Wissenschaftsbindung der Technik", Physica-Verlag (Springer, Heidelberg, 1992); Legler, Grupp, Gehrke & Schasse: "Innovationspotential und Hochtechnologie", Physica-Verlag (Springer, Heidelberg, 1992); Kuhlmann: "Evaluation von Technologiepolitik" in Grimmer et al. (Hrsg.): "Politische Techniksteuerung - Forschungsstand und Forschungsperspektiven" (Opladen, 1992); Meyer-Krahmer & Kuntze: "Bestandsaufnahme der Forschungs- und Technologiepolitik" in Grimmer, s. o.

2 Abschnitt 7.2 beruht weitgehend auf einer vertragsgemäßen internen Ausarbeitung durch R. Stransfeld im Rahmen dieser Studie ("Technik-Vision als plausible Vorausschau", Berlin, 15.12.1992) sowie auf Ausarbeitungen von S. Kuhlmann.

und Wirtschaft. Unabhängig von der ordnungspolitischen Diskussion über die Legitimation staatlicher Technologiepolitik - die hier *nicht* aufgegriffen wird - ist es unbestreitbar, daß heute auf allen Ebenen öffentlicher Politik - supranational, national, regional und lokal - Anstrengungen vielfältiger Art unternommen werden, deren gemeinsames Ziel die Sicherung der Konkurrenzfähigkeit von industriellen Standorten (Städten und Gemeinden, Bundesländern, Deutschlands, des Europäischen Wirtschaftsraums) ist.

Zu den wichtigsten Ansatzpunkten und Instrumenten gehören:

- Ausbau der innovationsorientierten öffentlichen Infrastruktur (Bereitstellung von Bildungs- und FuE-Einrichtungen, Institutionen des Technologietransfers, der Innovationsberatung und anderes mehr und ihre institutionelle Förderung)
- finanzielle Anreize (Projektförderung von FuE und anderen Innovationsvorhaben in Unternehmen durch direkte Subventionierung oder steuerliche Maßnahmen; Förderung der Kooperation von Unternehmen mit öffentlichen Forschungseinrichtungen z. B. über Verbund- oder Auftragsforschung, Risikokapitalbereitstellung etc.)
- Förderung der staatlichen Nachfrage nach innovativen Produkten (Beschaffungen durch die öffentlichen Hände)
- regulative Eingriffe (Ordnungspolitik, technische Normen und Schutzbestimmungen, etc.) und Veränderung der Rahmenbedingungen (wie etwa Maßnahmen zur Internationalisierung externer Kosten)
- Förderung der Konsensbildung über technische Entwicklungen in Wirtschaft und Gesellschaft (sog. korporatistische Maßnahmen, z. B. Langfristvisionen, Technikfolgenabschätzung, Technologiebeirat, Früherkennung etc.).

Die Handlungsfelder von Forschungs-, Technologie- und Industriepolitik in der Bundesrepublik erfuhren während der vergangenen drei Jahrzehnte einen Wandel derart, daß zunehmend auch die industrielle Innovationsfähigkeit und die Technologiediffusion anvisiert wurden. Zudem erweiterte sich die Zielperspektive über die Erhaltung und Stärkung der internationalen Wettbewerbsfähigkeit des Industriestandorts Deutschland hinaus auch auf die Sicherung der sozialen Verträglichkeit und der umweltverträglichen Produktion. Trotz oder wegen des erweiterten Zielkatalogs und des inzwischen sehr differenzierten Instrumentariums der Technologiepolitik haben sich die zugrundeliegenden Orientierungen der beteiligten Akteure in Wissenschaft, Wirtschaft und Staat nicht annähernd einander angepaßt; sie sind auch nicht konsistent geworden. Wenn häufig eine bessere Koordination der langfristigen Strategien gefordert wird, ohne daß die unterschiedlichen Verantwortlichkeiten der verschiedenen Akteure des Innovationssystems verwischt werden sollen, ist es wahrscheinlich angemessener, von einer "neuen Unübersichtlichkeit" der Technologiepolitik in den Augen vieler auszugehen.

Für die nationale Technologiepolitik gilt im besonderen, daß sie bereits jetzt und in der Zukunft vermehrt von oben und von unten in ihrem Spielraum begrenzt wird. Damit sind die zunehmenden Aktivitäten der Europäischen Gemeinschaften in diesem Politikbereich und das Bemühen der Bundesländer (wie auch von Gemeinden) nach regionaler und lokaler Forschungsförderung angesprochen. Die zunehmende Bedeutung der regionalen wie der europäischen Ebene treiben den Nationalstaat immer mehr auf moderierende Aufgaben zwischen den verschiedenen Akteuren zu. Der Wandel der Arbeitsteilung zwischen regionaler, nationaler und europäischer Technologiepolitik und das veränderte Rollenspiel zwischen Staat, Wirtschaft, Wissenschaft und gesellschaftlichen Gruppen erfordert die Wahrnehmung der *Mediatisierung* als neue Aufgabe der nationalstaatlichen Technologiepolitik. Dabei muß man sich klar werden, daß im Bereich der Wirtschaft die supranationale Verflechtung von Konzernen bereits wesentlich weiter fortgeschritten ist und größere Konsequenzen für die interne Organisation und Gestaltung dieser Unternehmen hat, als dies im öffentlichen Bereich der Fall ist. Die Förderung nationaler Unternehmen ist *praktisch* kaum noch realisierbar, wenn Kapitalbesitz, Distributionssysteme und FuE-Einrichtungen einzelner Unternehmen verschiedene Länder umfassen.

Die neue Rolle eines *aktiven Moderators* erfordert ein abgestimmtes Vorgehen der Politik mit der multinational verflochtenen Wirtschaft, der Wissenschaft und der Gesellschaft. Das Zusammenwirken ergibt sich aber nicht von allein, zu sehr stehen divergierende Interessen im Vordergrund. Soll es ein Einvernehmen über die gegebenenfalls selektive Förderungswürdigkeit der Technologie am Beginn des 21. Jahrhunderts geben, muß der Dialog mit den anderen gesellschaftlichen Akteuren aufgenommen und permanent geführt werden; gegebenenfalls auch jenseits der deutschen Grenzen. Anderenfalls ist nicht zu erwarten, daß dauerhafte Kooperationen geschaffen werden können und die zu schaffenden Plattformen für eine themenspezifische Verständigung mehr werden als nur eine Informationsaustauschbörse.

Die Forschungs-, Technologie- und Innovationspolitik weist vielfältige Schnittstellen zu anderen Politikbereichen auf, insbesondere zur Bildungspolitik, zur Wirtschaftspolitik, zur Rechts- und Innenpolitik, zur Umwelt- und Verkehrspolitik und anderen Ressorts. Diese Politikbereiche bestimmen entweder Randbedingungen von Forschung und Innovation auf der Angebots- oder auf der Nachfrageseite; da der Erfolg von Innovationen ganz wesentlich durch die Nachfrage und deren Rahmenbedingungen bestimmt ist (vgl. Abschnitt 4.3), ist die Kopplung zwischen diesen verschiedenen Politikbereichen von besonderer Bedeutung.

Die Effekte der technologiepolitischen Instrumente auf die Steuerung der Technikentwicklung lassen sich unterscheiden in die Generierung neuer Techniken, die Richtungsbeeinflussung, die Beschleunigung und die allgemeine Klimaverbesserung. Legt man das zyklische

Innovationsmodell zugrunde wie in der vorliegenden Studie (vgl. Abschnitt 4.3), dann ergibt sich, daß die institutionelle und die Verbund- und Projektförderung vorwiegend in der Frühphase des Technikzyklus ansetzen und damit einen Angebotsdruck erzeugen oder jedenfalls verstärken können. Die indirekt-spezifische, insbesondere aber die indirekte Förderung, Information, Beratung, Technologietransfer und öffentliche Nachfrage zielen stärker auf die Phase des Technikzyklus, indem die Einführungsphase der Produkte beginnt und beschleunigt dadurch einen Anwendungssog des Marktes. Dies ist schematisch in Abbildung 49 veranschaulicht worden, die nur grobe Anhaltspunkte liefern kann und nicht streng deterministisch interpretiert werden darf.

Es gibt wenige Vergleiche der Wirkungsmöglichkeiten und der Wirkungsweise der verschiedenen Instrumente. Eines der wenigen Beispiele dafür ist der Vergleich zwischen indirekter und direkter FuE-Förderung bei Unternehmen. Während ursprünglich davon ausgegangen wurde, daß die direkte durch die indirekte FuE-Förderung ersetzt werden könnte, hat sich diese Annahme aufgrund der Analyseergebnisse als revisionsbedürftig erwiesen. Beide Förderinstrumente sind eher durch gegenseitige Ergänzung geprägt, da sie eine unterschiedliche Klientel mit unterschiedlichem Innovationsverhalten in unterschiedlichen Phasen des Zyklus erreichen. Auch aufgrund der Marktstellung der einzelnen Unternehmen sowie unterschiedlicher innerbetrieblicher Auswirkungen stoßen sie ganz unterschiedlich geartete Forschungsprojekte an. Die ordnungspolitische Debatte sollte auf dem Hintergrund dieser Ergebnisse eigentlich an Heftigkeit verlieren. Auch von ordoliberalen Positionen wird staatliches Engagement in Form der direkten Förderung in begründeten Ausnahmefällen als vertretbar angesehen, wenn besonders risikoreiche Investitionen getätigt werden sollen. Dies ist in der Regel bei der Hochtechnologieförderung und somit auch im Bereich der Technologie am Beginn des 21. Jahrhunderts der Fall. Wenn - aufgrund der vielfältigen Relevanzkriterienbetrachtung - nicht allgemein innoviert, sondern gezielt Innovationen in bestimmte Richtungen ausgelöst werden sollen, verlieren die indirekten Förderungsinstrumente (etwa steuerliche) an Bedeutung.

Bei der Diskussion um die direkte Projektförderung sollte allerdings nicht übersehen werden, daß es noch weitere Alternativen gibt. Zumindest in Teilbereichen der Technologie- und Innovationspolitik (es wäre zu prüfen, inwieweit dies für die hier diskutierten Themenbereiche zutrifft) stellen die öffentliche Nachfrage (Beschaffungspolitik) und Regulierungsmaßnahmen bzw. Re-Regulierungsmaßnahmen vermutlich ebenso effiziente staatliche Instrumente dar wie finanzielle Anreize.

Zusammenfassend läßt sich feststellen, daß die institutionelle Förderung primär generierend und richtungsbeeinflussend wirkt, ähnliches gilt für die Verbund- und FuE-Projektförde-

Abbildung 49: Technologiepolitischer Instrumenteneinsatz und innovationsgerichtete Zyklen (analog zu Abbildung 5 und Abschnitt 4.3)

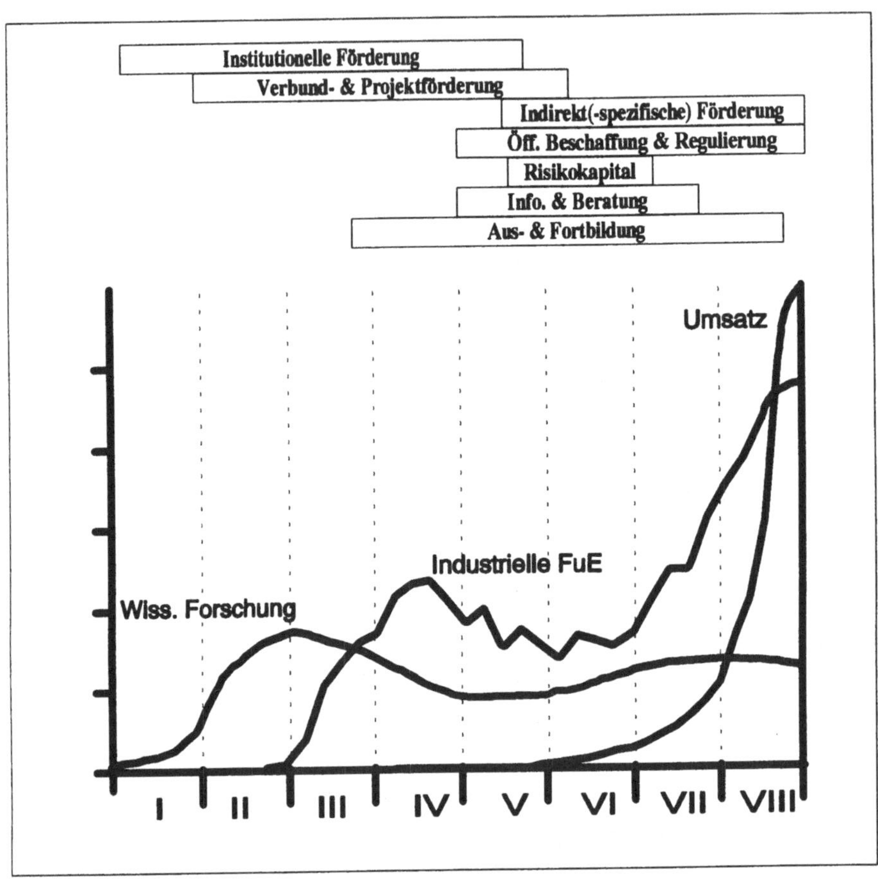

rung. Instrumente, wie die indirekt-spezifische Förderung dienen vorwiegend der beschleunigten Diffusion einsatzreifer Techniken. Die indirekte Förderung dient primär einer Klimaverbesserung, wobei festgestellt werden kann, daß diese Art der Förderung in der historischen Phase der Vereinigung Deutschlands als sinnvoll eingeschätzt werden kann. Die übrige innovationsorientierte Infrastruktur sowie der Technologietransfer dienen primär der Beschleunigung der Anwendung einsatzreifer Techniken (was diejenigen, die in diesem Bericht diskutiert werden, momentan nicht sind). Öffentliche Nachfrage, korporatistische Maßnahmen und insbesondere die Ordnungspolitik können alle denkbaren Effekte aufweisen.

Der Herausforderung durch die neue Technologie kommt einem Prüfungsantrag gleich, ob die staatliche Technologiepolitik der 70er und 80er Jahre selbst einer Innovation bedarf und der Staat als Träger der Technologiepolitik in den nächsten Jahren die Erkenntnisse der modernen wirtschaftswissenschaftlichen Forschung zur Informationsgewinnung, Strategiefindung, Effizienzkontrolle und die Wirkung der Nachfrage nach Innovationen durch öffentliche Beschaffung in sein Handlungsspektrum übernehmen und umsetzen sollte. Zwischen Technologiepolitik zur allgemeinen Wettbewerbsförderung und einer auf gesellschaftliche Leitvorstellungen gerichteten Technologiepolitik (wie sie sich aus der Kriterienbetrachtung ergibt), muß zukünftig unterschieden werden. Diese Forderung kann sogar noch radikaler formuliert werden, wenn man sich die Langfristperspektiven (Abschnitt 7.2) vor Augen hält. Mutmaßlich wird die Notwendigkeit einer Politikintegration immer dringender, d. h. einer engen Abstimmung und Koordinierung der staatlichen Technologiepolitik mit anderen Ressortpolitiken. Die Ansprüche an den Instrumentenmix sind nicht mehr von der Hand zu weisen, die besagen, daß Regulierung, öffentliche Nachfrage und Forschungsförderung im Ganzen gesehen werden müssen. Der Staat kann sich zukünftig aus der Rolle der aktiven Mitarbeit an der Auslotung technologischer Optionen und dem Aufzeigen von Gestaltungsperspektiven nicht mehr zurückziehen. Zu diesem Themenfeld gehört ein experimentelles Vorgehen wie in der vorliegenden Studie und auch die forschungsbegleitende Technikfolgenabschätzung, die begleitend zu Forschungsprogrammen auch institutioneller Art, also in sehr frühen Technikzyklen ansetzt.

In der Innovationsforschung und -ökonomie wird argumentiert, die "Technologiepolitik von morgen" plädiere weniger für eine Förderung bestimmter Technologie oder das Erreichen von bestimmten Forschungsergebnissen, sondern stärker für eine Unterstützung von institutionellen, organisatorischen und kommunikativen Prozessen, die eine Optimierung von Forschung, Entwicklung, Innovation und Diffusion ermöglichen ("Enabling"-Prozesse). Hierzu gehören die Ausnutzung, Schaffung und Stärkung von inter- und intrasektoralen Netzwerken, die Verflechung von Grundlagen-, angewandter und Industrieforschung und des Informations- und Kooperationsverhaltens von Unternehmen, die Initiierung von Lernprozessen (inner- und überbetrieblich) sowie des Wandels der klassischen FuE-Förderung hin zu Technologiemanagement und Systemplanung.

Soweit einige kursorische Zusammenfassungen aus der gegenwärtig laufenden Debatte der voraussichtlichen Änderungen in der Politik der vor uns liegenden Dekade. Sie ist nicht Gegenstand der vorliegenden Studie, sondern wird an anderen Orten geführt. Doch soll an dieser Stelle darauf hingewiesen werden, daß die Technologie am Beginn des 21. Jahrhunderts vor dem Hintergrund dieser Debatte gesehen werden muß, um bezüglich der Schlußfolgerungen und Empfehlungen konkret werden zu können. Im nächsten Abschnitt schließt sich eine langfristige Betrachtung an, die über den Horizont der Studie hinausgeht und absichtlich eine Ergänzung dazu darstellen will. Es ist wichtig, im Auge zu behalten, daß die absehbaren Entwicklungen der nächsten zehn Jahre in eine langfristige Sicht eingebettet bleiben und die langfristigen Wahlmöglichkeiten für unsere Gesellschaft nicht verstellen.

7.2 Langfristige Technologieleitprojekte und ihre technologiepolitische Bedeutung

Neue Technologie entsteht und entfaltet sich im Spannungsfeld vielfältiger Entwicklungslinien, Anforderungen und Interessen. In offenen Gesellschaften lassen sich die verschiedenen Einfluß- und Rahmenfaktoren nicht in lineare Beziehungen zueinander setzen (siehe Abschnitt 4.3). Technische Entwicklungen unterliegen schwer vorhersehbaren Dynamiken und Richtungsveränderungen; davon zeugt Kapitel 5. Langfristige Prognosen und Szenarien der Technikentwicklung haben sich aus solchen Gründen immer wieder als fehlerhaft erwiesen. Selbst die Anwendungsvorhersagen in diesem Bericht für einen Zeitraum von 10 Jahren weisen bereits eine erhebliche Fehlerquote auf. Dennoch sind neue Techniken Ergebnis gerichteten menschlichen Handelns und dienen menschlichen Zwecken unter bestimmbaren Bedingungen sowie mit durchaus invarianten Eigenschaften. Daher läßt sich ein kategorialer Rahmen aufspannen, in dem Einflußfaktoren der Technikentwicklung beschrieben werden können. Darin werden Voraussetzungen sichtbar, die bestimmte langfristige Technikentwicklungen für Problemlösungen fordern bzw. diesen förderlich sind, andererseits werden hemmende Faktoren erkennbar, so daß insgesamt eine bestimmte Technikentwicklung wahrscheinlich oder unwahrscheinlich wird.

Auf der anderen Seite können wichtige Richtungsangaben für technologische Grundorientierungen aus langfristigen gesellschaftlichen Problemlösungserfordernissen hergeleitet werden (die ihrerseits durchaus konfliktreichen gesellschaftlichen Bewertungsprozessen unterliegen können). Plausibilitätsüberlegungen im Rahmen einer zeitlich weit vorauseilenden Technikvorschau müssen daher beide Dimensionen reflektieren, also eine *funktionelle Sicht* und eine *normative Sicht* einnehmen. In dem Maße, wie beide Sichtweisen miteinander vereint werden können, wächst die Chance einer gültigen Vorausschau. Im folgenden werden relevante Aspekte der beiden Sichten skizziert.

Funktionelle Sicht der langfristigen Technikentwicklung

Eine neue Technologie wie die *Hochtemperatur-Supraleitung* stellt zunächst ein Potential dar, dessen Umsetzung bis zur Produktreife das Zusammenwirken verschiedener Techniken voraussetzt. Insbesondere bei der Anwendung neuartiger Materialien sind zumeist auch neue Fertigungstechniken erforderlich. Die wirksame Umsetzung von Basisinnovationen erfordert daher zumeist Innovationen in mehreren Technikfeldern, die sich wechselseitig bedingen (siehe Abschnitte 4.1 und 5.10). Hoffnungsträchtige basistechnologische Durchbrüche können an bestimmten fehlenden komplementären Techniken bzw. an fertigungstechnischen Problemen scheitern oder auch konkurrierenden technologischen Ansätzen unterliegen. Um beim obigen Beispiel zu bleiben: Gegenwärtig könnte den Hochtemperatur-Supraleitern in Einzelfällen für bestimmte Funktionen der Rang durch dünne Beschichtung mit extrem harten Materialien (z. B. Diamanten) abgelaufen werden. Daher ist es zweckmäßig, neben der Basistechnologie gleichgewichtig die angestrebten *technischen Funktionen* zu beachten.

Technologische Entwicklungen gedeihen häufig auf der Basis nichttechnischer *Strukturentscheidungen.* Beispielsweise sind Struktur und Organisation des Bildungs- und Wissenschaftssystems sowie dessen Kommunikationsformen wichtig für Forschung und Entwicklung. Wenn gegenwärtig als eine der wesentlichen strukturellen Voraussetzungen der deutschen Wettbewerbsfähigkeit einhellig das hohe Niveau der Facharbeiterqualifikation genannt wird, ist dies das Ergebnis der über 70 Jahre zurückliegenden Entscheidung zur allgemeinen Einführung eines dualen Berufsbildungssystems, in dem theoretisches und praktisches Wissen in wechselseitiger Ergänzung vermittelt wird.

An Investitionen in die Technologieentwicklung knüpfen sich bei Unternehmen Renditeerwartungen. Zur Begrenzung des Investitionsrisikos ist ein früher Amortisationsbeginn grundsätzlich erstrebenswert. In dieser Sicht ist z. B. die Kernfusion kritisch zu betrachten. Erstens sind über Jahrzehnte sehr hohe Investitionen zu leisten, bis die technische Funktionsfähigkeit erreicht werden kann, zweitens ist die Frage offen, ob ein wirtschaftlicher Einsatz überhaupt erreicht werden kann. Drittens handelt es sich um eine Alles-oder-Nichts-Investition. Führt die Technologieentwicklung nicht zum Erfolg, sind die Investitionen im wesentlichen verloren. Dagegen sind Technologieentwicklungen *renditefreundlich* und damit *wirtschaftlich attraktiv,* die frühzeitig, lange bevor ihr Entwicklungspotential ausgereizt ist, erste marktfähige Ergebnisse erbringen. Dazu zählt beispielsweise die Mikrosystemtechnik.

Gegenwärtig wird neue Technologie meist nur bezüglich ihres Beitrags zur Erhaltung der Wettbewerbsfähigkeit diskutiert, nicht zuletzt unter dem Eindruck des deutschen und europäischen Rückstandes auf dem Gebiet der Mikroelektronik. (Nicht so in diesem Bericht.) Dabei wird heute häufig die Produktseite neuer Technologie betont. Im internationalen Wettbewerb sind insbesondere aber Entwicklungen erfolgreich, in denen sich Produkt- und Prozeßinnovationen vereinen; ein erreichter Vorsprung bei Technikkombinationen ist schwerer aufzuholen. *Kombinierte Vorteilseffekte* können gegebenenfalls auch durch zusätzliche *regionalspezifische Faktoren* erreicht werden.

Häufig kommen bei der Orientierung technischer Innovationen die *Anwendungsgesichtspunkte* zu kurz. So wurden beispielsweise im Bereich der *Telekommunikation* technologisch hochwertige Konzepte entwickelt, die aber anwendungsseitig nicht attraktiv waren (Btx, Teletex). Hingegen wurden anwendungswirksame Ansätze (Telefax) in ihrem Potential erst erkannt, als der Markt durch japanische Unternehmen bereits dominiert war. Wenn also auf der einen Seite basistechnologische Innovationen zu Produktideen inspirieren können, so sollten auf der anderen Seite menschliche Bedürfnisse (seien sie auch trivialer Art) oder organisatorischer Nutzen gleichgewichtiger Ausgangspunkt im Nachdenken über technologische Entwicklungen sein.

In den marktbezogenen Einschätzungen neuer Technologie wird deren *infrastrukturelle Bedeutung* zuweilen nicht ausreichend gewürdigt. Beispielsweise liegt aber allein das Gebührenaufkommen der Deutschen Bundespost Telekom (als Maß für den gesellschaftlich-ökonomischen Bedarf an dieser Infrastruktur) in einer annährend vergleichbaren Größenordnung wie der Umsatz der Datenverarbeitungs-Branche in Deutschland. Die Strukturbeiträge aus der Einführung neuer Technologie sind daher als ein zwar indirekter, aber nichtsdestoweniger unverzichtbarer Beitrag zur gesamtwirtschaftlichen Produktivität zu betrachten.

In einer funktionellen, langfristigen Sicht der Technikentwicklung ergeben sich aus diesem Bericht verschiedene technologiepolitische Ansatzpunkte, z. B.:

- neue physikalische, chemische und biologische *Basiseffekte fördern*, die in verschiedenen Technikfeldern innovativ wirken können,
- *Fertigungstechnologie bereitstellen*, die eine rasche Umsetzung von Basiseffekten in innovative Produkte fördert,
- Techniken aufgreifen, die eine *Verknüpfung mit vorhandenem Know-how* und Fertigungsstrukturen erlauben, so daß sich auf der Basis vorhandener Erfahrungen mit begrenztem Investitionsvolumen neuartige Lösungen erreichen lassen,
- *nichttechnische Faktoren* wie Bedieneroberflächen, Benutzerführungen, Normungsfragen, Arbeitsorganisation und Qualifikationsaspekte frühzeitig berücksichtigen,
- *Kommunikations- und Kooperationsmöglichkeiten fördern*, die Partner aus verschiedenen Handlungsfeldern zusammenführen, und insbesondere sicherstellen, daß die innovierenden Unternehmen, auch die mittelständischen, sich auf eine hinreichende Wissensbasis (zielgerichtete Grundlagenforschung) im In- und Ausland stützen können,
- *Querschnittsdisziplinen an Lehr- und Forschungsinstitutionen* einrichten, die neue, fachübergreifende Sichtweisen entwickeln können.

Ferner sind langfristige ***wirtschaftlich, gesellschaftliche und kulturelle Trends*** zu berücksichtigen, wie z. B. die veränderte Altersstruktur der Bevölkerung, die Diversifikation der Haushalts- und Lebensformen, ein möglicher Strukturwandel der Arbeitsorganisation (Telearbeit) etc.

Normative Sicht der langfristigen Technikentwicklung

Zum anderen bilden (nicht immer ausformulierte) gesellschaftliche Zielsetzungen, erwachsen aus Wertvorstellungen und Problemlösungserfordernissen, einen Orientierungsrahmen der Technikentwicklung. In den letzten Jahrzehnten wurde die technische Entwicklung (wenn man von militärischen Interessen absieht) wesentlich vom Bestreben nach der umfassenden Befriedigung materieller Bedürfnisse aller Mitglieder der Gesellschaft vorangetrieben. Kostengünstige Massenfertigung war daher wesentliches Leitmotiv technischer Entwicklungen. Inzwischen verlagern sich kulturelle Leitvorstellungen von den sozialen zu den ökologischen Belangen. Dies führt zu einer Neubewertung technischer Entwicklungslinien (Kapitel 6). Beispielsweise werden Leistungssteigerungen von Motoren, die auf Kosten erhöhter Emissionswerte erreicht werden, heute Widerstand wachrufen. Es ist daher davon auszugehen, daß jede weitere technische Innovation mindestens indirekt von veränderten Wertorientierungen in der Gesellschaft beeinflußt wird (zur Ökologie siehe etwa Abschnitt 6.17). Ein Vorteil derartiger kultureller Leitvorstellungen ist ihre langzeitliche Gültigkeit, zumal wenn sie sich im Einklang mit objektiven Erfordernissen befinden. Angesichts des hohen technischen Innovationstempos, das den Produzenten kurz- und mittelfristige Planungen erschwert, wird damit langfristig ein Element der Stabilität gewonnen.

Eine neue Leitidee ist das *Kreislaufmodell.* Grundsätzlich werden hierbei alle Stoffe, einmal in den Wirtschaftskreislauf eingebracht, emissions- und rückstandsfrei immer wieder in den Kreislauf zurückgeführt. Von der Rohstoffgewinnung und dem Flächenbedarf sowie von Hilfsstoffen wie Wasser abgesehen, wäre damit der Güterkreislauf des Menschen von den natürlichen Kreisläufen entkoppelt (Abschnitt 5.10). Als Idealvorstellung nicht erreichbar, sind Anstrengungen zur Annäherung angesichts der prekären ökologischen und klimatischen Globalsituation dringlich. Zugleich erwächst aus diesem Anliegen eine perspektivreiche Vorgabe der Technologiepolitik.

- Unter normativem Aspekt sind daher künftig sich verstärkende Anforderungen an die Technikentwicklung im Hinblick auf minimierten Ressourcenverbrauch, Emissionsfreiheit und Kreislauffreundlichkeit richtungsweisend. Dafür sind notwendige Rahmenbedingungen insbesondere nichttechnischer Art, z. B. rechtliche Regulierungen, zu schaffen. Ihre Wirksamkeit wird maßgeblich davon bestimmt, ob sie ***langfristig stabile*** Signale an Forschung und Wirtschaft darstellen.

Kaum weniger bedeutsam als die ökologische Problematik ist die gesellschaftspolitische Dimension, also die ***Sozialverträglichkeit*** der Technik. Hochtechnologie mit sehr hohem Investitionsaufwand fördert oft zentralistische Tendenzen. Die Konzentration technologischer, ökonomischer (Abschnitt 6.11) und administrativer Macht geht mit der Gefahr der Desensibilisierung und Abkopplung von demokratischer Legitimierung einher. Handelt es sich dabei um eine Technologie mit nicht absehbarem Risikopotential, können konfliktträchtige Situationen entstehen. Werden diese gesellschaftspolitisch aufgelöst, bedeuten die vorangegangenen Aktivitäten Fehlinvestitionen. Bleiben solche Konstellationen über längere Zeit stabil, besteht die Gefahr, daß sich in der Folge von Strukturverkrustungen und den daraus resultierenden Fehlentscheidungen Lasten vielfältigster Art für kommende Generationen aufhäufen. Aus normativer Sicht sollten daher Technologieentwicklungen vermieden werden, die, verbunden mit hohem technologischen Risikopotential, Konzentrationsprozesse forcieren (Abschnitt 6.11).

- Unter normativem Aspekt muß die Technikentwicklung verträglich mit den Eckwerten des Rechtsstaats, der sozialen Marktwirtschaft und der parlamentarischen Demokratie sein. In technologiepolitischer Perspektive stellt sich damit das Anliegen nach einer Technikentwicklung, die eine breit gestreute Beteiligung von Akteuren unterschiedlicher Bereiche und Größenordnungen begünstigt und zu einem offenen Markt ohne besondere Zentrenbildungen führt.

Es liegt in der Natur einer spekulativen langfristigen Vorausschau, daß sie mit erheblichen Unsicherheiten hinsichtlich der Wahrscheinlichkeit ihres Eintreffens behaftet ist; nicht selten wird eher ein den verschiedensten Motiven entspringendes Wunschdenken als eine wahrscheinliche Zukunft präsentiert. Andererseits müssen umgestaltete technisch-ökonomisch-soziale "Kulturen" bis zur vollen Bedeutung und Wirksamkeit ohne weiteres in Zeiträumen bis zu 50 Jahren betrachtet werden (siehe etwa die heutigen Konsequenzen der Einführung des dualen Berufsbildungssystems vor 70 Jahren; vgl. mit oben). Somit erfolgen bereits heute Weichenstellungen für den technisch-sozialen Status der Gesellschaft in der Mitte des nächsten Jahrhunderts. Dies legitimiert die Frage, wie durch gerichtetes Handeln von jetzt an gewünschte zukünftige Lebensbedingungen wahrscheinlicher gemacht werden können. Darauf läßt sich natürlich nicht umfassend antworten. Immerhin können gewisse Mindestvoraussetzungen genannt werden, die in die Vorausschau einfließen sollten:

- Szenarien müssen mit langfristig gültigen gesellschaftlichen Wertorientierungen und Ressourcenvoraussetzungen verträglich sein.
- Es sind alle Rahmen- und Randbedingungen zu beachten, die den Entwicklungspfad möglich und darüberhinaus wahrscheinlich machen.

Beispielsweise wäre es sinnlos, ein Szenario mit innovativen Techniken für den Industriestandort Deutschland zu entwerfen, das erst bei einer grundlegend gewandelten Technikkultur strukturell stabil und nach außen wettbewerbsfähig ist. Es wäre unvernünftig, in ein solches Projekt zu investieren, d. h. einen sehr langen Amortisationszeitraum mit einer längeren kritischen Phase mangelnder Wettbewerbsfähigkeit - zumal bei letztlicher Ungewißheit des Erfolges - in Kauf zu nehmen. Andererseits werden bei einer Erfolgsgewißheit auch sehr lange Amortisationsspannen akzeptiert[3]. Weiterhin wird man sich auf langfristig angelegte Investitionsplanungen auch dann einlassen, wenn rasch und fortlaufend ***Multiplikatoreffekte*** zu erwarten sind, d. h. kontinuierlich Beiträge zur wirtschaftlichen Leistungsfähigkeit erbracht werden.

Die langfristige Vorausschau kann unter Beachtung der funktionellen und normativen Faktoren sehr konstruktiv wirken, indem sie Gestaltungskräfte freisetzt und frühzeitig gerichtetes, kooperatives Handeln anstößt und aufgrund überzeugender Perspektiven die Unternehmen fortgesetzt motiviert. Auf diese Weise kann eine langfristige Vorausschau eine *positive selbsterfüllende Prophezeiung* darstellen. Japans Technologiepolitik macht sich ein solches Vorgehen seit langem zu eigen (mit den sog. "Visionen").

Im folgenden werden einige technologische Großprojekte neuer Art skizziert, deren spekulativer Charakter offensichtlich ist, die aber zumindest in wichtigen Aspekten der Anforderung entsprechen, normative wie funktionelle Sichtweisen miteinander zu verbinden. Sie sollen *langfristige Technologieleitprojekte* genannt werden.

3 Für den Bau neuer Eisenbahntunnel durch Alpenmassive (etwa durch den Brenner) sind ein Investitionsvolumen von 20 bis 30 Milliarden DM, eine Bauzeit von 10 bis 15 Jahren und Amortisationszeiten von mindestens 60 Jahren kein Hemmnis, angesichts der europäischen Verkehrsproblematik gilt der Erfolg als gewiß. Siehe auch das Beispiel des Rhein-Main Donau-Kanals.

Langfristige Beispiele für Technologieleitprojekte

"In unserm Weinberg ruht ein Schatz; grabt nur danach!" richtet in einem alten deutschen Gedicht der dahinscheidende Vater seine letzte Ansprache an seine Kinder[4]. Zorn und Verzweiflung packt diese, als nach mühevollem Graben der ersehnte Fund ausbleibt. Doch als die nächste Erntezeit herankommt, bringt just dieser Weinberg die größte und schönste Ernte weit und breit, und die Söhne erkennen, daß die Worte des Vaters sich in unverhoffter Weise bewahrheiteten: "... und gruben nun jahrein, jahraus, des Schatzes immer mehr heraus".

Darin wird die ***motivierende Kraft von Leitprojekten*** deutlich, die Energie und Bereitschaft zu konzertiertem Handeln in einem Ausmaß freisetzen, wie es "profane" Alltagsziele kaum leisten könnten. Dem sterbenden Vater war der illusionäre Charakter des Leitprojekts von vornherein klar. Dennoch waren die Mühen nicht vergebens. Um so mehr sind Leitvorstellungen anzustreben, die auch in ihrer originären Zielsetzung erfolgversprechend sind. In Verbindung mit "Etappenerträgen" - mögen sie Synergieeffekte, added innovations, Technologietransfer, spill-over oder spin-off, als nicht vorgesehener Verwertungsakt, heißen (hier werden diese Effekte als ***Multiplikatoreffekte*** zusammengefaßt) - bleibt das zweifache Interesse gewahrt: Investitionssicherung unter Aufrechterhaltung zukunftsträchtiger Gestaltungsoptionen. So ist hier "Spekulation" zu verstehen; als weit vorauseilender Blick, bewußt technische Erfordernisse in Kauf nehmend, deren Erfüllung mit gegenwärtigen Mitteln noch nicht abzusehen ist, der dabei jedoch Plausibilität unter den verschiedenen Sichten beanspruchen kann.

- Technologieleitprojekte sollten dauerhaft Motivation erzeugen und Kräfte bündeln, um für langfristig erkennbare Problemlösungserfordernisse wirken zu können und dabei bereits auf dem Wege erfolgsträchtig sein.

Mit den im folgenden vorgestellten Leitvorstellungen wird keineswegs eine vollständige oder auch nur umfängliche Antwort auf die Herausforderung der Zukunft gesucht. Dies schon deshalb nicht, weil die Ergebnisse der sog. Delphi-Befragung in Deutschland noch nicht vorliegen. Zentrale Fragen wie z. B. die der künftigen Energieversorgung werden nicht berührt. Ein wesentlicher Grund liegt darin, daß zu diesem Thema wie auch zu anderen Problemen bereits eine breite Diskussion geführt wurde. Deshalb wird der Anlaß der Vorausschau wahrgenommen, den Blick beispielhaft auf Leitvorstellungen zu lenken, die bisher im Lichte der hier entfalteten Argumentation zumindest nicht konsequent diskutiert wurden. Damit sollen nicht Feststellungen getroffen und Prioritäten gesetzt, sondern An-

---

4 Gottfried August Bürger: "Die Schatzgräber" (der Dichter lebte 1747-1794).

stöße gegeben werden. Was dafür spricht, ist, daß sich das Ungewöhnliche oder gar Utopische zuweilen als das Perspektivische erweist.

Vision der Güterproduktion

"Technische" Technik[5] hat sich bei der materiellen Versorgung als außerordentlich wirksam erwiesen. Techniken stellen jeweils sinnreiche Faktoren und Prozeßkombinationen dar. Sie erfordern hochstrukturierte, günstige "Milieus", also geeignete Produktionsumgebungen; sie sind als solche in hohem Maße artifiziell. Der Preis für den erreichten hohen Standard der Güterversorgung und der damit verbundenen "Künstlichkeit" liegt in dem sehr hohen Ressourcenverbrauch (Stoffe, Energien) sowie in der Belastung der verschiedenen Umgebungsdimensionen (Wasser, Luft, Boden).

Die neue Biotechnologie wird - zumindest am Beginn des 21. Jahrhunderts - meist mit Chemie und Pharmazie sowie Landwirtschaft in Verbindung gebracht. Langfristig kann sie jedoch die Güterproduktion umfassend revolutionieren. Auf biotechnischem Wege können Organismen geschaffen werden, deren Programm die Erzeugung der für den individellen bzw. gesellschaftlichen Bedarf geeigneten Gütern aller Art ist. Diese werden nicht mehr herkömmlich produziert - sie "wachsen". In diesem Sinne findet eine *Ablösung von Fertigungstechnik durch Verfahrenstechnik* statt. Montage weicht beispielsweise der "Sedimentierung" (vergleichbar dem Aufbau von Muschelschalen). Stoffkombinationen, Formen und Funktionen werden durch die vom Menschen geschaffenen oder re-kombinierten genetischen Programme vorgegeben.

Der "bilanzmäßige" Nutzen des Ansatzes ergibt sich nicht zuletzt aus folgender Überlegung: Organismen leben und operieren zum Selbstzweck, sie sind selbstreferentiell. Zum Selbstschutz in einer konkurrierenden und feindlichen Umwelt müssen sie einen beträchtlichen Teil ihrer Struktur- und Energieleistungen für Abwehraufgaben einsetzen. Dies stellt sich unter dem Verwertungsinteresse des Menschen als "Umweg" bzw. "Verlustleistung" dar. In dem Maße, wie nun in biotechnisch erzeugten günstigen Milieus Organismen Schutz gewährt wird, werden diese Leistungspotentiale freigesetzt und können, etwa durch entsprechende gentechnische Programmierung, unmittelbar menschlichen Verwertungsinteressen verfügbar gemacht werden. So können beispielsweise unter Verzicht auf vollständige Organismen lediglich Teilprozesse, sozusagen "Organleistungen", genutzt werden. Dies eröffnet im Vergleich zu natürlichen Wachstumsprozessen eine außerordentliche Effektivitätssteigerung, womit eine erhebliche Ressourcen- und Energieersparnis einhergehen kann. Zudem sind Residuen (einschließlich der zu entsorgenden Güter) in biologisch-technische Kreisläufe rückführbar. Diese Vision zur Güterproduktion wird für die Nahrungsmittel noch et-

---

5 "Techne" (griechisch) bedeutet auch "Künstlichkeit". Dies ist hier im Unterschied zu "Natürlichkeit" gemeint.

was weiter ausgeführt, bevor fundamentale Bedenken formuliert werden - und damit Appelle zu "besserer" Forschung.

Vision der Nahrungsmittelproduktion

Die weltweite Nahrungsmittelproduktion wird absehbar in den nächsten Jahrzehnten durch folgende Entwicklungen in Krisen geraten:

- Die Weltbevölkerung wird sich bis zum Jahre 2050 auf über 10 Milliarden verdoppeln.
- Durch Kontaminierung und Bodenerosion schrumpft die verfügbare Fläche als Basis für eine herkömmliche landwirtschaftliche Nahrungsmittelerzeugung. Wesentlich verursacht durch Überweidung und Waldkahlschlag breiten sich die Wüsten aus.
- Gleichzeitig sind wachsende Belastungen und Verluste in den Wasserhaushalten zu erwarten.
- Die durch die Vermehrung des Kohlendioxids bedingte globale Erwärmung könnte nach neuen Erkenntnissen des Atmosphären-Wasser-Systems der Erde paradoxerweise zu einer deutlichen Abkühlung in Europa führen, mit drastischen Folgen für die Landwirtschaft.

Zur Vermeidung der Ressourcenverknappung wird unter dem Leitbegriff "Nachhaltige Entwicklung" (sustainable development) eine veränderte Form des Wirtschaftens gefordert: technisch-ökonomische Dynamik unter Aufrechterhaltung eines fließgleichgewichtsartigen Zustandes der natürlichen Ressourcen. Derartigen Anforderungen läßt sich nur durch kreislaufwirtschaftliche Organisationsformen entsprechen.

Die herkömmliche Landwirtschaft ist jedoch in Kreislaufkonzepte mit dem Ziel der Ressourcenschonung kaum einzuordnen:

- Sie hat einen sehr hohen Flächen- und Wasserbedarf und stört die Bildung großer, geschlossener Biotope.
- Der rationalisierungsbedingte Einsatz schwerer Fahrzeuge bewirkt eine Bodenverdichtung.
- Durch den Einsatz von Dünge- und Schädlingsbekämpfungsmitteln kommt es zu diffusen, nicht kontrollierbaren Kontaminierungen des Bodens und schwer beherrschbaren Emissionen in die Atmosphäre.
- Insbesondere die Fleischerzeugung erzwingt einen sehr hohen Flächenbedarf und Ressourcenverbrauch (Futtermittelanbau). Der Energieverbrauch ist im Vergleich zur energetisch gleichwertigen pflanzlichen Nahrung um den Faktor 10 höher.

Eine andere Ernährung, die auf - in diesem Sinne - besonders problematische Speisen verzichtet, wird inzwischen von einem breiten politischen Spektrum gefordert und von gewissen Bevölkerungsschichten bereits praktiziert. Offen ist jedoch, ob sich das Verhalten der breiten Bevölkerung in aller Welt dem anpaßt und ob sich das wirtschaftliche Nord-Süd-Machtgefälle nivelliert. Unter der Annahme, daß Verhaltensänderungen von Privatpersonen und Unternehmen allein nicht zu einer ausreichenden Lebensmittelversorgung der Weltbevölkerung führen, sind andere Lösungen zu erwägen. Durch den Einsatz ***bio- und gentechnologischer Methoden*** können künftig - neben einer Optimierung herkömmlicher Verfahren - Nahrungsmittel bzw. Nährstoffe technisch erzeugt werden,

- welche die wesentlichen Eigenschaften und ästhetischen Anforderungen (z. B. Nährwert, Geschmack, Konsistenz, Farbe) natürlicher Lebensmittel nachbilden,
- die mit einem drastisch verringerten Aufwand an Fläche, Energie und Wasser gewonnen werden können,
- deren Erzeugung in räumlich-organisatorisch geschlossenen Kreislaufsystemen und daher weitgehend frei von Belastungen der Umwelt erfolgen kann.

Dieser Ansatz zielt nicht auf eine Optimierung der gegebenen Techniken der Nahrungsmittelerzeugung (die ohnehin in Richtung auf hohe Erträge auf kleinen Flächen fortschreiten wird), sondern vielmehr langfristig auf deren (Teil-)Substitution, getrieben von der Erkenntnis, daß traditionelle Landwirtschaft angesichts der zu berücksichtigenden Bevölkerungsgrößen im Sinne einer "nachhaltigen Entwicklung" nicht möglich ist, die Änderungen im Ernährungsverhalten nicht hinreichen werden und das Nord-Süd-Gefälle nicht abgebaut wird. Damit wird zugleich die Vorstellung eines die menschlichen Bedürfnisse und die Natur versöhnenden Modells von "Sustainable Development" durch Modernisierung entlang herkömmlicher Orientierungen für eine absehbare Zukunft und unter den gegebenen weltwirtschaftlichen Verhältnissen verworfen und ein Konzept einer dauerhaften Entwicklung entgegengestellt, das idealbildlich auf radikal entkoppelte technische und ökologische Kreisläufe angelegt ist. Dies auch nur annähernd zu realisieren, ist gewiß ungeheuer schwierig - alles andere aber scheint schlechterdings illusionär zu sein.

Ein derartiger Ansatz muß auf fundamentale Skepsis stoßen, nicht zuletzt im Hinblick auf die Umweltverträglichkeit und Beherrschbarkeit der Gentechnologie mit der ethischen Problematik im Hintergrund. Man wird sich hier zu einer grundsätzlichen Beantwortung der Frage durchringen müssen, was kritischer sein wird: Das Ausprobieren oder das Unterlassen. Zusätzliche Sicherheitsmaßnahmen sind integriert und zeitgleich zu entwickeln; forschungsbegleitende Technikfolgenabschätzung wird unabdingbar.

Vision der Transportsysteme

Neben der Güter- und der Nahrungsmittelproduktion gerät die Verkehrsproblematik zunehmend in den Brennpunkt technologiepolitischer Aufmerksamkeit:

- Die bisher gebräuchlichen Antriebstechniken führen zu gravierenden Umweltbelastungen, vor allem im Hinblick auf die Benzol-, Kohlendioxid- und Stickstoff-oxid-Belastungen. Andiskutierte Wasserstoffantriebe wären ebenfalls hinsichtlich der Stickstoffoxidbildung nicht unkritisch (falls nicht mit reinem Sauerstoff verbrannt wird), bei Flugzeugantrieben in höheren Atmosphärenschichten kämen Klimabeeinträchtigungen durch Eiskristallbildung hinzu.
- Dem wachsenden Flächenbedarf der Verkehrssysteme kann in dichter besiedelten Regionen nicht mehr entsprochen werden. Neue Trassen für schienengebundene Verkehrsmittel sind in Verdichtungsräumen faktisch nicht mehr verfügbar.
- Die "sozialen Kosten" des Verkehrs (die nicht durch die Nutznießer getragen werden) beliefen sich in Deutschland bereits Mitte der achtziger Jahre auf ca. 5 % des Bruttoinlandsprodukts.
- Die Vermischung von Personen- und Güterverkehr auf den Straßen trägt zu Verkehrsstauungen bei.
- Durch steigende Verkehrsdichte wachsen Fahrzeiten, Zeitpläne werden zunehmend unkalkulierbar, was für den Wirtschaftsraum Europa ein beträchtliches Handicap darstellt.
- Veränderte klimatische Bedingungen (Temperaturen, Stürme, Ozonloch) könnten es sinnvoll oder sogar notwendig machen, Verkehr zumindest teilweise unabhängig von den Verhältnissen an der Erdoberfläche durchzuführen.

Diesen Problemen kann durch organisatorische Konzepte und Verkehrsvermeidung begegnet werden - die Frage ist, wie weit. Unter ökologischen, siedlungspolitischen sowie zeitökonomischen Gesichtspunkten wäre es daneben sinnvoll, Teile des weiterhin benötigten Verkehrsaufkommens in tiefgelegenen (ökologisch neutralen) Tunnelsystemen zu bewältigen. Als Vision wäre ein Vakuum-Hochgeschwindigkeitstransportsystem anzustreben, das die europäischen Zentren innerhalb sehr kurzer Reisezeiten verbindet.

Aus den verschiedenen, anderenorts eingebrachten visionären technologischen Lösungen, z. B. in der japanischen EPA-Studie (siehe 2. Kapitel), wurde hier die Tunneltechnologie herausgegriffen, weil (unabhängig von den japanischen Überlegungen) der Gedanke als interessant eingeschätzt wird und diese Technologie zugleich beispielhaft für eine langfristige Technikvorausschau stehen kann. In den spärlichen Kommentaren hierzulande schimmert gegenüber derartigen Ideen eine gewisse Ratlosigkeit durch und in der Tendenz wird diese Idee auf die Spezifika japanischer Raumbedingungen zurückgeführt. Solche Einschätzungen erscheinen jedoch zeitgeist- oder zeitgebunden und scheuen das Wagnis der Spekulation.

Dabei mögen gegenwärtige Hemmnisse argumentationsleitend sein. Heute liegen die Kosten für Tunnelbauten bei 200 bis 300 Millionen DM pro Kilometer. Um konkurrenzfähig zu sein, müßten die Kosten um annähernd eine Zehnerpotenz gesenkt werden. Dies setzt einen völlig veränderten und praktisch vollständig automatisierten Tunnelbau bei nicht vollständig bekannten Umgebungsbedingungen (geologische Verhältnisse) voraus.

Über gegenwärtige Grenzen und Befangenheiten hinaus sollte jedoch das Bestreben darauf gerichtet sein, künftige Anforderungen normativer oder funktioneller Art zu erahnen, um zielgerichtete technologiepolitische Maßnahmen rechtzeitig in Gang zu setzen.

Die Multiplikatoreffekte des Tunnelbaus sind als hoch einzuschätzen. Es handelt sich um ein hervorragendes Leitprojekt, um komplexe Anlagen und Systeme mit einer informationstechnisch gestützten, eigengesteuerten Operationsfähigkeit für nicht vollständig bekannte und sich verändernde physikalische Umgebungen zu entwickeln und zu optimieren. Der Verkehrsbereich insgesamt, aber auch der Produktions- und der Baubereich könnten davon profitieren.

Schlüsselfaktor "Technologie am Beginn des 21. Jahrhunderts"

Erfolgreiche Technikentwicklung ist stets auch aktive Gestaltung von Rahmenbedingungen. Die Gesellschaft ist daher dem Aufkommen neuer Technologie nicht in einer unvorhersehbaren Weise ausgesetzt, sie ist durchaus handlungsfähig. Dies setzt allerdings umfassende, gründliche und realistische Analysen voraus, insbesondere natürlich Zielvorstellungen. Zur Förderung gewünschter Technikentwicklungen werden beispielsweise häufig komplementäre Technikentwicklungen stattfinden müssen, um einer neuen Technologie zum Durchbruch zu verhelfen. So sind auch die vorgenannten Leitprojekte ohne das intensive *Zusammenwirken der verschiedensten Technologiefelder* nicht zu bewältigen. Beispielsweise werden die *Materialtechniken* in vielfältiger Hinsicht Schlüsselfunktionen haben. Ebenso sind von der *Nanotechnologie* bedeutende Beiträge für Anschlußinnovationen in unterschiedlichen Technikfeldern zu erwarten.

Im folgenden wird die *Informationstechnik in ihrer Schlüsselrolle* herausgehoben: Die beispielhaft angeführten Leitprojekte könnten ohne verschiedene wichtige Beiträge aus der Informationstechnik nicht realisiert werden. Angesichts der bisherigen Leistungen und Wirkungen der Informationstechnik und ihrer Basistechniken wie z. B. der *Mikroelektronik* bedarf es keines gesonderten Hinweises auf die Bedeutung von Fortschritten im Hinblick auf

Miniaturisierung und Integration, auf gesteigerte *Rechner- und Speicherleistungen.* Ebenso ist es fast ein Gemeinplatz, auf die Nützlichkeit weiter verbesserter und leichterer Bedieneroberflächen hinzuweisen, die bis zur "Virtuellen Realität" vorangetrieben werden. Vielmehr werden einige Segmente aus der Technologieliste dieses Berichts noch einmal betont, die im Hinblick auf die vorgenannten Technologieleitprojekte von spezifischer Bedeutung sind.

"Technische" Technik und biologische Systeme unterscheiden sich in vielfältiger Hinsicht, besonders augenfällig auch im Hinblick auf ihre Komplexität. Der Erfolg der "technischen" Technik liegt im besonderen in der gelungenen Komplexitätsreduktion: Aus der ungeheuren Vielfalt der in der Natur vorgefundenen oder möglichen Phänomene werden gezielt einzelne selektiert und kombiniert, um zu deterministischen Input-Output-Beziehungen zu gelangen. Dagegen erscheinen biologische Systeme auch in Eingrenzung überaus komplex zu sein in ihrem differenzierten, netzwerkartigen Zusammenspiel bereits im Rahmen elementarer Funktionen. Sie sind in dem Sinne offen strukturiert, daß sie mehr Möglichkeiten enthalten, als Wirklichkeit werden können. Dennoch - und gerade daraus - werden evolutiv erfolgreiche Vorgehensweisen herausgebildet, was letztlich bedeutet, daß ebenfalls Strategien der Komplexitätsreduktion entwickelt wurden: beispielsweise Triebsysteme unterschiedlicher Ordnung, soziostrukturelle Hierarchien, bei Menschen Wertvorstellungen, letztlich "Sinn" - eine Kategorie, die gerade hier im Rahmen der Technikvorausschau mit ihrem spezifischen Potential der Komplexitätsreduktion eine besondere Rolle spielt.

Wenn also *biologische und genetische Strukturen und Prozesse* Muster für die Gestaltung der *Produktionstechnologie* sein sollen, sind technische Verfahren der Komplexitätsreduktion zum Aufspüren von sinnvoll begehbaren Wegen in der ungeheuren Fülle von Möglichkeiten erforderlich. In dieser Funktion ist die überragende *Schlüsselrolle der Modellbildungs- und Simulationsprogramme* zu sehen. Nimmt man allein die kaum noch überschaubaren chemischen Anschlußmöglichkeiten einer einzigen Molekülkette, etwa eines Proteins, wird sofort klar, daß ein konventionelles experimentelles, also durch Realerfahrung geleitetes Vorgehen unter den zeitkritischen Verhältnissen der uns real umgebenden Welt hoffnungslos bleiben muß. Allerdings werden seit kurzem auch evolutive experimentelle Ansätze für biologische Produktionssysteme verfolgt, die ein erhebliches Potential für effiziente Problemlösungen bieten. Vor allem die Simulation im Rechner eröffnet die Chance, wirksam voranzukommen. In diesem Zusammenhang sind genetische Programme zu erwähnen: Verfahren, die mit Hilfe der Simulation evolutive Strategien - Mutation, crossing over, Selektion - nutzen und damit in sehr effizienter Weise Ausgangsbedingungen mit Zielvorstellungen verknüpfen können. Gerade darum geht es letztlich bei einer *biotechnischen Güterproduktion*: Rohzustände von Materie in verwertbare Produkte zu überführen, und zwar ohne die "Umwege" natürlicher Organismen für deren Selbstzwecke, oder den hohen Ressourcenverbrauch "technischer" Techniken. Ebenso ist die Unanschaulichkeit molekularer Strukturen ein triftiger Grund für den Einsatz von Modellbildungs- und Simulationsprogrammen.

Die Argumentation zur Nutzung der Computersimulation für Komplexitätsreduktion und Überwindung von Unanschaulichkeit gilt für jegliche Forschung und Entwicklung auf atomarer und molekularer Ebene. So wird mancher Zukunftswerkstoff nur durch eine intensive *Erforschung molekularer Strukturen und Prozesse* mittels Simulation erfolgversprechend verfolgt werden können. Schließlich sind Simulationen auch als Übungsschritt zu funktionsfähigen *Genprogrammen* zu sehen. Die gelungene Simulation kann als der programmtechnische Prototyp eines dann molekular zu realisierenden genetischen Programms gelten.

Biologische Systeme sind mit netzwerkartig verknüpften Subsystemen, Kleinstregelkreisen, ausgerüstet, deren wirkungsvolles Zusammenspiel den lebensfähigen Organismus ermöglicht. Um das Verständnis über derartige Kleinstregelkreise und ihre Feinststrukturen zu erlangen, ist die *Mikrosystemtechnik* unverzichtbar. Sie vereint mit den Funktionsbereichen der *Sensorik, Signalverarbeitung, Aktorik* und den *Aufbau- und Verbindungstechniken* die Basiselemente derartiger Zellstrukturen und kann wie das Simulationsprogramm gegenüber dem genetischen Programm als reduziertes technisches Analogon zu Grundfunktionalitäten von Organismen verstanden werden.

Als ein eigenständig zu betrachtendes Segment der Informationstechnik ist die *(hochauflösende) Bildverarbeitung* hervorzuheben. Sie ist überall dort unverzichtbar, wo Technik in eine direkte, dynamische Beziehung zur physikalischen Umwelt tritt, im besonderen bei sich verändernden Umweltbedingungen. Dies gilt sowohl auf der Ebene von Mikrostrukturen (z. B. eigenbewegliche Mikrosysteme), in der Medizin (Endoskopie) und der Ausbildung, wie auch bei Großsystemen (Robotern u. ä.). Eigengesteuerte Operationen technischer Systeme in unbekannter Umgebung, wie sie z. B. für einen effizienten, d. h. ökonomisch vertretbaren Tunnelbau unerläßlich sind, setzen die Beherrschung derartiger Techniken zwingend voraus, die ihrerseits auf andere Techniken, z. B. die *Neuroinformatik*, zurückgreifen.

Letztlich wird man, um wirkungsvoll in einer schwierigen physikalischen Umwelt, sei es in oder über dem Boden, operierende technische Systeme schaffen zu können, auf die kombinierten Beiträge der verschiedenen informationstechnischen Teilbereiche angewiesen sein: Modelle (mit angeschlossenen *Wissensbasen*) werden benötigt, um durch Bilderkennung eingespeiste Information zielgerecht bearbeiten zu können; Simulationen, um Alternativen durchzuspielen, aus denen anhand von gespeichertem Erfahrungswissen eine Auswahl getroffen werden kann; schließlich leistungs- und größenmäßig abgestufte Handhabungssysteme (vom Mikrosystem bis zum Roboter), die unter wechselnden Umgebungsbedingungen angemessen agieren können.

Bedeutung der langfristigen Betrachtung für die Technologiepolitik

Es hat seine eigenen Risiken, auf wenigen Seiten ein derart facettenreiches Thema anzugehen und sich dabei auf das (reizvolle) Wagnis weitreichender Technikspekulation einzulassen. Jedoch hat eine solche Verdichtung den Vorzug, daß in einem Durchgang wesentliche Aspekte und Kategorien zusammengeführt werden können, die für eine derartige Betrachtung bedeutsam sind. Sollte der eine oder andere Gedanke als zu gewagt oder gar abwegig erscheinen, sei darauf verwiesen, daß der gründlichen, expertengesicherten, instrumentellen Vorausschau zur Technologie am Beginn des 21. Jahrhunderts im Rahmen diesen Vorhabens sowie der parallelen Delphi-Befragung durchaus Genüge getan wurde. Angesichts drängender Probleme, die durch eine Strategie der "Modernisierung" offensichtlich nicht zu bewältigen sind, sollte auch dem zeitlich wie gedanklich weiterreichenden explorativen Vorstoß ein Platz eingeräumt werden. Unerläßlich ist es, Kategorien herauszufinden und Kriterien zu benennen, die es erlauben, spekulative Visionen in plausible Vorausschau zu überführen, d. h. die Bedingungen begehbarer Wege aufzuzeigen. Das bedeutet z. B., daß Visionen ohne Technik sinnlos sind, daß aber die Technik in neuen Dimensionen gedacht werden sollte. All dies wurde hier beispielhaft, keineswegs umfassend und auch nicht vollständig versucht.

Im Hinblick auf konkrete Maßnahmen zur Weiterführung des Themas über diesen explorativen Abschnitt hinaus wird vorgeschlagen, die demnächst zu erwartenden Ergebnisse der deutschen Delphi-Befragung in einer Folgestudie im Sinne langfristiger Entwicklungen weiter zu analysieren. Die detaillierten Einschätzungen zu mehr als 1.000 Einzelthemen bis zum Jahr 2020 sollten eine ausreichende Basis abgeben, um die Erreichbarkeit von verschiedenen langfristigen Technikleitprojekten im obigen Sinne näher zu konkretisieren. Dabei müßten auch die Verflechtungen zwischen den vorausgesagten wissenschaftlichen Entdeckungen und technischen Realisierungen und den Erfordernissen der Leitprojekte geklärt werden. Hierfür könnte wiederum der Sachverstand der Projektträger herangezogen werden.

Technologieleitprojekte und überhaupt die visionäre Betrachtung der Technikentwicklung wie auch der vor uns liegenden Herausforderungen wirft andere, radikalere Frage an die Technologiepolitik auf, als sie mit kurzfristigem Blick in Abschnitt 7.1 formuliert wurden.

Es ist nicht die Aufgabe dieser Studie, diese zu konkretisieren. Als Ausblick sollen aber die langfristigen Dimensionen umrissen werden:

- Wie ist eine Konsensbildung über Technologieleitprojekte der beschriebenen Art herbeizuführen? Wer wirkt daran mit? Wie werden die globalen Wirkungen von Technik von den lokalen politischen Systemen behandelt? Welche Rolle kommt der nationalen Technologiepolitik dabei zu?

- Gibt es Instrumente zur Vorausschau zukünftiger politischer Akteurskonstellationen und wie leistungsfähig sind sie? Sollten und müßten sie nicht in den Zusammenhang mit Technikvisionen gestellt und mit ihnen angewendet werden?

- Welche zukünftige Rolle kommt der parlamentarischen Demokratie im Hinblick auf die Technikentwicklung innerhalb der nächsten 20 bis 50 Jahre zu? Welcher Souverän sichert die Beherrschbarkeit von Technologieleitprojekten der dargestellten Art besonders auch in zeitlicher Hinsicht?

- Setzt nicht manches globalisierte Leitprojekt extrem stabile, konzentrierte Machtverhältnisse voraus? Führen "intelligente" Technologie, Kreislaufwirtschaft und konsequente Beseitigung von Umweltbelastungen angesichts der Größe der Herausforderung wiederum zu so etwas wie der "nuklearen Priesterschaft" (Weinberg), also einer langzeitstabilen Expertokratie?

- Muß die Technologie der Zukunft mit unnachgiebiger Gewalt durchgesetzt werden, z. B. gegenüber dem international organisierten Verbrechen, das sie selbst beherrschen will? Welche Rolle spielen Ressourcenverteilung und "Dritte Welt" in der Technologie von morgen?

Diese Fragenliste soll deutlich machen, daß die beschriebenen Trends in der Technologiepolitik bis zum Beginn des 21. Jahrhunderts (Abschnitt 7.1) ihrerseits wiederum ein Schlüssel für noch weitergehende Änderungen sein können, so wie die Technologie der nächsten Dekade den Weg in die Leitprojekte des 21. Jahrhunderts weisen kann - oder nicht. Die Technologiepolitik für übermorgen muß morgen in die Wege geleitet werden.

8 Was ist jetzt zu tun? Handlungsorientierte Zusammenfassung

Bedeutung der Studien zur kritischen Technologie

In den letzten Jahren ist in führenden Industrieländern, vor allem in den Vereinigten Staaten und in Japan, aber auch in Europa und in anderen OECD-Ländern, die Frage nach der mutmaßlichen Entwicklung von Wissenschaft und Technik aktuell geworden. Eine ganze Reihe von Studien zur Einschätzung der sogenannten kritischen Technologiebereiche für die mittelfristige Zukunft sind mittlerweile publiziert worden. Sie enthalten jeweils mehr oder weniger umfassende Technologielisten. Solche Studien wurden mit der generellen Zielsetzung erstellt, Forschungsaktivitäten und -ressourcen auf diejenigen Technologiebereiche zu konzentrieren, denen ein entscheidender Einfluß auf die zukünftige Problemlösungsfähigkeit der jeweiligen Volkswirtschaften zugesprochen wird.

In allen ausländischen Studien gibt es interessante Aspekte, die auch für Deutschland von Bedeutung sind. Sie sind mit einigen Abstrichen als positiv einzuschätzen, zumal sie auf die Wichtigkeit und Machbarkeit solcher Untersuchungen für die Forschungsplanung hinweisen und belegen, daß Europa (und hier auch Deutschland) in dieser Hinsicht noch ein aufholender Kontinent ist. Der hauptsächliche Kritikpunkt berührt jedoch den Detaillierungsgrad. Einige der als kritisch identifizierten technologischen Bereiche sind in den ausländischen Studien so breit definiert, daß selbst bei sachgerechter Darstellung und Verdichtung des Materials wirklich nützliche Empfehlungen und technologiepolitische Entscheidungen daraus nicht abgeleitet werden können.

Die Durchsicht der *ausländischen Studien zur kritischen Technologie* hat sich als sehr hilfreich bei der Konzeptionierung der hiermit vorliegenden deutschen Untersuchung erwiesen. Aus den Fehlern anderer kann man lernen; zuvor müssen die Unzulänglichkeiten aber identifiziert sein. Für die nun abgeschlossene deutsche Untersuchung kann insbesondere festgehalten werden, daß der Detaillierungsgrad der technologischen Themenliste von vorneherein wesentlich feiner konzipiert wurde als in den ausländischen Vergleichsstudien, um überhaupt zu konkreten Schlußfolgerungen und Bewertungen kommen zu können. Schließlich mußten, um die Problemlösungspotentiale der Technologie darzustellen, andere als die gängigen Effizienzkriterien angelegt werden. (Auch dies ist eine Lehre aus den vorliegenden ausländischen Studien.) Andernfalls bliebe es bei der pauschalen Versicherung, neue Technologie hätte entsprechende Potentiale.

Die Beobachtung der Technikentwicklung und die Vorausschau auf die mittel- oder langfristige Zukunft sind keine einmaligen, sondern dauerhafte Aufgaben. Die Auslandsbeobachtung entsprechender Aktivitäten sollte vom BMFT permanent oder in regelmäßigen Abständen fortgesetzt werden. Weitere Untersuchungen zur kritischen Technologie sind zu erwarten. In den Vereinigten Staaten dürften sich aufgrund der neuen Präsidentschaft eher verstärkte Aktivitäten in der Forschungsplanung einstellen; als Folge der bisherigen Arbeiten zur kritischen Technologie hat bereits die Bush-Regierung ein "Critical Technologies Institute" gegründet, das als dauerhafte Einrichtung bei der RAND Corporation angelagert ist. Japanische Regierungsstellen bleiben interessante Gesprächspartner, weil gerade in Japan einige erste Versuche beobachtet werden können, bei der Beurteilung der kritischen Technologie neben Fragen der Wettbewerbsfähigkeit auch andere Kriterien der Problemlösung durch Technologie anzulegen.

Welche *Eckwerte für das Innovationsgeschehen* in mittel- und langfristiger Perspektive sind weltweit anzunehmen und welche Engpässe ergeben sich daraus? Dies ist naturgemäß eine prognostische und synthetische Frage, auf die es keine endgültige, durch Daten fundierte Antwort gibt. Man kann weiterhin von den jetzt gültigen grundsätzlichen rechtlichen (Rechtsstaat), sozialen (soziale Marktwirtschaft) und politischen (parlamentarische Demokratie) Rahmenbedingungen für das Innovationsgeschehen ausgehen. Der jetzt anlaufende Innovationszyklus läßt sich kursorisch als derjenige der "intelligenten" Technologie skizzieren.

Die Technikbeobachtung ist in ständiger Versuchung, sich auf eine Darstellung des potentiellen Angebots an naturwissenschaftlich-technischen Lösungen zu beschränken. Mit der Darstellung der Angebotsfaktoren kann es aber nicht sein Bewenden haben. Welche Technik in Zukunft wichtig wird, hängt in gleichem Maße von dem zu erwartenden gesellschaftlichen, sozialen, ökologischen und wirtschaftlichen Problemdruck ab, aus dem heraus wichtige Anforderungen an die Wissenschaft und Technik der Zukunft formuliert werden. Deswegen muß bei der Diskussion von Engpässen verstärkt auf Nachfragefaktoren geachtet werden.

Die langfristige wissenschaftlich-technische Entwicklung, an der die Planung der Technologiepolitik ansetzen kann, ergibt sich aus dem Wechselspiel zwischen dem technisch als aussichtsreich Erscheinenden und dem politisch-wirtschaftlich Geforderten. Die ausländischen Studien sind gerade in diesem zentralen Punkt wenig aussagekräftig und haben weithin den Charakter nicht näher begründerter Behauptungen. Der dokumentierte Wissensstand ist, was den Umfang der Berücksichtigung von Nachfragefaktoren angeht, gering. International sind erst einige wenige Versuche zu beobachten, die einer umfassenden

Technikbewertung verstärkt Aufmerksamkeit widmen. Japanische Regierungsstellen sind hier zur Zeit interessantere Gesprächspartner als amerikanische. In diesem Punkt liegt eine Meinungsführerschaft Europas und Deutschlands nahe und eine allzu starke Konkurrenz ist nicht zu befürchten.

Konzeption der deutschen Studie

Die vorliegende Studie behandelt die technischen Entwicklungslinien und wichtige kommerzielle Anwendungen im zivilen Bereich. Unmittelbar realisierbare Entwicklungen mit kurzfristigem Horizont (die nächsten ein bis zwei Jahre) werden ausgeblendet. ***Beobachtungshorizont sind die nächsten zehn Jahre***, also der unmittelbare Beginn des 21. Jahrhunderts. Für die mittel- und langfristigen Perspektiven wird auf eine andere, parallele Aktivität des BMFT verwiesen (sogenannte Delphi-Untersuchung).

Mit der Untersuchung hat der BMFT federführend das Fraunhofer-Institut für Systemtechnik und Innovationsforschung (Fraunhofer-ISI) sowie verschiedene Projektträger beauftragt. Die Projektträger haben durch Konsultationen weiterer Fachkreise gewährleistet, daß einschlägiger Sachverstand in der Bundesrepublik Deutschland beteiligt wurde. Im Unterschied zu ausländischen Studien wurde somit ein dezentrales Konzept verfolgt, das eine besonders sachgerechte Bearbeitung der einzelnen thematischen Bereiche gewährleistet und dazu beiträgt, eine zu frühe Abstraktion in der Einschätzung des Zukunftspotentials einzelner technologischer Entwicklungslinien zu unterlassen. Dem dezentralen Konzept wurde ein Element der Integration beigefügt, das durch das Fraunhofer-ISI als Systemführer eingebracht wurde. Diese Herangehensweise führt zu einer Gratwanderung zwischen der Darstellung bekannter Sachverhalte und der Überforderung des Lesers mit einzelwissenschaftlichen Details. Das Dilemma zwischen Oberflächlichkeit und Informationsüberflutung kann nicht gelöst, sondern höchstens vermindert werden, indem wichtige bemerkenswerte Entwicklungslinien herausgestellt werden. Dies setzt Wertungen und Auswahlverfahren voraus, die nicht unangreifbar sein können.

Die Zusammenhänge zur Zukunftstechnik am Beginn des 21. Jahrhunderts sind sorgfältig erarbeitet worden, stellen aber letztlich doch nur plausible Hinweise dar. Jedes Argument läßt sich fast beliebig vertiefen, hinterfragen, in Teilprobleme zerlegen und weiterbearbeiten. Diese Studie argumentiert daher in der gebotenen Kürze auf der Ebene eines ***wohlbegründeten Vorausdenkens der zukünftigen Entwicklung***, aber nicht auf einer der letztendlichen Wertung zukünftig stattfindender Prozesse. Würde man allseits abgesicherte, widerspruchsfreie Belege erwarten, wäre die Technikvorausschau nicht möglich. Vielmehr wird hiermit eine rationale, nachvollziehbare Informationsbasis auf der Grundlage systematisch erhobenen Informationsmaterials geschaffen. Diese Untersuchung läßt - so ist zu hoffen - informierte Bewertungen zu; sie allein kann aber technologiepolitische und wirtschaftliche Entscheidungen und Handlungen weder ersetzen noch legitimieren.

Dieser Bericht zur mußmaßlichen Entwicklung der Technologie bis zum Beginn des 21. Jahrhunderts ist mit einer offenen Themenliste angegangen worden. Sie kann keinen Anspruch auf inhaltliche Vollständigkeit erheben, schon deshalb nicht, weil von vorneherein aufgrund von Vorgaben durch das BMFT eine Konzentration der Betrachtung auf die Bereiche der Informationstechnik und der Biotechnik erfolgt ist. Eher anwendungsorientierte Förderbereiche des BMFT, wie etwa die Medizintechnik, die Energietechnik, die Umwelttechnik, die Verkehrs- und Rohstofftechnik wurden für die laufende Untersuchung aus Gründen der Komplexitätsreduktion ausgeschlossen und sollen gegebenenfalls zu einem späteren Zeitpunkt zusätzlich bearbeitet werden. Die zu erwartenden Auswirkungen der hier untersuchten Technologiethemen auf diese Förderbereiche sind aber untersucht worden.

Auf der Suche nach Neuem wurde sorgfältig vermieden, mit herkömmlichen Klassifizierungssystemen zu arbeiten. Zu wichtig war den Beteiligten die Aufgabe, nach Zusammenhängen zwischen bislang als getrennt wahrgenommenen wissenschaftlichen oder technischen Entwicklungslinien, nach Überlappungen und Querbefruchtungen zu fahnden. Dabei sind schließlich fast 100 Themen entstanden, die so uneinheitlich definiert sind, daß sie sich einer unmittelbaren systematischen Gliederung entziehen.

Strukturelle Ergebnisse und Empfehlungen

Die Frage, ob in der Technik so etwas wie eine natürliche Ordnung verborgen ist, die zu ihrer Gliederung verwendet werden könnte, läßt sich klar beantworten: *Die Technologie am Beginn des 21. Jahrhunderts ist nach herkömmlichen Gesichtspunkten nicht mehr aufteilbar*. So verschieden die einzelnen Entwicklungslinien auch sein mögen, sie wirken letztlich alle zusammen. Dabei ist es ziemlich willkürlich, welche Oberbegriffe man bildet, weil einzelne thematische Bereiche ohnehin mehreren dieser Oberbegriffe zugeordnet werden müßten. Nur zum Zwecke der übersichtlichen Gliederung und Darstellung wurden folgende Oberbegriffe eingeführt:

- Neue Werkstoffe
- Nanotechnologie
- Mikroelektronik
- Photonik
- Mikrosystemtechnik
- Software & Simulation
- Molekularelektronik
- Zellbiotechnologie
- Produktions- & Managementtechnik.

Die nicht eindeutige Unterordnung von wichtigen technologischen Entwicklungen gilt insbesondere für Anwendungsgebiete. Anwendungssysteme der zukünftigen Telekommunikation ergeben sich sowohl aus mikroelektronischen Fortschritten wie aus photonischen und sind ohne entscheidende Beiträge aus der Softwareentwicklung nicht denkbar. Das Zusammenwirken der Technologie ist zwar nicht im Grundsatz neu, erfordert nun aber doch Konsequenzen für die Technologiepolitik. Es muß geprüft werden, ob die Forschungsinfrastruktur und die gegebene Forschungsadministration in Deutschland an die objektiv existierenden Verflechtungen angepaßt werden muß. Dies ausführlich auszuarbeiten, war nicht Aufgabe der laufenden Studie. Es ist daran zu denken, einen *Ad-hoc-Arbeitskreis im BMFT* einzuberufen, der sich dieser Frage widmet, oder in einer Folgeaktivität weitere Untersuchungen hierzu anstellen zu lassen.

Dabei wäre zu prüfen, inwieweit eine geographische Konzentration von Technologiepotentialen (Zusammenführung an einem Ort) zur sachgerechten Bearbeitung der sich aus den Zusammenhängen ergebenden Quervernetzungen günstig ist. Eventuell müssen gezielte Verbundprojekte konstruiert bzw. neue Verantwortlichkeiten für die Koordination der FuE innerhalb zusammenhängender technologischer Bereiche und zwischen ihnen geschaffen werden. Ebenfalls zu prüfen wäre, inwieweit die gegenwärtige Struktur der Projektträgerschaften sachlich und organisatorisch mit der Planung von Zukunftsaufgaben umgehen kann. Dabei ist das fragmentierte Konzept der an Referatszuständigkeiten des BMFT gebundenen Projektträgerschaften wenigstens im Hinblick auf strategische Fragen zu überdenken. Soll das Konkurrenzmodell weitergeführt werden, oder müßte es in einen thematischen Planungszusammenhang übergehen? Die Stärkung des Informationsaustauschs zwischen parallel agierenden Projektträgern scheint in jedem Fall geboten zu sein: Diese nun abgeschlossene Studie stellte bereits eine organisatorische Innovation dar; inwieweit die Verstetigung institutionell geleistet werden muß oder informell erreicht werden kann, wäre ebenfalls zu prüfen.

Nach anfänglich eher euphorischen Zukunftserwartungen in eine neue Technik (meist von der Gemeinschaft der Wissenschaftler vorgetragen) werden vor einer endgültigen Marktdurchdringung immer wieder zurückhaltende Entwicklungsphasen beobachtet. Oft führt erst die Nutzung oder die Entsorgung von innovativen Produkten zu neuen Anforderungen an Forschung und Technologie, so daß insgesamt von zyklischen Prozessen ausgegangen werden muß. Die *Spannweite der behandelten Themen* reicht von frühen Phasen der explorativen Forschung in wissenschaftlichen Institutionen bis zu ersten kommerziellen Anwendungen. Dies wird sich bis zum Jahr 2000 nicht verändern. Obwohl dann ein Teil der neuen Technologie bereits die Märkte durchdrungen haben wird, wird es gleichzeitig immer wieder explorative Forschung im wissenschaftlichen Bereich geben, die sich dann natürlich auf andere noch zu lösende Problembereiche konzentriert als heute. Die große Spannweite ist einerseits eine Folge der zyklischen Entwicklung wissensintensiver Technik, andererseits ergibt sie sich aus dem Bemühen, sowohl wichtige Grundlagenbereiche wie auch wichtige Anwendungssysteme in die Technologieliste aufzunehmen.

Einige Themenbereiche werden in den nächsten zehn Jahren bei innovativer Weiterentwicklung unverändert stark von der Grundlagenforschung dominiert (Bioinformatik, Aufbau- und Verbindungstechnik in der Mikrosystemtechnik, Fertigungsverfahren für Hochleistungswerkstoffe, Oberflächenwerkstoffe, Verhaltensbiologie und andere). Dies ist kein negatives Förder- oder Relevanzkriterium. Viele Gebiete entwickelten sich in der Vergangenheit und wohl auch in der Zukunft sprunghaft und haben nicht in jedem Jahrzehnt ihrer Existenz bedeutende Fortschritte zu verzeichnen. Sie sind deshalb nicht unwichtig. Da viele technologische Themen (nicht nur die erwähnten) gleichzeitig grundlegenden Charakter und starke Anwendungsbezüge haben, ist zu erwägen, inwieweit die Forschungsadministration des BMFT in engen, sachgerechten Kontakt mit der Industrieforschung und der Förderung der Grundlagenforschung durch andere Träger kommen kann. Was die für die Technologie am Beginn des 21. Jahrhunderts notwendigen Grundlagen angeht, kann auch die institutionelle Förderung nicht außer acht bleiben. Das Einrichten von grundfinanzierten Hochschulinstituten (eine institutionelle Maßnahme außerhalb Bundeszuständigkeit) kann sehr wohl bedeutsam für die hier behandelten Themen sein. Zur Erreichung besserer Kooperationen zwischen verschiedenen Forschungsträgern kommen Anhörungen zu ausgewählten Bereichen in Betracht (zum Beispiel zu den obengenannten, denen im nächsten Jahrzehnt *keine* sprunghafte Entwicklung vorausgesagt wird). Um bisher verdeckte Grundlagen-Anwendungszusammenhänge aufzudecken, wären Wissenschafts- und Wirtschaftsvertreter im Dialog zu hören.

Für die meisten Themen ergibt sich aber doch ein sichtbares *Heranrücken an marktnähere Innovationsphasen* bis zum Jahr 2000. Einige der 1992 noch sehr explorativ eingestuften

Themen werden in zehn Jahren einen ersten Boom durchlaufen haben, der auch zeitweilige Stagnation und Umorientierungen enthalten kann. Es trifft jedoch zu, daß diejenigen Teile der neuen Technologie, die zur Zeit noch in der wissenschaftlichen Exploration sind, in nur zehn Jahren nicht ihr volles Durchdringungspotential erreichen können. Nur wenn mindestens Prototypen oder erste technische Realisierungen bereits jetzt vorliegen, wird es kurz nach dem Jahr 2000 möglich sein, das wirtschaftliche Potential voll auszuspielen. Aus diesem Befund ergibt sich auch, daß eine denkbare Erwartungshaltung, nach der ein einmaliger Anschub ausreichen würde, um der Technologie am Beginn des 21. Jahrhunderts zum Durchbruch zu verhelfen, in die Irre geht. Die Erwartung eines Rückzugs aus der zugehörigen Grundlagenforschung im Laufe der nächsten zehn Jahre, der sich aus der Erreichung angewandter Ziele ergibt, muß enttäuscht werden; *wissensbasierte Technologie von morgen bedarf der fortwährenden Unterstützung durch zielgerichtete Grundlagenforschung.*

Nach den Einschätzungen dieser Studie werden die funktionellen Gradientenwerkstoffe, die Fullerene, die Optoelektronik, die Supraleitung, die Produktionslogistik, die Breitbandkommunikation und allgemeiner die photonische Digitaltechnik, einige Werkstoffe der Mikroelektronik, die Biosensorik, die Nanoelektrik und die Nanotechnologie, die Molekularelektronik, das molekulare Modellieren und die Plasmatechnik gerade im vor uns liegenden Jahrzehnt einen großen Entwicklungssprung vor sich haben. Dies bedeutet nicht, daß diese Themen wichtiger als andere wären; einige der nicht erwähnten Themen haben bereits bis Anfang der 90er Jahre ein stark dynamisches Wachstum gezeigt, das in dem vor uns liegenden Jahrzehnt in ruhigeres Fahrwasser kommt, und einige der Themenbereiche werden ihr sehr großes Potential erst mittelfristig entwickeln, aber vermutlich noch nicht um das Jahr 2000. Der Hinweis auf diejenigen technischen Bereiche, deren Einschätzung in zeitlicher Hinsicht sich in den nächsten zehn Jahren besonders stark ändern dürfte, stellt ein Signal dar, daß Gestaltungsbedarf gerade in den vor uns liegenden Jahren entsteht. Immer dann, wenn sich sprunghafte Entwicklungen ergeben, ist genauere Technikbeobachtung erforderlich. Informationsveranstaltungen für mittelständische Unternehmen bieten sich an, die nicht in der Lage sind, entsprechende detaillierte Entwicklungen auf ganz verschiedenen Gebieten zu verfolgen.

Wie ist angesichts des unterschiedlichen Entwicklungsstandes der Technologie am Beginn des 21. Jahrhunderts die *Aussagesicherheit der Studie* einzuschätzen? Alle Themenbereiche, bei denen die objektiven Kenntnisse niedrig sind, befinden sich in frühen Entwicklungsstadien. Haben sie die ersten technischen Realisierungen hinter sich, sind die weltweit und bei den Projektträgern verfügbaren Kenntnisse zumindest befriedigend. Je weiter die Anwendungen fortgeschritten sind, desto genauer läßt sich die zukünftige Entwicklung absehen. Die Aussage "Anwendungsphase heißt hohe Sicherheit" trifft also zu, aber die andere Seite der Medaille, "frühe Phase heißt Unsicherheit", ist nicht immer richtig. Unter den Themenbereichen mit hohen Aussagesicherheiten sind auch solche in ganz grundlegenden Entwicklungsphasen befindliche. Die Prioritätensetzung bei der weiteren Technikbeobachtung des BMFT könnte sich u. a. von den diagnostizierten Unsicherheiten der Einschätzung leiten lassen.

Bemerkenswerte Entwicklungslinien

Die neun nur unter gliederungslogischen Kompromissen darstellbaren Oberthemen lassen sich auf das knappeste wie folgt skizzieren.

Die ***neuen Werkstoffe*** spielen eine Schlüsselrolle für das Wachstum in vielen Bereichen der Wirtschaft und haben darüber hinaus eine weit über technisch-wirtschaftliche Aspekte hinausgehende Wirkung. Sie ermöglichen die Erfüllung der immer höheren Ansprüche an Sicherheit, Umweltschutz und Komfort und damit verbunden eine Erweiterung der Gestaltungsmöglichkeiten in Beruf und Freizeit sowie in Wissenschaft und Technik. Innovationen in der Informationstechnik hängen ebenso wie in der Medizintechnik ursächlich davon ab, daß neue Materialien mit spezifisch entwickelten optimalen Eigenschaften eingesetzt werden können. Die Materialwissenschaften haben sich mittlerweile als eigenständiger Forschungszweig etabliert. Nicht mehr wegzudenken aus diesem interdisizplinären Forschungsgebiet sind neben der Physik und der Chemie die Ingenieurwissenschaften und die angewandte Mathematik, welche die Computersimulation und die Modellierung einbringt. Der Trend geht jedoch dahin, Materialien mit immer genauer vorausbestimmbaren, einem vorher definierten Bedarf entsprechenden Stoffeigenschaften zu erzeugen. Die Werkstoffentwicklung nach dem Prinzip von "Versuch und Irrtum" wird mehr und mehr abgelöst durch maßgeschneiderte Werkstoffe. Diese Fähigkeit, Werkstoffe genau auf ihr Anwendungsprofil hin maßzuschneidern, bedeutet für die Technologie, daß sie immer weniger nach Stoffklassen unterscheiden kann.

Das jetzt entstehende neue Technologiegebiet, welches die Herstellung, Untersuchung und Anwendung von zwei- und dreidimensionalen Strukturen, Schichten, molekularen Einheiten, inneren Grenzflächen und Oberflächen im Nanometermaßstab behandelt, wird ***Nanotechnologie*** genannt. Sie fordert die ***Ingenieurwissenschaft auf atomarer und molekularer Ebene*** heraus. Damit die neue Basistechnologie zukünftige Innovationsprozesse und neue Technikgenerationen in voller Breite befruchten kann, ist das interdisziplinäre Zusammenwirken mit der Elektronik, der Informationstechnik, der Werkstoffwissenschaft, der Optik, der Biochemie, der Biotechnologie, der Medizin und der Mikromechanik eine wichtige

Voraussetzung. Die Anwendungen der Nanotechnik - soweit heute absehbar - reichen in den Bereich der maßgeschneiderten Werkstoffe und der biologisch-technischen Systeme hinein, vor allem werden sie jedoch im Bereich der Elektronik gesehen. Das Gebiet der Nanotechnologie hat somit sowohl eine Affinität zum Werkstoffsektor wie auch zur Mikroelektronik von morgen. Die Nanotechnologie ist noch in einer frühen Entwicklungsphase, mit allen daraus resultierenden Unsicherheiten für die zuverlässige Beurteilung aller Perspektiven.

Auch die *Mikroelektronik* ist eine Technologie für das 21. Jahrhundert. Obwohl kein Zweifel an dem historischen Vorsprung der Mikroelektronik vor der neuen Bio- und Nanotechnologie besteht, muß eine Volkswirtschaft die modernsten mikroelektronischen Verfahren beherrschen, um sich auch die folgenden Entwicklungssprünge aneignen können. Silizium dominiert weiterhin den Hauptbereich der Mikroelektronikanwendungen. Die sogenannten Verbindungshalbleiter werden systematisch erschlossen; der Übergang zur Nanoelektronik kann ebenfalls mit Verbindungshalbleitern erfolgen. Die Silizium-Mikroelektronik beeinflußt stark die anderen Mikrotechniken (Mikromechanik, Mikrosensorik, Mikrosystemtechnik, multifunktionale Systeme). Der Gesamtblick auf die ausgewählten Teilgebiete der Mikroelektronik und ihre zeitliche Dynamik verdeutlicht, daß auch ein so traditionelles Gebiet noch erhebliche Entwicklungsmöglichkeiten bietet. Die Mikroelektronik am Beginn des 21. Jahrhunderts wird - bei hohen Temperaturen, hohen Frequenzen, hohen Datenübertragungsraten und supraleitend - ein anderes Gesicht haben als die heutige.

Photonik ist die kombinierte Anwendung von Mikroelektronik, Optoelektronik, integrierter Optik und Mikrooptik, wobei besonders die Bedürfnisse der parallelen Signalverarbeitung berücksichtigt werden. Aufgrund der Vielfalt der in der Photonik kombinierten Technologie wird sie als Oberbegriff aufgefaßt, auch wenn die zusammenwirkenden Teilbereiche keine strengen Untermengen der Photonik sind. Dahinter steht die Überzeugung, daß bis zum Beginn des 21. Jahrhunderts sowohl der fachliche Inhalt, die Verwendung des Begriffs und das wirtschaftliche Anliegen der Photonik immer mehr in den Vordergrund treten werden. Lichtstrahlen können sich in einer Ebene oder im Raum ohne Wechselwirkung kreuzen. Dadurch sind parallele und stark vernetzte Systeme zu realisieren, so daß sich die Photonik für alle Arten von Mustererkennung, assoziativer Speicherung, für Parallelsuchvorgänge usw., also speziell für künstliche neuronale Netze, besonders eignet. Die Einzelthemen im Bereich der Photonik sind eng verwandt und ordnen sich in der unmmittelbare Nähe der Mikroelektronik, der Mikrosystemtechnik, der Nanotechnologie und der Werkstofftechnik ein.

Die Systemtechnik handelt weniger von einer gegenständlichen Technik, sondern bezeichnet mehr eine integrative Vorgehensweise (Verfahrenstechnik), die verschiedene technologische Bereiche systematisch miteinander verbindet. Dabei besteht die Herausforderung nicht nur im Umgang mit komplexen und aufwendigen einzeltechnologischen Errungenschaften, die in ihrer Reife unterschiedlich weit entwickelt sind, sondern zusätzlich darin, daß bei ihrer Kombination zu neuartigen Lösungen neue Probleme auftreten können. Aufgrund der zunehmenden Miniaturisierung in vielen Bereichen (Mikroelektronik, Nanoelektronik, molekulare Werkstoffe, molekulare Biologie etc.) wird die Systemtechnik von morgen die heute bereits bearbeitete *Mikrosystemtechnik* sein. In der Mikrosystemtechnik werden bisher getrennt arbeitende Fachdisziplinen der Natur- und Ingenieurwissenschaften zusammengeführt: Physik und Biologie mit Elektrotechnik, Feinstwerktechnik mit Mikromechanik. Die technologischen Elemente der Mikrosystemtechnik setzen sich aus Verfahren und Strategien aus den erwähnten Bereichen und ihrer Verknüpfung zusammen und schaffen so die Voraussetzung für eine drastische Miniaturisierung der Systemtechnik und die Integration vieler Funktionen auf engstem Raum.

In den nächsten zehn Jahren werden von allen Seiten erhebliche Anforderungen an die Verbesserung der *Software- und Simulationstechniken* gerichtet werden. Dabei wird keiner der hier betrachteten technologischen Bereiche ausgelassen. Dies muß man in Europa umso deutlicher sagen, als bei der Softwareentwicklung eine spezifische, letztlich in kulturellen und Ausbildungsgegebenheiten begründete Schwäche des japanischen Forschungs- und Entwicklungssystems eingestanden wird. Hoher Ausbildungsstand und Kreativität vermögen in Europa evtl. gerade im Bereich der Software mehr Boden gutzumachen als in anderen Bereichen der modernen Informationstechnik. Die Analyse technischer Ähnlichkeiten hat den Bereich der Software & Simulation zwischen Biotechnologie- und Molekularelektronik einerseits und Systemtechnik und Mikroelektronik andererseits gerückt. Während die Nähe von Software zur informationstechnischen Hardware der gängigen Einschätzung entspricht, wird die unmittelbare Nähe zu Molekularelektronik und Biotechnologie bis zum Beginn des 21. Jahrhunderts noch transparenter werden, wenn die Bedeutung der Lebensvorgänge und ihres Studiums für Software & Simulation voll erkannt ist. Bereits die einschlägigen Vokabeln (Bioinformatik, Neurobiologie, Neuroinformatik, künstliche Intelligenz, Bionik, etc.) legen diesen Zusammenhang assoziativ nahe.

Die *Molekularelektronik* ist ein seit einigen Jahren aktuelles Forschungsgebiet, das sich um die Schaffung hochkomplexer Systeme bemüht, deren Schaltelemente und Vernetzungen auf molekularer Basis arbeiten. Für die Realisierung werden organische Materialien genutzt. In jüngster Zeit kommen zunehmend biologische Materialien zum Einsatz. Der relativ etablierte und häufig synonym gebrauchte Begriff *Bioelektronik* steht für einen Bereich, der sich mit molekularen Vorgängen in Biosystemen beschäftigt und insoweit eine Teilmenge der Molekularelektronik ist. Jedoch sind die Begriffe im Fluß, es gibt erhebliche Auffassungsunterschiede und Schulenbildung. Z. B. werden unter Bioelektronik auch Forschungsgebiete im Grenzbereich zwischen Biologie und Elektronik verstanden, wie etwa die weiten Gebiete der Biosensorik, der Ähnlichkeitsprozesse zwischen Gehirn und Elektronik sowie der Nachahmung des menschlichen Gehirns und seiner Verarbeitungsprozesse (neuronale Netze), die überwiegend nicht als Untermenge der Molekularelektronik aufgefaßt werden. Insoweit reicht Bioelektronik über die Molekularelektronik hinaus. Da eine eindeutige Hierarchisierung auch dieses Forschungsgebietes nicht möglich erscheint, ist in wohlverstandener Absicht die Molekularelektronik als ein Oberbegriff für die *Technologie* am Beginn des 21. Jahrhunderts eingeführt worden, um neben Mikro- und Nanotechnologie den molekularen Zugang zu elektrischen Prozessen ins Zentrum zu rücken.

Man könnte ein weiteres größeres Gebiet ohne weiteres mit "Biotechnologie" überschreiben. Warum dann *Zellbiotechnologie*? Dahinter steckt die Überzeugung, daß die Biotechnologie von morgen wesentlich auf der Anwendung zellbiologischen Wissens beruhen wird. Zellbiologie umfaßt hierbei die Aufklärung von Struktur-Funktionsbeziehungen sowohl auf dem Integrationsniveau ganzer Zellen als auch auf der Ebene biologischer Makromoleküle, die die wichtigsten Zellkomponenten darstellen. Die Zellbiologie wird sich in den nächsten Jahren verstärkt als eigenständiges Fach innerhalb der Biowissenschaften etablieren und eine wichtige, wenn nicht die wichtigste Brückenfunktion zwischen Molekulargenetik, Biochemie und Medizin einnehmen. Am Beginn des 21. Jahrhunderts mag der Obertitel "Zellbiotechnologie" weniger überraschend klingen als heute. Damit soll aber auch gesagt werden, daß die Unterteilung im Bereich der Biotechnologie recht willkürlich ist und auch zukünftig keine Klärungen absehbar sind. Mit der Überschrift "Zellbiotechnologie" soll desweiteren ein Hinweis darauf gegeben werden, daß die Biotechnologie am Beginn des 21. Jahrhunderts nicht auf den Begriff "Gentechnik" reduziert werden kann, sondern wesentlich vielfältiger und komplexer sein wird. Auch von daher ist die Akzentsetzung auf die Zellbiotechnologie im Rahmen dieser Untersuchung bewußt vorgenommen worden. Die wesentliche Brücke zwischen Zellbiotechnologie und Molekularelektronik verläuft über medizinischen Anwendungen und die Biosensorik; der Bereich der Werkstoffe wird durch Katalysatoren und Biokatalysatoren erschlossen. Bionik und biomimetische Werkstoffe zeigen in Richtung Simulation und Systemtechnik. Insgesamt hat das Gebiet der Biotechnologie ein großes Zukunftspotential. Legt man die Meßlatte aber in die mittelfristige Zukunft, d. h. exakt an den Beginn des 21. Jahrhunderts, kann sie sich noch nicht entfaltet haben. Dies sollte nicht zu dem Schluß verleiten, daß das Voranbringen der entsprechenden technologischen Aktivitäten (neben den Forschungsaktivitäten) noch Zeit hat.

An das Ende des Durchgangs durch die Themenliste wurden wichtige Bereiche gestellt, die sich der in der Natur- und Ingenieurwissenschaften üblichen Zuordnungen zu Fachgebieten entziehen. Sie sind hier als *Produktions- & Managementtechnik* betitelt, meinen aber nicht

Produktion und Management als Untermenge der Betriebswirtschaften im engeren Sinne. Vielmehr wird aus der Studie deutlich, daß die Beherrschung der Technologie am Beginn des 21. Jahrhunderts mehr als das Erledigen von Laborarbeiten bedeutet. Akzeptanzfragen, organisatorische Innovationen, das Zusammenführen bisher getrennter Forschungs-, Entwicklungs- oder Produktionsabteilungen, eine Neudefinition der Bedeutung von Software & Simulation für Labor und Produktion und vieles andere mehr gehören untrennbar dazu.

Die bisherigen Ausführungen gelten für technische Anwendungen am Beginn des 21. Jahrhunderts im Sinne von Konsum- und Investitionsgütern allgemeiner Natur. Hier beschränkt sich gemäß dem Selbstverständnis des Staates die Aufgabe der öffentlichen Forschungs- und Technologiepolitik auf die Bereitstellung der Grundfunktionen in Forschung und Ausbildung. Daneben gibt es eine Reihe von Problembereichen, deren Lösung als öffentliche Aufgabe angesehen wird (etwa Verkehrs- oder Energieproblematik). Denkbare Lösungen sind zum Teil organisatorischer Natur oder bestehen darin, die Gesellschaft zum Verzicht auf gewisse Ansprüche zu bewegen (erzieherische Aufgabe). Diese Thematik bleibt in dieser Studie ausgeklammert. Häufig sind jedoch auch technische Möglichkeiten vorhanden, um diese wichtigen Zukunftsaufgaben anzugehen. Insbesondere die "Infrastrukturtechnik" im Bereich Energie oder Verkehr hat ein noch unausgeschöpftes Potential. In Deutschland wird speziell "Vorsorgeforschung" betrieben, um zusätzliche Belastungen gar nicht erst entstehen zu lassen und momentane abbauen zu können.

Zur Aufklärung des Beitrags, den die in diesem Bericht vorgestellten thematischen Bereiche zur Lösung wichtiger gesellschaftlicher Engpässe bieten können, wurden die untersuchten Themen systematisch daraufhin abgeklopft, welchen Lösungsbeitrag sie in die

- Bautechnik
- Energietechnik
- Lebensmitteltechnik (inklusive "Agrotik")
- Medizintechnik
- Explorationstechnik und Rohstoffsicherung (inklusive Rezyklierung)
- Umwelttechnik und
- Verkehrstechnik

einbringen können.

Beiträge der Technologie zu gesellschaftlichen Engpässen

Neben einer Beschreibung der technologischen Themen mit Bedeutung für das 21. Jahrhundert und der Einschätzung ihrer zeitlichen Dynamik ist es die wichtigste Aufgabe, nicht nur technisch-naturwissenschaftliche Bewertungskriterien, sondern auch ökonomische, ökologische, soziale, rechtliche und ethische Kriterien heranzuziehen (Stichworte: Wirtschaftsverträglichkeit, Umweltverträglichkeit, Sozialverträglichkeit). Dabei sind die Angebots- wie die Nachfragefaktoren und die nationale wie die internationale Sicht zu berücksichtigen. Dieser Aufgabe wird mit einem ***zweigeteilten Satz von Kriterien*** nachgekommen, die einerseits die Rahmenbedingungen (Technologievoraussetzungen) und andererseits die Lösungsbeiträge durch neue Technologie (Technologieattraktivität) beurteilen. Es war im Rahmen dieser Studie weder möglich, umfassendere Betrachtungen zur Technikfolgenabschätzung noch eine verkürzte Bewertung der Technikfolgen (etwa mit einem dritten Kriteriensatz) vorzunehmen. Jedes einzelne Thema - und ggfs. auch Unterthemen - wurden an 17 Kriterien gespiegelt. Diese sind

als Beurteilungskriterien für die *Rahmenbedingungen*:

- FuE-Infrastruktur
- Entwicklungsrisiken
- Humankapital
- Innovationsaufwand
- Engagement der Wirtschaft
- Nationale Wettbewerbsposition
- Öffentliche Förderung
- Internationale Arbeitsteilung

und als Kriterien zur Beurteilung der *Lösungsbeiträge* zu wirtschaftlichen, ökologischen oder gesellschaftlichen Engpässen:

- Schlüsselcharakter
- Durchdringung
- Wirtschaftsstruktur
- Marktgröße
- Standort Europa
- Weltwirtschaftliche Abhängigkeit
- Gesundheit
- Sozialer Fortschritt
- Umweltentlastung.

Einige dieser Relevanzkriterien charakterisieren die Technologie am Beginn des 21. Jahrhunderts in ihrer Gesamtheit und führen letztlich auf ähnliche oder gleichartige

Aussagen für die meisten der Einzelthemen. Diese Kriterien können nicht dazu herangezogen werden, um zwischen den einzelnen technischen Optionen differentiell zu entscheiden. Die meisten Relevanzkriterien sind dagegen sehr uneinheitlich in bezug auf die einzelnen Themen. Damit zeigt sich, daß eine globale Behandlung der kritischen Technologie in großen Blöcken nicht zielführend sein kann. Gerade diese Kriterien sind es, die bezüglich der Technologie am Beginn des 21. Jahrhunderts zwar keine allgemeine Aussage ermöglichen, aber zwischen den Themen unterscheiden und damit differentiell angewendet werden können. Als Ergebnis dieses Vorgehens kann nicht erwartet werden, daß eine gut belegte, ausgewogene und detaillierte Gesamtbewertung der einzelnen Themen erreicht wird. Die Studie gibt vielmehr Auskunft darüber, an welchen Stellen forschungsbegleitende Untersuchungen zur Technikbewertung und -folgenabschätzung in jedem Einzelfall ansetzen sollten.

Bei fast allen Einzelthemen ist der *Innovationsaufwand* hoch. Nahezu alle Bereiche haben *Schlüsselcharakter*. Die *Durchdringung* der verschiedenen Wirtschaftssektoren ist fast immer gegeben. Hoher Innovationsaufwand, Schlüsselcharakter und wirtschaftliche Durchdringung sind gemeinsame Merkmale der Technologie am Beginn des 21. Jahrhunderts. Differenziert muß man die Rahmenbedingungen bei der FuE-Infrastruktur, dem Humankapitel, dem Engagement der Wirtschaft, dem öffentlichen Interesse und der internationalen Arbeitsteilung betrachten. Die Entwicklungsrisiken und die Ausgangsbedingungen in puncto nationale Wettbewerbsposition sind verschieden. Ebenso verschieden sind die Lösungsbeiträge, welche die einzelnen Bereiche zur Wirtschaftsstruktur, zur internationalen Wettbewerbsposition, zum Standort Europa, zur Beseitigung weltwirtschaftlicher Abhängigkeiten, zum Gesundheitswesen, zum sozialen Fortschritt und zur Umweltentlastung bringen können.

Welche *Förderempfehlungen* aus dem differentiellen Ansatz abgeleitet werden können, kann im Rahmen dieser Studie zur Zeit noch nicht angegeben werden. Zwar ist die Informationsgrundlage geschaffen worden, um den Zusammenhang zwischen technologischem Thema und relevanten Kriterien zu erkennen, aber welche Einzelkriterien oder welche Kombinationen von Kriterien als für die Förderung durch die öffentliche Hand besonders bedeutsam eingestuft werden, bleibt offen. Dies ist keine Frage der faktischen Feststellungen, sondern der normativen Setzung von Zielen für die Erreichung von Oberzielen. Werden nicht nur technisch-naturwissenschaftliche Kriterien angelegt, sondern wird, wie in dieser Studie, die Vielfalt der möglichen Qualitätsveränderungen im technischen Fortschritt akzeptiert, tritt das Problem gegenläufiger Einschätzungen und von Zielkonflikten auf. Besteht z. B. wirklich eine große Zukunftswahrscheinlichkeit und eine besondere Fördernotwendigkeit für eine bestimmte technische Entwicklungslinie, wenn nur die technische oder betriebswirtschaftliche Effizienz gesteigert, aber gesamtwirtschaftliche, soziale oder ökologische Ziele verletzt werden? Multikriterienbeurteilungen und mehrschichtige Qualitätsveränderungen in der technischen Entwicklung können mit bestimmten technischen Themen nur dann in Verbindung gebracht werden, wenn die politischen Entscheidungsträger den Satz von relevanten Kriterien und ihre Gewichtung vorgeben.

Alles, was über die Einschätzung der dargestellten Relevanzzusammenhänge hinausgeht, also Gesamtwertungen und politische Prioritätensetzungen, ist zur Zeit nicht durch die Argumente der Untersuchung gedeckt, sondern bedarf einer zusätzlichen Begründung. Deshalb wird vorgeschlagen, eine *Ad-hoc-Arbeitsgruppe* einzusetzen, bei der Vertreter des BMFT, der Wissenschaft und der Unternehmen zusammenkommen, um zu erwägen, ob es möglich ist, eine definierte Vorgabe zur Anwendung der Relevanzkriterien zu erstellen. Im Anschluß daran wäre es dann durchaus möglich, die Vorgabe auf die einzelnen Themen herabzubrechen und somit zu einer gewichteten Beurteilung der Technologie am Beginn des 21. Jahrhunderts zu gelangen.

Technologiepolitische Empfehlungen

Die Untersuchung hat sich mit *Fragen der Technologiepolitik* nicht befaßt, jedoch sind einige Trends unübersehbar, die bis zum Beginn des 21. Jahrhunderts Gewicht erlangen. Die zeitgemäße Technologiepolitik hat sich von der unangemessenen Vorstellung verabschiedet, der Staat könne technologische Entwicklungen bis hin zu einzelnen Staatsinnovationen gezielt lenken. Ebenfalls überholt ist aber auch die Vorstellung, der Staat könne sich mit der Rolle subsidiärer Forschungsförderung begnügen und die Steuerung der Technologie der Zukunft den anonymen Marktprozessen überlassen. *Die Technologiepolitik bis zum Beginn des 21. Jahrhunderts erfordert* einen Mittelweg, *eine aktive Rolle des Staates als Vermittler zwischen gesellschaftlichen Akteuren* (Unternehmen, Verbände, Interessengruppen, Wissenschaft, Verbraucher, Medien, Tarifparteien etc.).

Die Vermittlungsrolle muß auch berücksichtigen, daß nationale Technologiepolitik zunehmend von oben und von unten in ihrem *Spielraum begrenzt* wird. Damit sind die Aktivität der Europäischen Gemeinschaften und das Bemühen der Bundesländer nach regionaler Forschungsförderung angesprochen.

Aus diesen generellen technologiepolitischen Trends, deren Untersuchung nicht Gegenstand dieser Studie ist, folgt für die *staatliche Projektförderung*, soweit sie mit der Technologie am Beginn des 21. Jahrhunderts, um die es in diesem Bericht geht, befaßt ist, daß die direkte Projektförderung nicht durch andere, beispielsweise indirekte Instrumente der Technologiepolitik substituiert werden kann. Insbesondere im Bereich der Vorsorgeforschung ist die selektive Projektförderung auch weiterhin von größter Bedeutung. Als neue Aufgabe kommt hinzu, daß die Technologiepolitik zukünftig nicht nur technologische Optionen ausloten, sondern auch *Gestaltungsperspektiven* aufzeigen sollte. Hierbei ist etwa an forschungsbegleitende Technikfolgenabschätzung gedacht.

Die neue Rolle eines ***aktiven Moderators*** erfordert ein abgestimmtes Vorgehen der Politik mit der Wirtschaft, der Wissenschaft und der Gesellschaft. Das Zusammenwirken ergibt sich aber nicht von allein, zu sehr sind divergierende Interessen im Vordergrund. Soll es ein Einvernehmen über die ggfs. selektive Förderungswürdigkeit der Technologie am Beginn des 21. Jahrhunderts geben, muß der Dialog mit den anderen gesellschaftlichen Akteuren aufgenommen und permanent geführt werden. Andernfalls ist es nicht zu erwarten, daß dauerhafte Kooperationen geschaffen werden können und die zu schaffenden Plattformen für eine themenspezifische Verständigung mehr werden als nur eine Informationsaustauschbörse.

Dabei ist zu beachten, daß der Staat in diesem Zusammenspiel nicht neutral sein kann, da er selbst über die öffentliche Nachfrage ein hohes, in Deutschland bislang für die Technologiepolitik nur unzulänglich genutztes Nachfragepotential bietet. Zu diesem Dialog gehört daher auch die weitere Klärung der Frage, wie die ***öffentliche Hand als kompetenter Nachfrager*** auftreten kann, um erfolgreich Innovationen anzustoßen, die sich aus der Technologie am Beginn des 21. Jahrhunderts ergeben. Innovative Unternehmen erhalten Anreize, wenn ihnen über die Gestaltung der Rahmenbedingungen und der staatlichen Nachfrage frühzeitig ein Bedarf nach gewissen innovativen Produkten deutlich wird, wenn die Märkte noch zu klein sind, um verläßliche Signale geben zu können. Auch diese Aspekte sollten in dem vorgeschlagenen Ad-hoc-Ausschuß weiter erörtert werden, damit sie bis zu einem Abschlußbericht dieser Studie - oder in einer Folgeaktivität - deutlicher formuliert werden können.

Mit der Begrenzung auf den Beginn des 21. Jahrhunderts als Aussagehorizont wurde Vorsorge getroffen, daß man sich nicht zu weit von der überschaubaren Kenntnis entfernt und in die Fährnisse der Spekulation hineinbegibt. Denn angesichts typischer Reifungsphasen wissenschaftsgebundener technologischer Innovationen kann im allgemeinen davon ausgegangen werden, daß alles, was in zehn Jahren die Hochtechnologiemärkte dominiert, heute schon erkennbar ist. Andererseits sind auch strategische Vorüberlegungen notwendig, die auf weiter entfernte Zeithorizonte orientiert sind, weil insbesondere neuartige Technologie, die langfristig geforderte Problemlösungsbeiträge leisten soll, frühzeitig erwogen werden muß.

Unter normativem Aspekt sind künftig sich verstärkende Anforderungen an die Technikentwicklung im Hinblick auf minimierten Ressourcenverbrauch, Emissionsfreiheit und Kreislauffreundlichkeit richtungsweisend. Dafür sind notwendige Rahmenbedingungen insbesondere nichttechnischer Art, z. B. rechtliche Regulierungen, zu schaffen. Kaum weniger bedeutsam als die ökologische Problematik ist die gesellschaftspolitische Dimension. In technologiepolitischer Perspektive stellt sich hier das Anliegen nach einer Technikentwicklung, die eine breit gestreute Beteiligung von Akteuren unterschiedlicher Bereiche und Größenordnungen begünstigt und zu einem offenen Markt ohne besondere Zentrenbildungen führt.

In dieser für die Gesellschaft funktionellen und zugleich normativen Sicht der Technikentwicklung ergeben sich zusammenfassend verschiedene technologiepolitische Ansatzpunkte, welche die einzelnen Themenbereiche übergreifen, z. B.:

- neue physikalische, chemische und biologische *Basiseffekte fördern*, die in verschiedenen Technikfeldern innovativ wirken können,
- *Fertigungstechnologie bereitstellen*, die eine rasche Umsetzung von Basiseffekten in innovative Produkte fördert,
- Techniken aufgreifen, die eine *Verknüpfung mit vorhandenem Know-how* und Fertigungsstrukturen erlauben, so daß sich auf der Basis vorhandener Erfahrungen mit begrenztem Investitionsvolumen neuartige Lösungen erreichen lassen,
- Techniken fördern, die auf dem Entwicklungsweg *baldige Multiplikatoreffekte* (d. h. im oder unmittelbar nach dem Förderzeitraum) erwarten lassen,
- *Rahmenbedingungen organisieren*, insbesondere rechtliche Regulierungen, welche die Technikentwicklung in Richtung auf Kreislauffreundlichkeit und Ressourcenschonung weisen,
- *nichttechnische Faktoren* wie Bedieneroberflächen, Benutzerführungen, Normungsfragen, Arbeitsorganisation und Qualifikationsaspekte frühzeitig berücksichtigen,
- *Kommunikations- und Kooperationsmöglichkeiten fördern*, die Partner aus verschiedenen Handlungsfeldern zusammenführen, und insbesondere sicherstellen, daß die innovierenden Unternehmen, auch die mittelständischen, sich auf eine hinreichende Wissensbasis (zielgerichtete Grundlagenforschung) im In- und Ausland stützen können,
- *Querschnittsdisziplinen an Lehr- und Forschungsinstitutionen* einrichten, die neue, fachübergreifende Sichtweisen entwickeln können,
- eine *breit gestreute Beteiligung von FuE-Akteuren begünstigen* und zu einem offenen Markt für Innovationen ohne besondere Zentrenbildung kommen bzw. ihn zu erhalten.

Ausblick

Es liegt in der Natur einer langfristigen Vorausschau, daß sie mit erheblichen Unsicherheiten hinsichtlich der Wahrscheinlichkeit ihres Eintreffens behaftet ist; nicht selten wird eher ein den verschiedensten Motiven entspringendes Wunschdenken als eine wahrscheinliche Zukunft präsentiert. Andererseits müssen umgestaltete technisch-ökonomisch-soziale "Kulturen" bis zur vollen Bedeutung und Wirksamkeit ohne weiteres in Zeiträumen bis zu 50 Jahren betrachtet werden. Somit erfolgen bereits mit der Technologie am Beginn des 21. Jahrhunderts Weichenstellungen für den technisch-sozialen Status der Gesellschaft in der Mitte des nächsten Jahrhunderts.

Für die lange Sicht ist die motivierende Kraft von Leitvisionen hilfreich, sie setzen Energien und Bereitschaft zu konzertiertem Handeln frei. *Langfristige Technologieleitprojekte* können dauerhaft Motivation erzeugen und Kräfte bündeln, um für langfristig erkennbare Problemlösungserfordernisse wirken zu können, dabei aber bereits auf dem Wege erfolgsträchtig sein (Multiplikatoreffekte).

Im Hinblick auf konkrete Maßnahmen zur Weiterführung des Themas, das kein zentraler Bestandteil der Studie war, wird vorgeschlagen, die demnächst zu erwartenden Ergebnisse der deutschen Delphi-Befragung in einer Folgestudie im Sinne langfristiger Entwicklungen weiter zu analysieren. Die detaillierten Einschätzungen zu mehr als 1.000 Einzelthemen bis zum Jahr 2020 sollten eine ausreichende Basis abgeben, um die Erreichbarkeit von verschiedenen spekulativen Technikleitprojekten im obigen Sinne näher zu konkretisieren. Dabei müßten auch die Verflechtungen zwischen den vorausgesagten wissenschaftlichen Entdeckungen und technischen Realisierungen und den Erfordernissen der Leitprojekte geklärt werden. Hierfür könnte wiederum der Sachverstand der Projektträger herangezogen werden.

Technologieleitprojekte, die Lösungsentwürfe von großen und globalen, wirtschaftlichen, sozialen, gesellschaftlichen und ökologischen Problemen darstellen, und überhaupt die visionäre Betrachtung der Technikentwicklung wie auch der vor uns liegenden Herausforderungen wirft andere, radikalere Frage an die Technologiepolitik auf, als sie mit kurzfristigem Blick oben formuliert wurden. Es war nicht die Aufgabe dieser Studie, diese zu konkretisieren. Dennoch konnte angedeutet werden, daß die beschriebenen Trends in der Technologiepolitik bis zum Beginn des 21. Jahrhunderts ihrerseits wiederum ein Schlüssel für noch weitergehende Änderungen in der Zukunftspolitik sein können, so wie die Technologie der nächsten Dekade den Weg in die Leitprojekte des 21. Jahrhunderts weisen kann. Die Technologiepolitik für übermorgen muß morgen in die Wege geleitet werden.

Verzeichnis der zitierten Quellen

ACOST, *Advanced Manufacturing Technology*, Report by the Advisory Council on Science and Technology, London, HMSO, 1991.

ACOST, *Artificial Neural Networks,* Report by the Advisory Council on Science and Technology, London, HMSO, 1992.

ACOST, *Developments in Biotechnology*, Report by the Advisory Council on Science and Technology, London, HMSO, 1990.

Aerospace Industries Association, *Key Technologies for the 1990s: An Overview,* Washington, D.C., Aerospace Industries Association, 1987.

ASTEC, *Setting Directions for Australian Research,* Report to the Prime Minister by the Australian Science and Technology Council, Canberra, Australian Government Printing Service, 1990.

BMFT, *Förderung der Grundlagenforschung durch den Bundesminister für Forschung und Technologie*, Bonn, BMFT, 1992.

Bundesverband der Deutschen Industrie: "Forschungsstandort Deutschland", Dokumentation (Köln, Januar 1993).

CDU/CSU-Fraktion des Deutschen Bundestages: "Forschungs- und Technologiestandort Deutschland - Thesenpapier" (ohne Ort, Februar 1993).

Computer Systems Policy Project, *Perspectives: Success Factors in Critical Technologies,* Washington, D.C., 1990.

Council on Competitiveness, *Gaining New Ground: Technology Priorities for America's Future*, Washington, D.C., Council on Competitiveness, 1991.

Department of Commerce, *Emerging Technologies: A Survey of Technical and Economic Opportunities,* Washington, D.C., U.S. Department of Commerce, 1990.

Department of Defense, *Critical Technologies Plan, 1990,* Report to the Committee on Armed Services, U.S. Congress, Washington, D.C., U.S. Government Printing Office, 1990.

Department of Defense, *Critical Technologies Plan, 1991*, Report to the Committee on Armes Services, U.S. Congress, Washington, D.C., U.S. Government Printing Office, 1991.

Deutsche Forschungsgemeinschaft, *Perspektiven der Forschung und ihrer Förderung*, VCH Verlagsgesellschaft, Weinheim, 1992.

Economic Planning Agency (EPA), "Technologieprognose für das Jahr 2010" (auf japanisch; deutsche Rohübersetzung im Auftrag des Fraunhofer-ISI), Prime Minister's Office, Tokyo-Karlsruhe, 1992.

Fachtagung "Anforderungen an das Innovationssystem der 90er Jahre in Deutschland" durchgeführt vom Fraunhofer-ISI im Auftrag des BMFT (Bonn, 3. - 4.12.1992).

Friedrich-Ebert-Stiftung, Gesprächskreis 'Humane Technikgestaltung', "Innovative Technologiepolitik für den Standort Deutschland", Forum Humane Technikgestaltung, Heft 8, Bonn, 1992.

Grupp H., Schmoch U., *Wissenschaftsbindung der Technik*, Physica-Verlag Springer, Heidelberg, 1992.

Grupp, H. (Hrsg.), *Dynamics of Science-Based Innovation*, Springer-Verlag, Heidelberg, 1992.

Kuhlmann S., "Evaluation von Technologiepolitik" in Grimmer et al. (Hrsg.), *Politische Techniksteuerung - Forschungsstand und Forschungsperspektiven*", Opladen, 1992.

Legler H., Grupp H., Gehrke B., Schasse U., *Innovationspotential und Hochtechnologie. Technologische Position Deutschlands im internationalen Wettbewerb*. Physica-Verlag, Heidelberg, 1992.

Meyer-Krahmer F., Kuntze U., "Bestandsaufnahme der Forschungs- und Technologiepolitik" in Grimmer, s. o.

Ministry for International Trade and Industry", Trends and Future Tasks in Industrial Technology", White Paper on Industrial Technology, MITI, Tokyo, 1988.

Ministry of International Trade and Industry (MITI), "Report on the Research Committee on New Information Processing Technology", MITI, Tokyo, 1991.

Ministry of International Trade and Industry (MITI), "Zukünftige Forschung und Entwicklung im industriellen Bereich" (auf japanisch; eine Übersetzung ist nicht zu erwarten), MITI, Tokyo, 1992.

Ministry of Research, Science and Technology, *Future Directions and Priorities for New Zealand's Public Good Science*, Te Manatu Putaiao, Ministry of Research, Science and Technology, 1992.

Mogee, M.E., *Technology Policy and Critical Technologies: A Summary of Recent Reports,* Manufacturing Forum Discussion Paper No. 3, Washington, D.C., National Academy Press, 1991.

National Advisory Committee on Semiconductors, "MICRO TECH 2000", Workshop Report, NACS, Arlington, 1991.

National Critical Technologies Panel, *Report of the National Critical Technologies Panel,* Washington, D.C., U.S. Government Printing Office, 1991.

National Research Council (Hrsg.), *Star 21 - Strategic Technologies for the Army of the Twenty-First Century*, Washington, D.C., National Academy Press, 1992.

Science and Technology Agency (STA), "2020 Nen no Kagaku Gijutsu" ("Zukunftstechnologie in Japan bis zum Jahr 2000" auf japanisch; englische Übersetzung in Vorbereitung), NISTEP Report No. 15/92, Tokyo, 1992.

Science and Technology Agency (STA), "White Paper on Science and Technology 1991", STA, Tokyo, 1991.

van Dijk, J.W.A., "Foresight studies: a new approach in anticipatory policy making in the Netherlands", *Technological Forecasting and Social Change*, 40, pp. 223-234, 1991.

VDI-Report 15, *Technikbewertung - Begriffe und Grundlagen*, Erläuterungen und Hinweise zur VDI-Richtlinie 3780, Verein Deutscher Ingenieure, Düsseldorf, 1991.

Verband der Chemischen Industrie: "Forschungs- und Technologiepolitik aus Sicht des VCI" (ohne Ort, ohne Jahr).

Workshop "Kann die Technologiepolitik von der Innovationsökonomie lernen? - Theoretische Fragen, empirische Evidenz, offene Forschungsfragen" durchgeführt vom Fraunhofer-ISI im Auftrag des BMFT (Bonn, 17. - 18.9.1992); erscheint 1993 als Buch: Meyer-Krahmer (Hrsg.), *Innovationsökonomie und Technologiepolitik.* Physica-Verlag, Heidelberg.

Anhang:

Technologieprofile

Alphabetisches Verzeichnis der verwendeten Kürzel

Technologieprofile	Anwendungsrelevanz für..							Rahmenbedingungen							Lösungsbeiträge									
Gebiet/Thema (Kurzbezeichnung)	Bautechnik	Energietechnik	Lebensmitteltechnik	Medizintechnik	Rohstoffsicherung	Umwelttechnik	Verkehrstechnik	F&E-Infrastruktur	Entwicklungsrisiken	Humankapital	Innovationsaufwand	Wirtschaftsengagement	Wettbewerbsposition	Öffentliche Förderung	Internat. Arbeitsteilung	Schlüsselcharakter	Durchdringung	Wirtschaftsstruktur	Marktgröße	Standort Europa	Weltweite Abhängigkeit	Gesundheit	Sozialer Fortschritt	Umweltentlastung
Neue Werkstoffe																								
Hochleistungskeramik	✔	✔		✔		✔	✔				hoch	hoch		gut	✔	✔	✔	✔	✔	✔	✔	✔		✔
Hochleistungspolymere		✔		✔		✔	✔	gut		gut		hoch	stark	gut	✔	✔	✔	✔	✔	✔	✔	✔		✔
Hochleistungsmetalle		✔		✔		✔	✔	gut		gut	hoch	hoch			✔	✔	✔	✔	✔	✔	✔	✔		✔
Funktionelle Gradientenwerkstoffe		✔	✔	✔	✔	✔	✔			schlecht		gering	schwach			✔	✔	✔				✔		✔
Energetische Werkstoffe		✔				✔	✔	gut		gut		gering	schwach		✔	✔	✔			✔	✔			✔
Organische Materialien magnetisch								gut	groß	gut	hoch	gering							✔					
Organische Materialien elektrisch		✔			✔	✔	✔	gut		gut	hoch	hoch	stark	gut		✔	✔	✔	✔	✔	✔		✔	✔
Oberflächen- & Dünnschichttechnik		✔						gut	groß		hoch		stark	gut		✔	✔	✔	✔	✔		✔		✔
Oberflächenwerkstoffe		✔			✔		✔	gut	gering	gut	hoch		stark	gut		✔	✔	✔	✔	✔		✔		✔
Diamantschichten & -filme								gut			hoch	hoch		gut		✔	✔	✔	✔		✔	✔		✔
Molekulare Oberflächen				✔					groß	gut	gering	hoch	schwach	schlecht		✔	✔					✔		✔
Nichtklassische Chemie					✔	✔		schlecht	groß	schlecht		hoch	schwach	schlecht		✔	✔							✔
Mesoskopische Polymersysteme					✔	✔			groß	gut		hoch	stark	schlecht			✔							✔
Organisierte supramolekulare Systeme		✔		✔	✔	✔		schlecht	groß	gut		hoch	schwach	schlecht		✔	✔					✔		✔
Cluster								gut	gering	gut	gering		stark				✔			✔		✔	✔	✔
Adaptronik	✔			✔		✔	✔			schlecht	hoch	hoch		schlecht		✔	✔	✔	✔		✔	✔	✔	✔
Multifunktionale Werkstoffe							✔	gut		gut		gering	stark	gut		✔	✔		✔			✔		✔
Leichtbauwerkstoffe	✔	✔				✔	✔	gut		gut	hoch	hoch	stark	gut		✔	✔		✔	✔				✔
Verbundwerkstoffe		✔				✔	✔	gut		gut	hoch	hoch	stark	gut	✔	✔	✔	✔	✔	✔		✔	✔	✔
Aerogele	✔					✔		schlecht				gering		gut			✔		✔					✔
Fullerene		✔		✔		✔	✔	gut	gering		gering	hoch	stark	gut		✔	✔			✔				✔
Materialsynthese in der Gebrauchsform				✔					groß		hoch		schwach	schlecht		✔	✔	✔				✔		
Implantatmaterialien				✔				gut		gut	gering	hoch	stark	gut	✔	✔		✔		✔		✔	✔	
Fertigungsverfahren für neue Werkstoffe								gut	groß	schlecht	hoch		stark		✔	✔	✔		✔	✔	✔	✔		✔

Technologieprofile	Anwendungsrelevanz für..							Rahmenbedingungen								Lösungsbeiträge								
Gebiet/Thema (Kurzbezeichnung)	Bautechnik	Energietechnik	Lebensmitteltechnik	Medizintechnik	Rohstoffsicherung	Umwelttechnik	Verkehrstechnik	F&E-Infrastruktur	Entwicklungsrisiken	Humankapital	Innovationsaufwand	Wirtschaftsengagement	Wettbewerbsposition	Öffentliche Förderung	Internat. Arbeitsteilung	Schlüsselcharakter	Durchdringung	Wirtschaftsstruktur	Marktgröße	Standort Europa	Weltweite Abhängigkeit	Gesundheit	Sozialer Fortschritt	Umweltentlastung
Nanotechnologie											hoch			schlecht		✔	✔		✔		✔	✔	✔	✔
Nanoelektronik								gut		gut	hoch		stark			✔	✔	✔	✔	✔	✔	✔		✔
Single-Electron-Tunneling								gut	gering	gut			schwach	schlecht			✔							
Nanowerkstoffe		✔					✔									✔	✔							✔
Fertigungsverfahren Mikro/Nanotechnik				✔					groß	schlecht	hoch		schwach		✔	✔	✔	✔		✔	✔	✔		✔
Mikroelektronik										gut	hoch	hoch	stark	gut	✔	✔	✔	✔	✔	✔	✔			
Informationsspeicherung								gut			hoch	hoch	schwach	schlecht		✔	✔	✔			✔	✔		
Signalverarbeitung												hoch	stark	gut	✔	✔	✔	✔	✔	✔	✔			
Mikroelektronik-Werkstoffe										gut		gering	stark			✔				✔		✔		✔
Hochgeschwindigkeitselektronik							✔	gut	gering	gut	hoch	hoch	schwach	gut		✔	✔	✔	✔		✔			
Plasmatechnologie		✔		✔		✔	✔	schlecht	groß	schlecht	hoch		stark			✔	✔		✔			✔	✔	✔
Supraleitung		✔						gut		gut		hoch	stark	gut		✔				✔		✔		✔
Hochtemperaturelektronik						✔	✔		groß		hoch			schlecht		✔	✔		✔					✔
Photonik								gut		gut	hoch	hoch	stark	gut		✔	✔	✔	✔	✔	✔			
Optoelektronik									gering	gut		hoch		gut		✔	✔		✔	✔	✔	✔	✔	✔
Photonische Werkstoffe								schlecht	groß		hoch	hoch		gut		✔	✔	✔	✔	✔	✔			
Lasertechnik	✔			✔		✔	✔	gut	gering	gut	hoch	hoch		gut	✔	✔	✔	✔	✔	✔	✔	✔		✔
Display, flacher Bildschirm																✔	✔		✔					
Leuchtendes Silizium								gut	groß	gut	hoch		stark					✔	✔		✔			✔
Telekommunikation		✔		✔		✔	✔	gut			hoch	hoch		gut	✔	✔	✔	✔	✔	✔	✔			
Breitbandkommunikation		✔		✔		✔	✔	gut			hoch		stark	gut	✔	✔	✔	✔	✔	✔	✔	✔	✔	✔
Photonische Digitaltechnik								gut	groß		hoch	hoch	stark	gut		✔	✔	✔	✔		✔			
Hochauflösendes Fernsehen, U-Elektronik								gut		gut	hoch	hoch		gut	✔	✔	✔	✔	✔	✔	✔	✔		
Optische Rechner								schlecht			hoch	gering	schwach	schlecht			✔	✔	✔	✔	✔	✔		✔

Technologieprofile	Anwendungsrelevanz für..							Rahmenbedingungen								Lösungsbeiträge								
Gebiet/Thema (Kurzbezeichnung)	Bautechnik	Energietechnik	Lebensmitteltechnik	Medizintechnik	Rohstoffsicherung	Umwelttechnik	Verkehrstechnik	F&E-Infrastruktur	Entwicklungsrisiken	Humankapital	Innovationsaufwand	Wirtschaftsengagement	Wettbewerbsposition	Öffentliche Förderung	Internat. Arbeitsteilung	Schlüsselcharakter	Durchdringung	Wirtschaftsstruktur	Marktgröße	Standort Europa	Weltweite Abhängigkeit	Gesundheit	Sozialer Fortschritt	Umweltentlastung
Mikrosystemtechnik		✔		✔		✔	✔		groß	schlecht	hoch	hoch	stark	gut	✔	✔	✔	✔	✔	✔	✔	✔		✔
Mikroaktorik		✔		✔		✔	✔				hoch	hoch	stark			✔	✔	✔	✔	✔		✔	✔	✔
Signalverarbeitung für MST								gut	gering	gut			stark			✔	✔	✔	✔	✔	✔			
Mikrosensorik	✔	✔	✔	✔	✔	✔	✔	gut		gut	hoch	gering	stark	gut		✔	✔	✔	✔		✔	✔	✔	✔
Aufbau- & Verbindungstechnik								schlecht	groß	schlecht	hoch		schwach	schlecht		✔	✔	✔	✔					
Software & Simulation																								
Software								schlecht	gering				schwach			✔	✔	✔	✔	✔	✔		✔	✔
Modellbildung & Simulation	✔	✔	✔	✔		✔	✔	gut			hoch	gering	stark	gut	✔	✔	✔	✔	✔	✔	✔	✔		✔
Molecular Modelling								schlecht	groß	schlecht	hoch	hoch	schwach			✔	✔					✔		
Bioinformatik		✔	✔	✔					gering		hoch	hoch	schwach			✔	✔	✔			✔			
Werkstoffsimulation	✔	✔		✔		✔		schlecht			gering	gering	schwach	schlecht	✔	✔	✔	✔			✔	✔		✔
Nichtlineare Dynamik											hoch	gering	stark	gut		✔	✔					✔	✔	✔
Simulation in der Fertigungstechnik								gut			hoch					✔	✔	✔		✔	✔	✔	✔	✔
Künstliche Intelligenz								schlecht	groß	schlecht	hoch	hoch		gut			✔	✔	✔			✔	✔	✔
Unscharfe Logik				✔		✔		schlecht	gering	schlecht			schwach	schlecht		✔	✔	✔	✔	✔		✔		✔
Datensicherheit in Netzen								gut	gering		hoch	hoch	schwach	gut	✔	✔	✔		✔	✔				
Molekularelektronik								gut		gut	hoch	gering	stark			✔			✔		✔	✔	✔	
Bioelektronik		✔		✔		✔		schlecht	groß	schlecht	hoch	gering		gut	✔	✔	✔	✔	✔		✔	✔		
Biosensorik	✔	✔	✔	✔	✔	✔	✔				hoch				✔	✔	✔	✔	✔			✔		✔
Neurobiologie				✔				gut		gut		hoch	stark		✔	✔			✔			✔		
Neuroinformatik						✔					hoch	gering	stark	gut		✔	✔		✔	✔	✔	✔	✔	✔

Technologieprofile	Anwendungsrelevanz für..							Rahmenbedingungen							Lösungsbeiträge									
Gebiet/Thema (Kurzbezeichnung)	Bautechnik	Energietechnik	Lebensmitteltechnik	Medizintechnik	Rohstoffsicherung	Umwelttechnik	Verkehrstechnik	F&E-Infrastruktur	Entwicklungsrisiken	Humankapital	Innovationsaufwand	Wirtschaftsengagement	Wettbewerbsposition	Öffentliche Förderung	Internat. Arbeitsteilung	Schlüsselcharakter	Durchdringung	Wirtschaftsstruktur	Marktgröße	Standort Europa	Weltweite Abhängigkeit	Gesundheit	Sozialer Fortschritt	Umweltentlastung
Zell-Biotechnologie		✔	✔	✔	✔	✔				gut	hoch	hoch			✔	✔	✔		✔	✔	✔	✔		✔
Molekulare Biotechnologie		✔	✔	✔	✔	✔				schlecht	hoch	hoch	schwach			✔	✔	✔	✔	✔	✔	✔		✔
Biomedizin				✔						schlecht		hoch		schlecht				✔	✔	✔	✔	✔	✔	
Katalyse & Biokatalyse		✔	✔		✔	✔			groß	gut	hoch	hoch	stark	schlecht		✔	✔				✔	✔		✔
Biologische Produktionssysteme		✔	✔	✔	✔	✔			groß		hoch					✔	✔		✔	✔	✔	✔		✔
Bionik	✔	✔		✔		✔	✔				hoch		stark				✔		✔		✔	✔	✔	✔
Biomimetische Werkstoffe					✔			gut	groß	gut	hoch	gering				✔	✔						✔	
Biologische Wasserstoffgewinnung		✔			✔	✔		gut		gut	hoch	gering	stark	gut	✔	✔		✔	✔		✔			✔
Nachwachsende Wirk- & Werkstoffe	✔	✔	✔	✔	✔	✔	✔		groß	gut	hoch	hoch	stark	gut		✔	✔	✔	✔		✔	✔		✔
Umweltbiotechnologie		✔			✔	✔		gut	gering	gut	hoch		stark	gut			✔	✔		✔		✔		✔
Pflanzenzüchtung & -schutz		✔	✔	✔	✔	✔							stark	gut				✔				✔		✔
Produktions- & Managementtechnik																								
Managementtechniken & Personalführung								schlecht	groß	schlecht	hoch	gering	schwach	schlecht	✔	✔	✔	✔			✔		✔	
Modellbildung für die Produktion								gut		gut	hoch	hoch			✔	✔	✔	✔		✔				
Fertigungsleittechnik								gut			hoch	hoch	schwach				✔	✔		✔			✔	
Produktionslogistik						✔			groß		hoch	hoch	stark			✔	✔	✔	✔	✔	✔			✔
Umwelt- & ressourcenschonende Produktion					✔	✔				gut	hoch	hoch	stark			✔	✔	✔	✔			✔	✔	✔
Forschungsgebiet Verhaltensbiologie								schlecht	gering	schlecht	gering	gering		schlecht			✔		✔			✔	✔	
Ethik in Forschung & Technologie			✔	✔		✔		gut		gut		gering		schlecht			✔		✔	✔		✔	✔	

Grenzen dieser Studie

Aus den Darlegungen im Bericht zum Vorgehen bei der Erstellung dieser Studie ergibt sich, daß die herausgearbeiteten Zusammenhänge zur Zukunftstechnik am Beginn des 21. Jahrhunderts sorgfältig erarbeitet wurden, aber letztlich doch nur *plausible Hinweise* darstellen. Jedes Argument läßt sich fast beliebig vertiefen, hinterfragen, in Teilprobleme zerlegen und weiter bearbeiten. Diese Studie argumentiert daher in der gebotenen Kürze auf der Ebene eines *wohlbegründeten Vorausdenkens der zukünftigen Entwicklung*, aber nicht auf einer letztendlichen Wertung zukünftiger stattfindender Entwicklungen. Vielmehr wird hiermit eine rationale, nachvollziehbare Informationsbasis auf der Grundlage systematisch erhobenen Informationsmaterials geschaffen. Trotz vieler Bemühungen um eine gleichmäßige Anwendung von Bewertungsmaßstäben bleiben auch in diesem Diskussionspapier gewisse Auffassungsunterschiede bestehen. Alles, was über die Einschätzung der dargestellten Zusammenhänge hinausgeht, z. B. Gesamtwertungen und politische Prioritätensetzungen, ist nicht mehr durch die Argumente der Untersuchung gedeckt, sondern bedarf einer Begründung von anderswoher. Diese Untersuchung läßt - so ist zu hoffen - informierte Bewertungen zu, sie allein kann aber technologiepolitische und wirtschaftliche Entscheidungen und Handlungen weder ersetzen noch legitimieren. Andererseits sind Empfehlungen technologiepolitischer Art aus der Studie ableitbar. Diese bedürfen aber noch der politischen Diskussion und der Konfrontation mit der Praxis. Insbesondere kann aus den Darstellungen zur *zeitlichen Entwicklungsdynamik* weder ein genereller Bedarf nach öffentlicher Förderung noch die Größe des Innovationspotentials abgeleitet werden, ohne den Einzelfall zu betrachten. Diese Studie versteht sich als Diskussionspapier.

Alphabetisches Verzeichnis der verwendeten Kürzel

Die Seitenangaben bezeichnen die wichtigste, aber nicht alle Fundstellen

TECHNIK, WIRTSCHAFT und POLITIK

Schriftenreihe des Fraunhofer-Instituts für Systemtechnik und Innovationsforschung (ISI)

Band 1: F. Meyer-Krahmer (Hrsg.)
Innovationsökonomie und Technologiepolitik
1993. VI, 302 Seiten.
ISBN 3-7908-0689-7

Band 2: B. Schwitalla
Messung und Erklärung industrieller Innovationsaktivitäten
1993. XVI, 294 Seiten.
ISBN 3-7908-0694-3

Band 3: H. Grupp (Hrsg.)
Technologie am Beginn des 21. Jahrhunderts, 2. Aufl.
1995. XII, 266 Seiten.
ISBN 3-7908-0862-8

Band 4: M. Kulicke u. a.
Chancen und Risiken junger Technologieunternehmen
1993. XII, 310 Seiten.
ISBN 3-7908-0732-X

Band 5: H. Wolff, G. Becher, H. Delpho S. Kuhlmann, U. Kuntze, J. Stock
FuE-Kooperation von kleinen und mittleren Unternehmen
1994. XII, 324 Seiten.
ISBN 3-7908-0746-X

Band 6: R. Walz
Die Elektrizitätswirtschaft in den USA und der BRD
1994. XVI, 354 Seiten.
ISBN 3-7908-0769-9

Band 7: P. Zoche (Hrsg.)
Herausforderungen für die Informationstechnik
1994. X, 460 Seiten.
ISBN 3-7908-0790-7

Band 8: B. Gehrke, H. Grupp
Innovationspotential und Hochtechnologie, 2. Aufl.
1994. X, 168 Seiten.
ISBN 3-7908-0804-0

Band 9: U. Rachor
Multimedia-Kommunikation im Bürobereich
1994. X, 154 Seiten.
ISBN 3-7908-0816-4

Band 10: O. Hohmeyer, B. Hüsing S. Maßfeller, T. Reiß
Internationale Regulierung der Gentechnik
1994. XVIII, 204 Seiten
ISBN 3-7908-0817-2

Band 11: G. Reger, S. Kuhlmann
Europäische Technologiepolitik in Deutschland
1995. XII, 194 Seiten
ISBN 3-7908-0825-3

Band 12: S. Kuhlmann, D. Holland
Evaluation von Technologiepolitik in Deutschland
1995. XIV, 326 Seiten
ISBN 3-7908-0827-X

Band 13: M. Klimmer
Effizienz der computergestützten Fertigung
1995. XVI, 276 Seiten
ISBN 3-7908-0836-9

Band 14: F. Pleschak
Technologiezentren in den neuen Bundesländern
1995. X, 154 Seiten
ISBN 3-7908-0844-X

Band 15: S. Kuhlmann, D. Holland
Erfolgsfaktoren der wirtschaftsnahen Forschung
1995. XII, 174 Seiten
ISBN 3-7908-0845-8

Band 16: D. Holland, S. Kuhlmann (Hrsg.)
Systemwandel und industrielle Innovation
1995. VIII, 242 Seiten
ISBN 3-7908-0851-2

Springer-Verlag und Umwelt

Als internationaler wissenschaftlicher Verlag sind wir uns unserer besonderen Verpflichtung der Umwelt gegenüber bewußt und beziehen umweltorientierte Grundsätze in Unternehmensentscheidungen mit ein.

Von unseren Geschäftspartnern (Druckereien, Papierfabriken, Verpackungsherstellern usw.) verlangen wir, daß sie sowohl beim Herstellungsprozeß selbst als auch beim Einsatz der zur Verwendung kommenden Materialien ökologische Gesichtspunkte berücksichtigen.

Das für dieses Buch verwendete Papier ist aus chlorfrei bzw. chlorarm hergestelltem Zellstoff gefertigt und im pH-Wert neutral.